BAC PRO 3 ans
TERMINALE PROFESSIONNELLE

Mathématiques

Groupements A et B

C. Baudet, L. Breitbach, P. Dutarte, D. Laurent
Sous la direction de G. Barussaud

les NOUVEAUX cahiers

FOUCHER

Sommaire

ISBN 978-2-216-11611-9

4. Géométrie dans l'espace

5. Fonctions logarithmes

6. Probabilités

7. Fonctions exponentielles

8. Trigonométrie

9. Produit scalaire dans le plan (programme complémentaire)

10. Nombres complexes (programme complémentaire)

11. Calcul intégral (programme complémentaire)

Évaluations vers le Bac pro

Pictogrammes des différents thématiques du programme

Vie économique et professionnelle

Prévention, santé et sécurité

Évolution des sciences et techniques

Développement durable

Vie sociale et loisirs

1 Nuage de points et point moyen

Capacités
- Représenter un nuage de points
- Déterminer le point moyen

1 Représenter une série par un nuage de points

Évolution de la production et publicité

Le tableau suivant donne, pour sept années consécutives, l'évolution de la production d'un certain type de pièces et des frais de publicité correspondants, dans une entreprise du secteur industriel.

Production (en milliers) : x_i	260	280	260	310	300	350	340
Frais de publicité (en milliers d'euros) : y_i	17	16	17	19	22	23	26

1. Sur le graphique ci-dessous, représenter les sept points de coordonnées $(x_i\,;y_i)$.

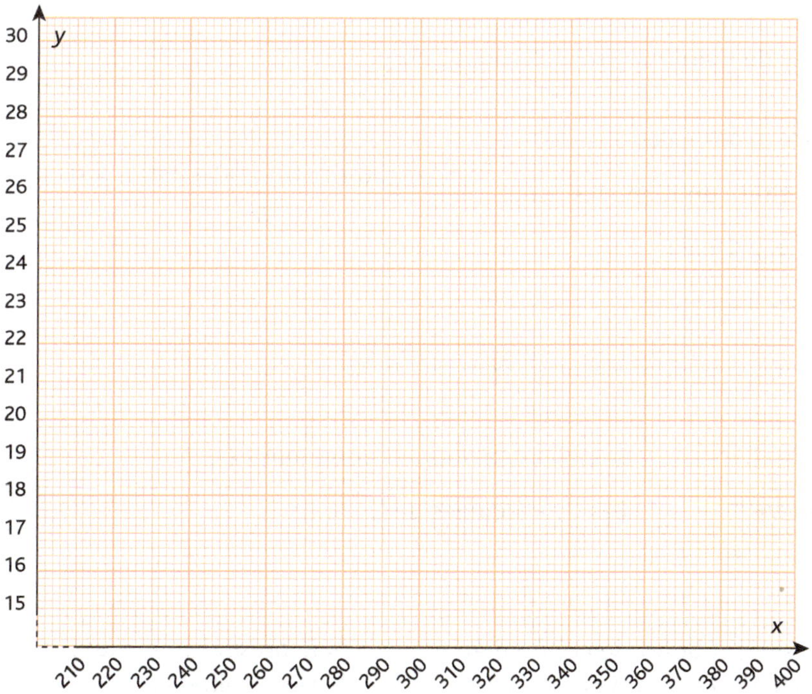

Les points obtenus forment le **nuage de points**.

2. Décrire ce nuage de points, en cochant une des propositions suivantes :

❒ les points du nuage sont éparpillés dans toutes les directions du graphique ;
❒ la forme du nuage est plutôt allongée dans une direction ;
❒ la forme du nuage est plutôt ronde ;
❒ la forme du nuage est plutôt parabolique.

2 Déterminer le point moyen et tracer une droite

On reprend l'énoncé précédent.

1. En moyenne...

a. Calculer la moyenne $\overline{x}$ des sept productions (en milliers), puis la moyenne $\overline{y}$ des sept frais de publicité (en milliers d'euros).

$\overline{x}$ = ... ; $\overline{y}$ = ...

b. Placer le point G de coordonnées ($\overline{x}$; $\overline{y}$). Comment se situe-t-il par rapport au nuage ?

....

Le point G se nomme le **point moyen**.

2. On ajuste ce nuage par la droite D d'équation $y = 0{,}084x - 5{,}2$. Vérifier que le point G appartient à la droite D.

....

3. Tracer la droite D sur le graphique de la page précédente.

Comment déterminer le point moyen ?

Le tableau suivant donne le prix de vente d'un article en fonction de la quantité commandée.

Quantité commandée : x_i	50	100	150	200	250	300
Prix en milliers d'euros : y_i	2,8	2,4	2,3	2	1,65	1,6

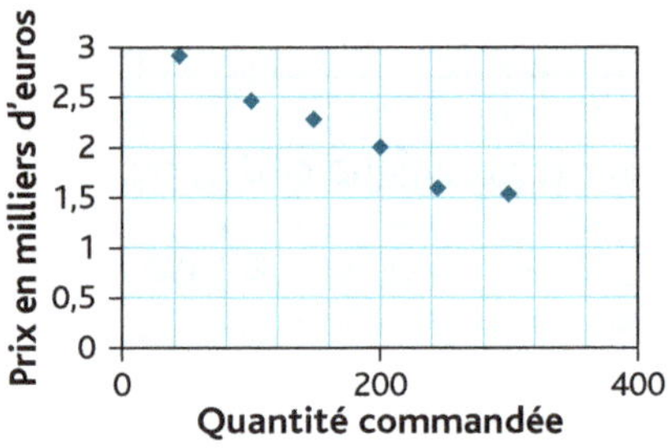

Calculer les coordonnées du point moyen G du nuage de points correspondant.

- On calcule la moyenne $\overline{x}$ des valeurs x_i.

  La moyenne des quantités commandées est : $\overline{x} = \dfrac{50+100+150+200+250+300}{6} =$ ....

- On calcule la moyenne $\overline{y}$ des valeurs y_i.

  La moyenne des prix est :

  $\overline{y} = \dfrac{\text{......} + \text{......} + \text{......} + \text{......} + \text{......} + \text{......}}{\text{......}} =$ ....

Vérifiez sur le graphique que le point moyen est bien « au centre » du nuage !

- Le point G a pour coordonnées ($\overline{x}$; $\overline{y}$).

  Les coordonnées de G sont : (............ ; ....).

Exercice

Le tableau suivant donne le chiffre d'affaires, exprimé en millions d'euros, de l'entreprise Mecanix de 2005 à 2010.

Année	2005	2006	2007	2008	2009	2010
Rang x_i	0	1	2	3	4	5
Chiffre d'affaires : y_i	7,85	8,23	8,19	8,62	8,98	9,46

a. Représenter le nuage de points $M_i(x_i\,;y_i)$.
b. Déterminer les coordonnées du point moyen G du nuage de points.
c. Placer le point moyen G sur le graphique.

2 Ajustement affine

Capacités

- Déterminer, à l'aide des TIC, une équation d'une droite d'ajustement
- Utiliser cette équation pour interpoler ou extrapoler

1 Exploiter une droite d'ajustement

Une utilisation électrique de la statistique !

La tension U aux bornes d'une batterie de force électromotrice e et de résistance interne r s'écrit théoriquement $U = -ri + e$. On a procédé à différentes mesures :

Intensité i (A)	0	0,1	0,4	1
Tension U (V)	12	11	7	1

Les intensités i sont sur l'axe des x et les tensions U sur l'axe des y.

1. Placer dans un repère orthogonal les quatre points correspondant à ces mesures.
2. Tracer, dans ce même repère, la droite d'équation $y = -11x + 12$ et vérifier qu'elle passe « à proximité » des quatre points.

Cette droite se nomme **droite d'ajustement**.

3. Exploiter cette droite d'ajustement pour déterminer la force électromotrice e et la résistance interne r.

....

....

....

2 Déterminer un ajustement affine

Quelle tendance pour les gaz à effet de serre (GES) ?

Le tableau suivant correspond aux émissions de gaz à effet de serre (en millions de tonnes équivalent CO_2) relevées en France (Source : Ifen).

Année	1999	2000	2001	2002	2003	2004	2005	2006	2007	2008
Émissions GES	565	561	563	554	558	557	561	545	535	532

1. Recherche du point moyen

Calculer les coordonnées $\overline{x}$ (moyenne de la première ligne du tableau) et $\overline{y}$ (moyenne de la seconde ligne) du point moyen G.

$\overline{x}$ = ... ; $\overline{y}$ = ...

2. Détermination d'une droite d'ajustement

a. On souhaite ajuster le nuage de points par une droite *D* passant par le point *G*.

On admet que *D* a pour coefficient directeur – 3,33.

On note $y = -3{,}33x + b$ une équation de *D*.

Calculer le nombre *b*.

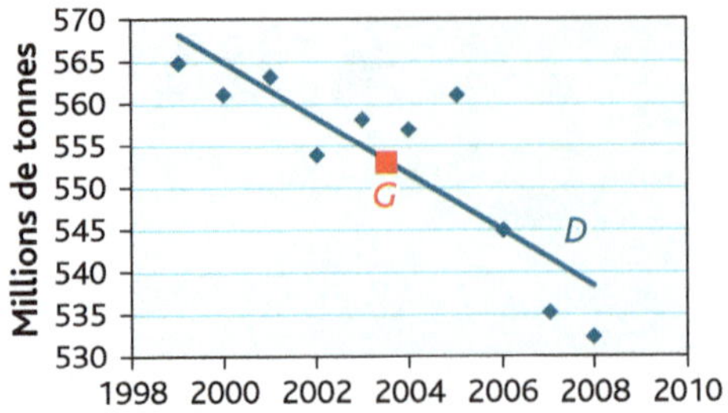

....

b. En supposant que la tendance observée sur ces dix années se poursuive, estimer la quantité d'émissions de gaz à effet de serre en France en 2015.

....

Comment ajuster un nuage de points à l'aide d'un tableur ?

Le tableau suivant donne le prix de vente d'un article en fonction de la quantité commandée.

Quantité commandée : x_i	50	100	150	200	250	300
Prix en milliers d'euros : y_i	2,8	2,4	2,3	2	1,65	1,6

Représenter à l'aide d'un tableur le nuage de points correspondant puis en effectuer un ajustement affine.

- **Sélectionner** les données puis :

  – avec Excel 2003, cliquer sur l'icône *Assistant graphique* et choisir *Nuage de points* ; avec Excel 2007-2010, choisir *Insertion/Nuage de points* ;

  – avec OpenOffice Calc, cliquer sur l'icône *Diagramme* puis choisir *XY (dispersion)*.

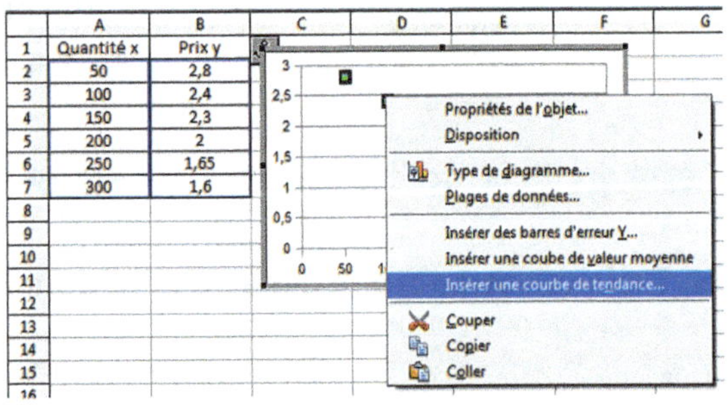

- Cliquer avec le bouton droit sur l'un des points du nuage et choisir *Ajouter une courbe de tendance...* avec Excel ou *Insérer une courbe de tendance...* avec OpenOffice. Choisir *Linéaire* et cocher *Afficher l'équation sur le graphique*.

  On obtient l'équation : ....

Exercice

Le tableau suivant donne le chiffre d'affaires, exprimé en millions d'euros, de l'entreprise Mecanix de 2005 à 2010.

Année	2005	2006	2007	2008	2009	2010
Rang x_i	0	1	2	3	4	5
Chiffre d'affaires : y_i	7,85	8,23	8,19	8,62	8,98	9,46

a. Donner, à l'aide d'un tableur, une équation d'une droite d'ajustement du nuage de points de coordonnées $(x_i\,;y_i)$.

b. Utiliser l'équation précédente pour estimer le chiffre d'affaires en 2011.

3 J'utilise un logiciel (tableur)

Ajuster un grand nombre de données

Capacité de production éolienne

Ouvrir le fichier « **01_prod_eolienne.xls** » ou « **01_prod_eolienne.ods** » fournissant la capacité de production éolienne de 76 pays de 2001 à 2010 (Source : EWEA).

1. Étude de la capacité de production française

a. Sélectionner les données de la France (ou utiliser le filtre « Pays »), puis représenter le nuage de points correspondant.
Pourquoi un ajustement affine a-t-il ici peu de sens ?

....

b. Montrer à l'aide du tableur, qu'en ne retenant que les années de 2005 à 2010 (rangs 5 à 10), on peut ajuster la production française par la droite d'équation $y = 839x - 4\,114$.

c. En supposant que cette tendance se maintienne, estimer la production française en 2013 (rang $x = 13$).

....

2. Comparaison de l'Europe et de l'Asie

- À l'aide du filtre, sélectionner les données des pays d'Europe, les copier, puis les coller sur une nouvelle feuille.

a. Calculer, pour chaque année, la production totale des pays européens.

b. Effectuer un ajustement affine de la production en Europe de 2001 à 2010 (afficher l'équation).

c. À l'aide de l'équation $y = 6\,815x + 3\,391$, estimer la production européenne en 2013 (rang $x = 13$).

....

- À l'aide du filtre, copier les données des pays d'Asie, puis les coller sur une nouvelle feuille.

d. Calculer, pour chaque année, la production totale des pays asiatiques.

e. Un ajustement affine de la production en Asie de 2001 à 2010 est-il justifié ?

....

f. Le tableur permet d'ajuster le nuage à l'aide d'une « courbe de tendance exponentielle ». En utilisant la formule $973{,}77 \times 1{,}42$ ^ x (le symbole ^ indique la puissance), estimer la production asiatique en 2013 (rang $x = 13$).

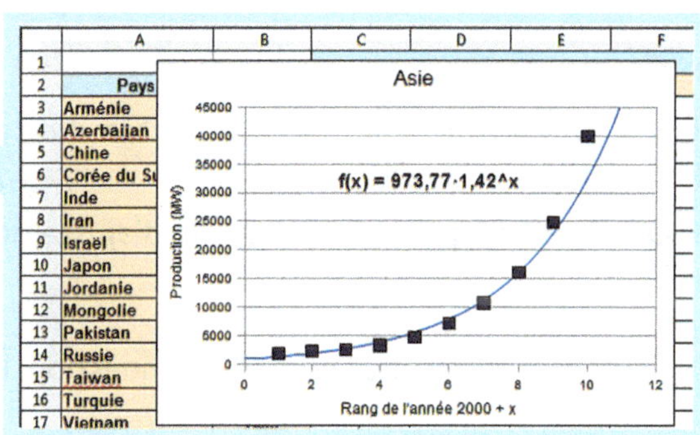

....

....

J'utilise un logiciel (tableur)

Comprendre le principe des moindres carrés

Chiffre d'affaires d'un constructeur d'automobiles

1. Principe des « moindres carrés »

Ouvrir le fichier « 01_moindres_carres.xls » ou « 01_moindres_carres.ods », donnant le chiffre d'affaires, en milliards d'euros, d'un constructeur d'automobiles.

	A	B	C	D	E	F
1	Année	Rang de l'année	Chiffre d'affaires en milliards d'euros	y = ax + b	Ecarts verticaux	Ecarts au carré
2	1998	1	28	28,125	-0,125	0,015625
3	2000	3	27,2	30,125	-2,925	8,555625
4	2005	8	37,6	35,125	2,475	6,125625
5	2010	13	40,7	40,125	0,575	0,330625
6					Somme	15,0275
7	Moyennes	6,25	33,375			
8	a =	1				
9	b =	27,125				
10						

On recherche une droite d'équation $y = ax + b$, passant par le point moyen et ajustant « au mieux » le nuage des quatre années données.

a. Dans quelles cellules sont calculées les coordonnées $(\overline{x}\ ;\ \overline{y})$ du point moyen ?

....

b. Puisque la droite passe par le point moyen, on a $b = \overline{y} - a\overline{x}$. Expliquer la formule entrée en B9.

....

c. Pourquoi la somme des écarts contenus en colonne E ne permet-elle pas de savoir si la droite est proche des points du nuage et quel est l'avantage de considérer la somme des écarts au carré, en colonne F ?

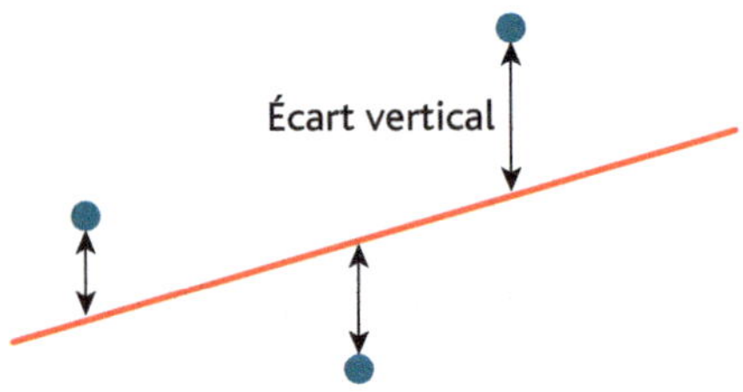

....

....

....

d. Modifier en B8 la première décimale du coefficient directeur a de la droite (prendre 1,1 ; 1,2 ; 1,3...) de sorte à obtenir en F6 une somme des écarts au carré minimale (observer en même temps la droite sur le graphique). Quel est, à 10^{-1} près, le coefficient a optimal ?

....

A **Appelez le professeur pour exposer votre résultat.**

2. Comparaison avec l'ajustement du tableur

Le tableur peut afficher directement la droite d'ajustement obtenue selon le principe précédent des « moindres carrés ».

a. Quelle est l'équation de la droite d'ajustement donnée par le tableur ?

....

b. Comparer au résultat obtenu à la question 1.d. ....

A **Appelez le professeur pour exposer vos commentaires.**

L'ESSENTIEL

1 Nuage de points et point moyen

Une **série statistique à deux variables** est donnée sous forme d'un tableau :

Variable 1 : x_i	x_1	x_2	x_3	...	x_n
Variable 2 : y_i	y_1	y_2	y_3	...	y_n

Dans un repère, les points de coordonnées $(x_i ; y_i)$ constituent le **nuage de points** représentant la série statistique.
Le **point moyen** du nuage a pour coordonnées $(\overline{x} ; \overline{y})$ où $\overline{x}$ est la moyenne des x_i et $\overline{y}$ la moyenne des y_i. Il est situé au « centre » du nuage.

Exemple

La série suivante correspond aux poids (en physique, on parle de masse) et aux tailles de 9 nouveau-nés d'une maternité.

Poids x_i en kg	2,76	3,56	3,38	2,92	3,22	2,84	2,93	4,28	3,72
Tailles y_i en cm	49	50	51	47	50	48	49	54	52

Le point moyen G a pour coordonnées :

le poids moyen des 9 bébés, $\overline{x} = 3{,}29$ kg,

et la taille moyenne $\overline{y} = 50$ cm.

Il semble que plus un bébé est lourd, plus sa taille a tendance à être grande.

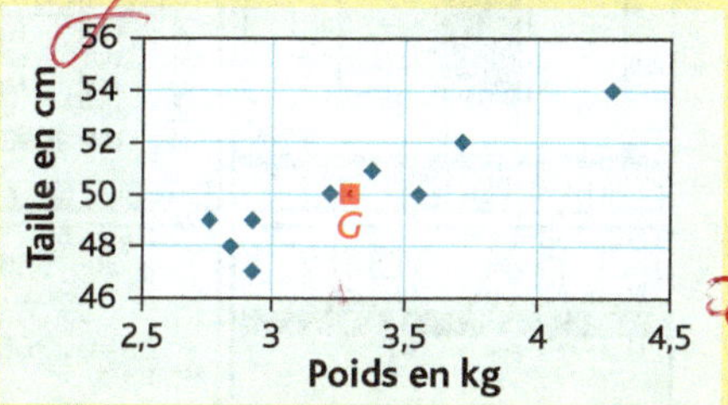

2 Ajustement affine

Lorsque le nuage a une forme « allongée », on peut rechercher une droite passant par le point moyen et au plus près des autres points : c'est un **ajustement affine** du nuage.
L'équation $y = ax + b$ de la **droite d'ajustement** donne la « tendance » de l'évolution de y en fonction de x.

Exemple

Le tableur fournit la droite d'équation $y = 3{,}903\ 4x + 37{,}158$ comme ajustement affine du nuage précédent.

Cette équation indique comment la taille des bébés à la naissance a tendance à augmenter lorsque leur poids de naissance augmente.

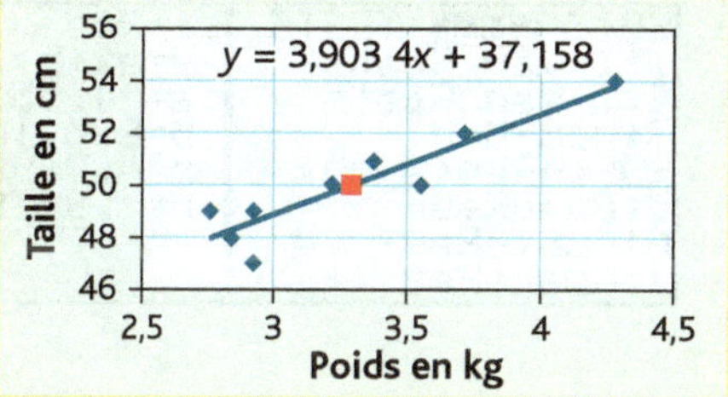

EXERCICE RÉSOLU

Ajuster une série avec une calculatrice, puis extrapoler

Une enquête du service commercial d'une chaîne d'hôtels « quatre étoiles » a permis de connaître l'évolution de la demande mensuelle y_i de nuitées, selon le prix x_i proposé en « période creuse ».

a. Utiliser les résultats affichés par la calculatrice pour donner une expression du type $y = ax + b$ de la demande mensuelle en fonction du prix de la chambre.

b. Utiliser la question précédente pour évaluer la demande lorsque le prix est 130 €.

Prix TTC en euros : x_i	Demande en nuitées : y_i
80	540
100	452
120	335
140	188
160	120
180	68
200	18

Solution

a. En arrondissant les coefficients à 10^{-2}, la droite d'ajustement donnée par la calculatrice a pour équation :
$y = -4{,}55x + 883{,}11$.

b. $-4{,}55 \times 130 + 883{,}11 \approx 292$ nuitées.

Avec une calculatrice de marque Casio

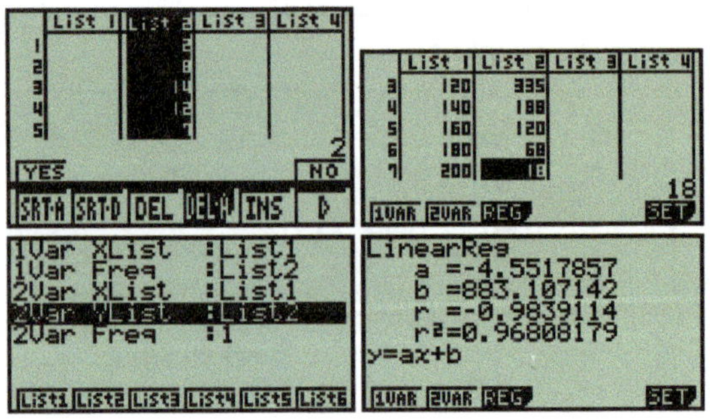

Méthode

- Faire MENU STAT EXE puis **effacer** les données présentes en se plaçant dans une colonne puis DEL A YES EXE
- **Entrer les valeurs** x_i en colonne **List 1** et les valeurs y_i en colonne **List 2**.
- **Régler les listes** par CALC SET

2Var X List : List 1

2Var Y List : List 2

2 Var Freq : 1 EXE.

- **Afficher les résultats** par REG X.

Avec une calculatrice de marque TI

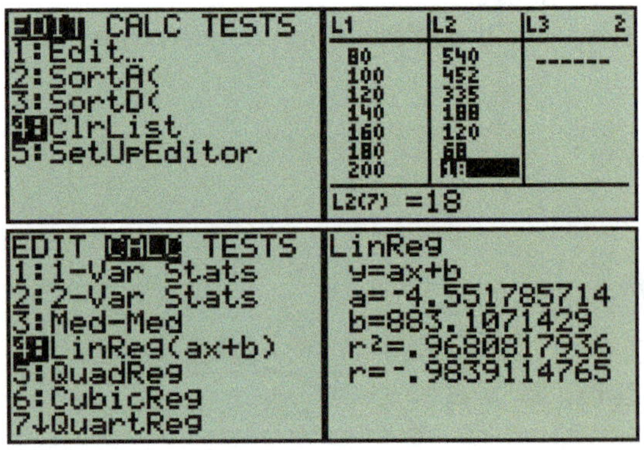

Méthode

- Faire STAT ou stats puis **effacer ment** les données présentes par EDIT **4:ClrList** ENTER L_1, L_2 ou **4:EffListe** entrer L_1, L_2 (on obtient L_1 et L_2 au clavier par la touche 2nd ou 2nde).
- **Entrer les données** par STAT EDIT **1: Edit** ENTER ou **1:Edite** entrer puis entrer les valeurs x_i en colonne L_1 et les valeurs y_i en colonne L_2.
- **Afficher les résultats** par STAT CALC **4:LinReg(ax+b)** ENTER L_1, L_2 ou stats **CALC 4 :RegLin(ax+b)** entrer L_1, L_2.

Exercices & Problèmes

R Exercices avec réponses en fin d'ouvrage. ✱/✱✱ Exercices plus difficiles.

Exercices

1. QCM

Choisir la ou les bonne(s) réponse(s).

a. Un ajustement affine convient au nuage de points suivant :

❒ 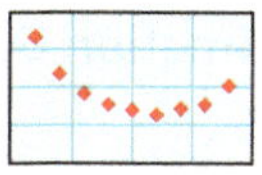

❒ 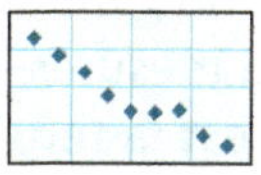

❒ 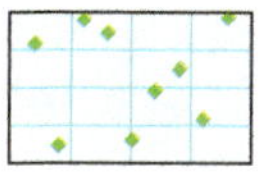

b. Une série de point moyen $G(5\ ;\ 14{,}8)$ est ajustée par la droite d'équation $y = 3x + b$.
❒ $b = -0{,}2$ ❒ $b = -39{,}4$ ❒ $b = 0{,}2$

c. Une série (x, y) dont les valeurs de x sont :
1, 2, 5, 7, 11, 13
est ajustée par la droite d'équation :
$y = 1{,}35x + 22{,}8$.
❒ Le point moyen est $G\ (6{,}5\ ;\ 30{,}575)$.
❒ Le point moyen est $G\ (32{,}575\ ;\ 6{,}5)$.
❒ Le point moyen est $G\ (6{,}5\ ;\ 31{,}575)$.

d. Pour la série précédente, estimer y lorsque x vaut 20.
❒ 40 ❒ – 2,07 ❒ 49,8

Pour les questions e, f *et* g, *utiliser l'énoncé ci-dessous.*
On considère la série statistique à deux variables (x, y) suivante :

x_i	15	40	70	90	100
y_i	60	254	362	504	615

e. Le nuage de points correspondant à cette série est le suivant :

❒ 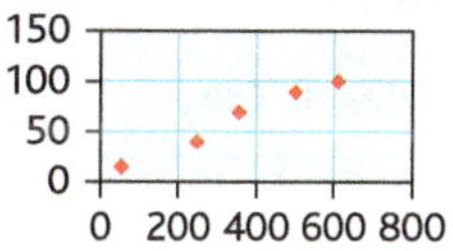

❒ 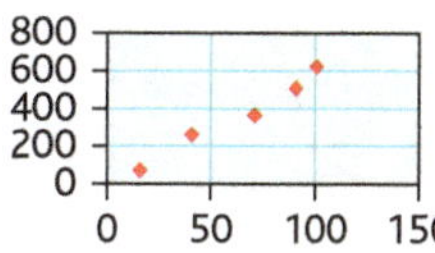

❒ 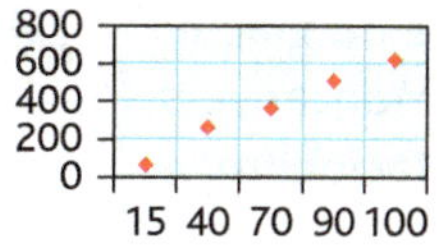

f. Les coordonnées du point moyen $G(\overline{x}\ ;\ \overline{y})$ sont :
❒ $G(70\ ;\ 359)$ ❒ $G(70\ ;\ 362)$ ❒ $G(63\ ;\ 359)$

g. Le nuage de points peut être ajusté par la droite D d'équation :
❒ $y = 6{,}06x - 22{,}73$.
❒ $y = 6{,}06x + 22{,}73$.
❒ $y = 6{,}06 - 22{,}73$.

Pour les questions h, i *et* j, *utiliser l'énoncé ci-dessous.*
Le tableau suivant indique l'évolution du chiffre d'affaires d'une entreprise, en milliers d'euros.

Année	2006	2007	2008	2009	2010
Rang de l'année (x_i)	1	2	3	4	5
Chiffre d'affaires (y_i)	340	341	343	341	344

h. Les coordonnées du point moyen $G(\overline{x}\ ;\ \overline{y})$ sont :
❒ G(2,5 ; 341,8) ❒ G(3 ; 342,1) ❒ G(3 ; 341,8)

i. Le nuage de points peut être ajusté par la droite D d'équation :
❒ $y = 0{,}8x + 339{,}4$ ❒ $y = 0{,}9x + 339{,}1$
❒ $y = 0{,}8x + 341{,}8$

j. L'ajustement précédent permet d'estimer le chiffre d'affaires pour 2011 à :
❒ 344 500 € ❒ 346 600 € ❒ 344 200 €

› Exploiter un ajustement affine donné

2. Le graphique ci-dessous correspond à l'étendue moyenne de la glace dans l'océan Arctique, mesurée en millions de kilomètres carrés, au mois de juin, de 1978 à 2008.

Étendue moyenne de la glace dans l'océan Arctique au mois de juin

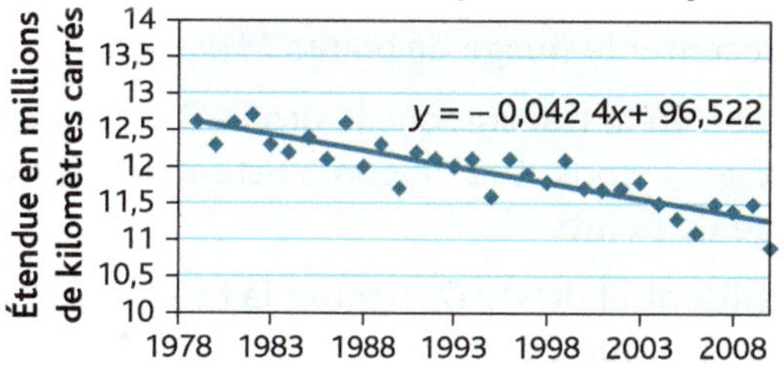

En utilisant l'équation $y = -0{,}042\,4x + 96{,}522$, qui est affichée, à combien peut-on estimer l'étendue de la glace dans l'océan Arctique en juin 2050 (si la tendance se maintient) ?

3. Ⓡ Le graphique suivant correspond à l'altitude, en mètres, de la surface du glacier de la Mer de glace au niveau du Montenvers (Source : service d'observation Glacioclim).

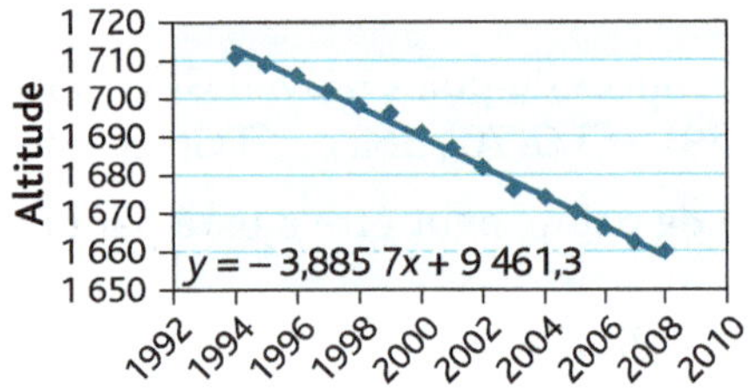

En exploitant l'équation affichée, estimer l'altitude en 2020 si la tendance observée se maintient.

4. Le tableau suivant donne la consommation d'eau, en millions de mètres cube des canons à neige des stations de ski françaises.

Saison	Rang x_i	Consommation y_i
2002	1	11,6
2003	2	13,1
2004	3	15,1
2005	4	16
2006	5	16
2007	6	18,3

a. Représenter le nuage de points $M_i(x_i\,;y_i)$.

b. Vérifier, en la traçant, que la droite D d'équation $y = 1{,}2x + 11$ constitue un bon ajustement affine du nuage de points.

c. En utilisant la droite D, estimer la consommation d'eau de la saison 2011.

› Déterminer un ajustement affine

5. Ⓡ Le tableau suivant donne le SMIC (salaire minimum interprofessionnel de croissance) horaire brut, en euros, de 2005 à 2010.

Année x_i	2005	2006	2007	2008	2009	2010
SMIC y_i	8,03	8,27	8,44	8,71	8,82	8,86

a. Déterminer, à l'aide de la calculatrice, une équation d'une droite d'ajustement du nuage de points $M_i(x_i\,;y_i)$.

b. On admet que l'ajustement affine réalisé reste valable jusqu'en 2012. Proposer une estimation du SMIC en 2012.

6. Dans le circuit électrique ci-dessous, un générateur de tension réglable permet d'obtenir les mesures résumées dans le tableau suivant, où U est la tension aux bornes du résistor (en V) et I l'intensité du courant dans le circuit (en A).

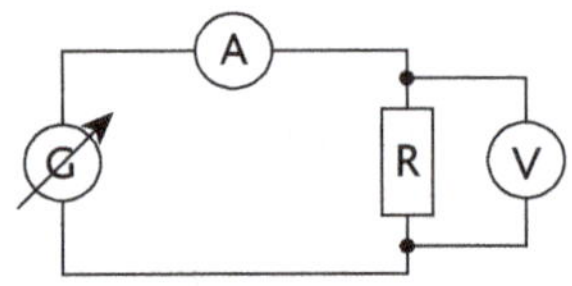

U (x_i)	0	1	2	3	4
I (y_i)	0	0,039	0,079	0,118	0,160

U (x_i)	5	6	7	8	9
I (y_i)	0,198	0,238	0,277	0,316	0,355

a. Déterminer, à l'aide de la calculatrice, une équation d'une droite d'ajustement du nuage de points $M_i(x_i\,;y_i)$. (Les résultats seront arrondis à 10^{-1}).

b. La loi d'Ohm s'écrit $U = RI$ avec U en V, R en Ω et I en A. En déduire la valeur de la résistance R du résistor.

7. Ⓡ✱ **Émissions mondiales de CO_2**

Ouvrir le fichier « **01_CO2_monde.xls** » ou « **01_CO2_monde.ods** ». Il fournit la quantité de gaz carbonique émise chaque année dans le monde de 1751 à 2007 (Source : Carbon Dioxide Information Analysis Center).

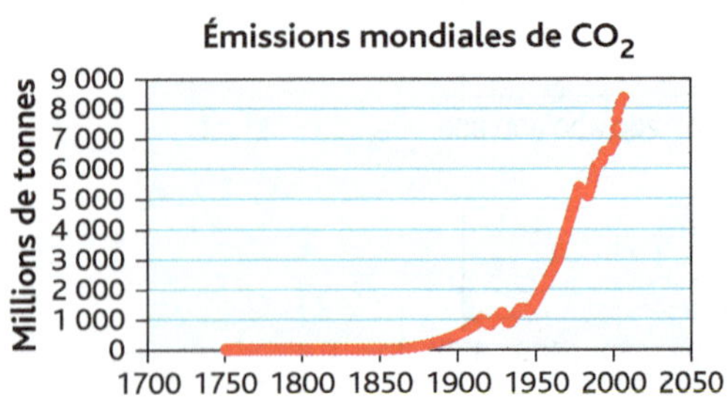

a. Un ajustement affine du nuage de points est-il justifié ?

b. Sélectionner les points correspondant aux années 1900 à 1950 puis déterminer à l'aide du tableur un ajustement affine. Quelle est l'équation affichée ?

c. Procéder de même pour la période de 1950 à 2007.

d. On lit dans la presse que « de 1900 à 1950, les émissions annuelles mondiales de CO_2 ont augmenté en moyenne d'environ 16 millions de tonnes par an, alors que cette augmentation sur la période de 1950 à 2007 a été d'environ 111 millions de tonnes par an ».
Cette affirmation est-elle exacte ?

› Exploiter un ajustement non affine

8. Ça chauffe !

Ouvrir le fichier « **01_temp_globale.xls** » ou « **01_temp_globale.ods** ». Il fournit, de 1880 à 2009, la différence, en degrés Celsius, de la température moyenne annuelle globale sur Terre par rapport à la moyenne de la période 1951-1980 (Source : Goddard Institute for Space Studies).

a. Effectuer un ajustement affine du nuage de points. Quelle est l'équation affichée par le tableur ?

b. Le tableur Excel fournit un ajustement par une parabole d'équation :
$y = 0{,}000\,054\,5\,x^2 - 0{,}205\,88\,x + 194{,}19$.

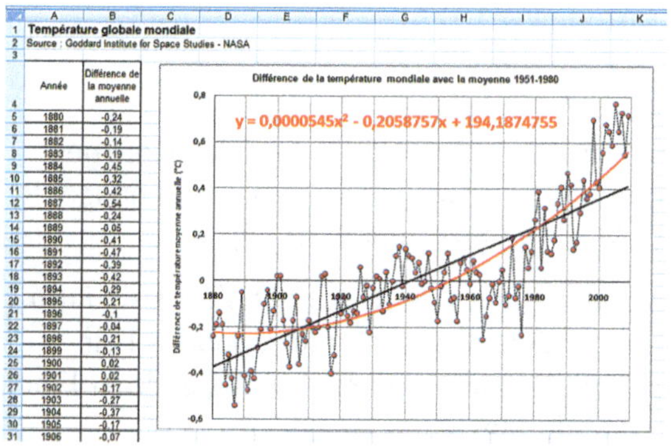

(Avec Excel, choisir « Polynomiale Ordre 2 », avec OpenOffice, tracer la parabole à l'aide de sa formule).
Quel est, de l'ajustement affine ou de l'ajustement parabolique, celui qui semble préférable ?

c. Donner une estimation de l'écart de la température globale en 2040 par rapport à la période 1951-1980 :
– en utilisant l'ajustement affine ;
– en utilisant l'ajustement parabolique.

Problèmes

› Problème 1
Vitesse et sécurité routière

Le tableau suivant fournit la vitesse moyenne en km/h des véhicules légers et le nombre de morts sur les routes françaises de 1998 à 2009 (source : www.securite-routiere.fr).

Année	Vitesse moyenne des VL x_i	Nombre de morts y_i
1998	88,7	8 437
1999	88,6	8 029
2000	90,1	7 643
2001	89,4	7 720
2002	89,2	7 242
2003	86,8	5 731
2004	84,5	5 593
2005	82,9	5 318
2006	82	4 709
2007	81,4	4 620
2008	80,8	4 275
2009	80,2	4 273

1. Comparer les graphiques ci-dessous, illustrant l'évolution de la vitesse moyenne et du nombre de morts.
Quelle hypothèse peut-on en déduire entre la vitesse moyenne et le nombre de morts ?

Évolution de la vitesse moyenne

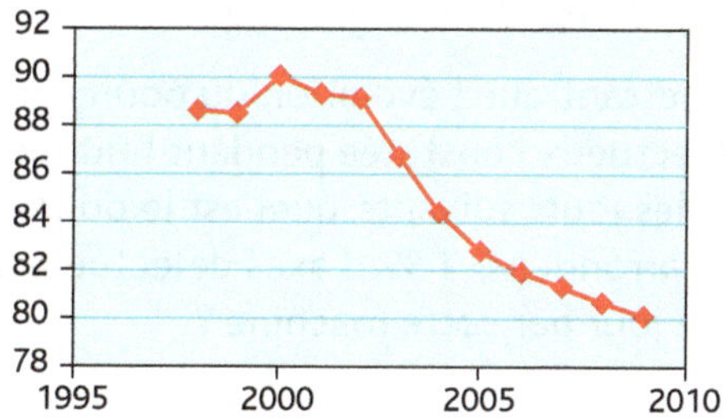

Évolution du nombre de morts

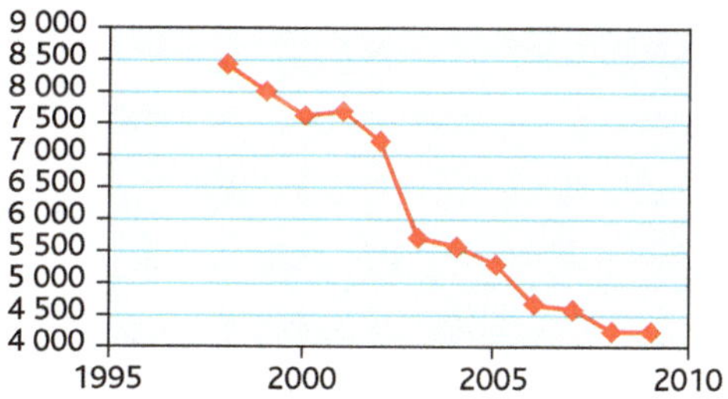

2. a. Représenter avec un tableur le nuage de points $M_i(x_i\,;y_i)$ correspondant à la série statistique des vitesses moyennes des véhicules légers et du nombre de morts.

b. L'examen du nuage de points précédent confirme-t-il l'hypothèse faite au 1 ?
Peut-on envisager un ajustement affine du nombre de morts en fonction de la vitesse moyenne ?

3. a. À l'aide du tableur, donner une équation d'une droite d'ajustement du nuage de points $M_i(x_i\,;y_i)$.

b. Estimer le nombre de vies qui pourraient être sauvées par rapport aux 4 273 morts de 2009, si la vitesse moyenne baissait à 78 km/h.

› ✱ Problème 2
Dérive d'une machine

Dans une entreprise, une machine produit des axes de moteurs électriques. La machine se déréglant au cours du temps, on décide de noter chaque jour le pourcentage des axes défectueux produits. On obtient alors le tableau suivant :

Jours : x_i	1	2	3	4	5	6	7	8
Axes défectueux (%) : y_i	0,8	1,1	1,9	2,3	2,1	2,4	2,8	2,9

1. Représenter dans un repère le nuage de points $M_i(x_i\,;y_i)$.

2. Calculer les coordonnées du point moyen G du nuage, puis placer ce point sur le graphique.

3. Déterminer, à l'aide de la calculatrice, une équation d'une droite D d'ajustement du nuage de points $M_i(x_i\,;y_i)$. (Arrondis à 10^{-3}).

4. Tracer la droite D sur le graphique.

5. En admettant que l'évolution du pourcentage d'axes défectueux constatée pendant huit jours se poursuive les jours suivants, quel est le pourcentage prévisible, arrondi à 0,1 %, d'axes défectueux produits le onzième jour par cette machine ?

› ✱✱ Problème 3
Indice de réfraction du Plexiglas

On utilise en TP un dispositif constitué d'une source lumineuse diaphragmée (pinceau lumineux vertical) et d'un demi-cylindre de Plexiglas monté sur un disque gradué en degrés. Ce disque permet la mesure de l'angle de réfraction r pour différentes valeurs de l'angle d'incidence i.
Le tableau suivant donne huit mesures effectuées avec ce dispositif.

Incidence i	Réfraction r	sin i x_i	sin r y_i
10°	7°		
20°	13,5°		
30°	20,0°		
40°	25,5°		
50°	31,0°		
60°	35,5°		
70°	39,5°		
80°	43,5°		

1. Reproduire et compléter le tableau en calculant les sinus des angles d'incidence et de réfraction (compte tenu de la précision des mesures, on arrondira les résultats à 10^{-3}).

2. Pour chaque ligne du tableau, calculer le rapport $\dfrac{\sin i}{\sin r}$ (arrondir à 10^{-2}).
Que constate-t-on ?

3. Déterminer, à l'aide de la calculatrice, une équation d'une droite d'ajustement du nuage de points $M_i(x_i\,;y_i)$ (arrondir à 10^{-2}).

4. La deuxième loi de Descartes s'écrit $\sin i = n \sin r$ où n est l'indice du milieu par rapport à l'air.
En utilisant la question précédente, estimer l'indice de réfraction du Plexiglas.

Je me teste

EXERCICE 1 Étude d'un échantillon

On dispose des données suivantes concernant un échantillon de 20 hommes : âges t_i en années, tailles x_i en mètres, poids y_i en kg (en physique, on parle de masses).

n°	1	2	3	4	5	6	7	8	9	10	11	12	13	14	15	16	17	18	19	20
Âge : t_i	22	26	33	35	38	40	42	42	43	44	45	48	49	50	51	53	56	61	64	75
Taille : x_i	1,82	1,71	1,72	1,75	1,77	1,97	1,94	1,76	1,68	1,98	1,79	1,82	1,80	1,87	1,72	1,65	1,90	1,81	1,75	1,68
Poids : y_i	75	66	64,4	74,2	70,5	93,2	90,4	71,5	59,8	95,2	73,1	74,2	71	82,8	75,4	68,7	75,1	73	82,6	64

On peut trouver ces données sur le fichier « 01_lorentz.xls » ou « 01_lorentz.ods ».

On souhaite examiner de quelle manière le poids est lié à l'âge et à la taille.

1 Représenter avec un tableur les nuages des points $M_i(t_i\,;\,y_i)$ et $N_i(x_i\,;\,y_i)$.

2 D'après l'aspect de ces deux nuages, peut-on considérer que, sur cet échantillon :

a. le poids est lié à l'âge ?

b. le poids est lié à la taille ?

Appelez le professeur pour présenter votre argumentation.

3 Effectuer un ajustement affine du nuage de points $N_i(x_i\,;\,y_i)$ à l'aide du tableur. Donner une équation de la droite obtenue.

4 Selon la tendance observée sur cet échantillon, estimer le poids d'un homme mesurant 1,85 m.

EXERCICE 2 Formule de Lorentz

La formule de Lorentz donne le poids moyen selon la taille :

$$\text{poids} = 100 \times \left(\text{taille} - 1 - \frac{\text{taille} - 1{,}5}{a}\right).$$

(taille en mètres ; poids en kg ; $a = 4$ pour un homme ; $a = 2{,}5$ pour une femme.)

1 Que fournit la formule :

a. pour un homme de 1,85 m ?

....

....

....

b. pour une femme de 1,73 m ?

....

....

....

2 Cette formule a-t-elle un sens appliquée à un petit garçon de 80 cm ?

....

....

3 Montrer que, dans les cas des hommes, la formule de Lorentz peut s'écrire sous la forme :

$y = 75x - 62{,}5$ où x désigne la taille, en m, et y le poids, en kg.

....

....

4 Calculer y pour $x = 1{,}85$ et comparer au résultat de la question 4 de l'exercice 1.

....

....

....

A

Appelez le professeur pour présenter vos calculs.

2. DÉRIVÉE ET SENS DE VARIATION D'UNE FONCTION

4 Fonction dérivée

Capacité
- Utiliser les formules et les règles de dérivation pour déterminer la dérivée d'une fonction

1 Déterminer une fonction dérivée

La vitesse du surfeur

Un surfeur est resté 5 secondes dans un tube. Pour obtenir la fonction donnant la position du surfeur à chaque instant, on a considéré lors de l'étude du mouvement du surfeur par vidéo qu'il était en accélération constante de l'entrée à la sortie du tube. Soient la fonction f définie sur [0 ; 5] par $f(x) = 0{,}8x^2 + 7x$ et C_f sa courbe représentative.

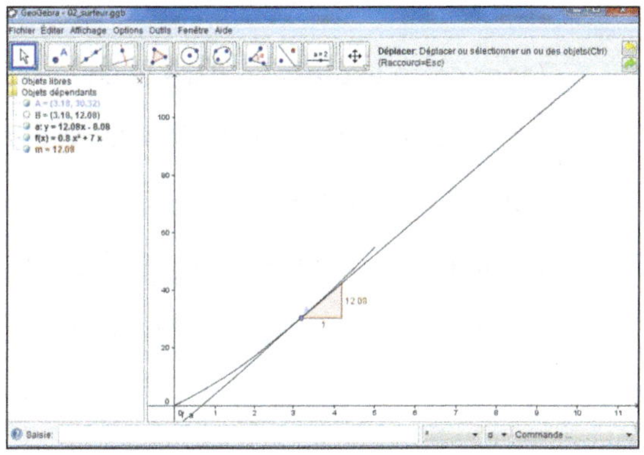

Ouvrir le fichier « **02_surfeur.ggb** ». En A est affiché le coefficient directeur de la tangente à la courbe en ce point. Le point B a même abscisse que le point A et son ordonnée est égale à $f'(x_A)$.

1. a. Vérifier que la trace du point B est activée.

b. Déplacer le point A pour tout x de [0 ; 5].

2. a. Donner les nombres dérivés pour $x = 0$ et $x = 5$. $f'(0) =$ .... et $f'(5) =$ ....

b. Vérifier l'ordonnée de B pour ces abscisses. ....

3. Quelle conjecture peut-on faire sur l'allure de la courbe obtenue par la trace du point B ?

....

L'équation de cette courbe est $y =$ ....

4. Taper cette expression dans le champ de saisie pour vérifier la vraisemblance de la conjecture faite.

La fonction f' qui, à tout x de [0 ; 5], associe $f'(x) = 1{,}6x + 7$ est appelée fonction dérivée de la fonction f.

> f' permet d'obtenir la vitesse du surfeur à chaque instant passé dans le tube.

2 Dériver quelques fonctions usuelles

1. Soient la fonction f définie pour tout x par $f(x) = x^2$ et C_f sa courbe représentative.

Ouvrir le fichier « **02_carre.ggb** ». En A est affiché le coefficient directeur de la tangente à la courbe en ce point.

a. Déplacer le point A pour obtenir différentes valeurs de x et compléter le tableau suivant :

x	– 2	– 1	0	1	2
$f'(x)$	....	....	....	....	....

b. Quelle conjecture peut-on faire sur l'allure de la courbe obtenue par la trace du point B ?

....

c. Taper cette expression dans le champ de saisie pour vérifier la vraisemblance de la conjecture.

d. On en déduit que la fonction dérivée de la fonction carré est : ....

2. Soient la fonction g définie pour tout x par $g(x) = x^3$ et C_g sa courbe représentative.

Ouvrir le fichier « **02_cube.ggb** ».

a. Déplacer le point A pour obtenir différentes valeurs de x et compléter le tableau suivant :

x	-2	-1	0	1	2
$g'(x)$	....	....	....	....	....

b. Quelle conjecture peut-on faire sur l'allure de la courbe obtenue par la trace du point B ?

....

c. Taper cette expression dans le champ de saisie pour vérifier la vraisemblance de la conjecture.

d. On en déduit que la fonction dérivée de la fonction cube est : ....

3. Soient la fonction h définie pour tout x par $h(x) = ax + b$ et C_h sa courbe représentative.

Ouvrir le fichier « **02_affine.ggb** ». Vérifier que le coefficient a vaut 1.

a. Déplacer le point A pour obtenir différentes valeurs de x et compléter le tableau suivant :

x	-2	-1	0	1	2
$h'(x)$	....	....	....	....	....

b. Quelle conjecture peut-on faire sur l'allure de la courbe obtenue par la trace du point B ?

....

c. Faire varier les coefficients a et b à l'aide des curseurs et vérifier la conjecture faite.

d. On en déduit que la fonction dérivée de la fonction affine h est : ....

Ces résultats se retrouvent dans le formulaire page 25.

Comment calculer la dérivée d'une fonction ?

a. Calculer la dérivée de la fonction f définie pour tout x par $f(x) = 3x - 4$.

- Identifier la forme de la fonction : $f(x)$ est de la forme .... avec $a =$ .... et $b =$ ....
- Lire dans le tableau de la page 25 la fonction dérivée correspondante : $f'(x) =$ ....
- Calculer la dérivée : $f'(x) =$ ....

b. Calculer la dérivée de la fonction g définie pour tout x positif par $g(x) = \sqrt{x} + 5x + 2$.

- Identifier la forme de la fonction : $g(x)$ est de la forme $u(x) + v(x)$ avec $u(x) =$ .... et $v(x) =$ ....
- Lire dans le tableau de la page 25 la fonction dérivée correspondante : $g'(x) =$ ....
- Calculer la dérivée : on a donc, pour tout $x > 0$, $g'(x) =$ ....

Exercices

Pour chacune des fonctions f suivantes, déterminer la fonction dérivée f'.

1 **a.** $f(x) = -4x^2$; **b.** $f(x) = -2x^2 + 1{,}5x - 45$

2 **a.** $f(x) = 5x^3 - 4x + 1$; **b.** $f(x) = \dfrac{3}{x}$ avec $x \neq 0$.

3 **a.** $f(x) = 4x$; **b.** $f(x) = 2x^3$.

5 Signe de la dérivée et sens de variation

Capacités

- Étudier, sur un intervalle donné, les variations d'une fonction à partir du calcul et de l'étude du signe de sa dérivée. Dresser son tableau de variation
- Déterminer un extremum d'une fonction sur un intervalle donné à partir de son sens de variation

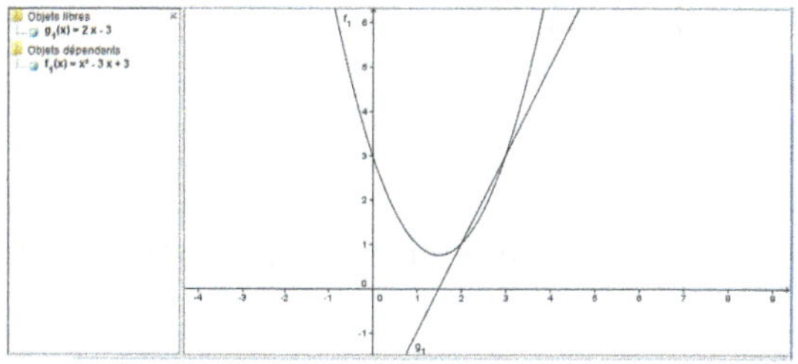

1 Sommet d'une parabole

Soit la fonction f_1 définie sur [– 1 ; 4] par $f_1(x) = x^2 - 3x + 3$.

1. Tracer, à l'aide de GeoGebra ou de la calculatrice, la représentation graphique de la fonction f_1.

2. Calculer l'abscisse x du sommet de cette parabole : ....

Le sommet de la parabole correspond-il à un maximum ou à un minimum de f_1 ? ....

3. Dresser le tableau de variation de f_1.

x	– 1	....	4
$f_1(x)$			

4. Tracer, dans le même repère que f_1, la fonction g_1 définie sur [– 1 ; 4] par $g_1(x) = 2x - 3$.

5. Que représente la fonction g_1 pour la fonction f_1 ?

....

6. Dresser le tableau de signe de la fonction g_1.

x	– 1	....	4
Signe de $g_1(x)$	....	0	....

7. Conjecturer le lien qui existe entre le tableau de variation de la fonction f_1 et le tableau de signe de la fonction g_1. ....

....

2 Signe de la dérivée et sens de variation

1. Recommencer ce travail avec les fonctions $f_2(x) = -x^2 + x - 4$ et $g_2(x) = -2x + 1$ définies sur [– 2 ; 3].

- L'abscisse x du sommet de cette parabole vaut ...., le sommet de la parabole correspond à un .... de la fonction f_2.
- Tableau de variation de f_2

x	– 2	3
$f_2(x)$		

- La fonction g_2 représente .... pour la fonction f_2.
- Tableau de signe de g_2

x	– 2		3
Signe de $g_2(x)$		0	

2. Recommencer ce travail avec les fonctions $f_3(x) = 3x^2 + 5x - 2$ et $g_3(x) = 6x + 5$ définies sur $[-3\,;1]$.

- L'abscisse x du sommet de cette parabole vaut ...., le sommet de la parabole correspond à un .... de la fonction f_3.

Tableau de variation de f_3

x	-3 1
$f_3(x)$	

- La fonction g_3 représente .... pour la fonction f_3.

Tableau de signe de g_3

x	-3 1
Signe de $g_3(x)$	0

3. La conjecture faite à la question 1.7. est-elle vérifiée ? ....

Comment étudier le sens de variation d'une fonction ?

Étudier le sens de variation de la fonction f définie sur $[0{,}2\,;5]$ par $f(x) = \dfrac{1}{x} + x$.

Pour cela, on montrera que la dérivée peut se mettre sous la forme $f'(x) = \dfrac{(x-1)(x+1)}{x^2}$.

- Calculer la dérivée de f : $f'(x) =$ ....
- Mettre l'écriture de $f'(x)$ sous la forme $f'(x) = \dfrac{(x-1)(x+1)}{x^2}$.

....

....

On applique l'identité remarquable : $a^2 - b^2 = (a-b)(a+b)$.

- Rechercher sur l'intervalle d'étude les valeurs pour lesquelles la dérivée s'annule. ....

Sur $[0{,}2\,;5]$, $f'(x)$ s'annule pour ....

- Étudier le signe de $f'(x)$ sur $[0{,}2\,;5]$ et l'indiquer dans le tableau de variation.

....

....

x	0,2 5
Signe de $f'(x)$	
$f(x)$	

- Construire le tableau de variation de la fonction f.

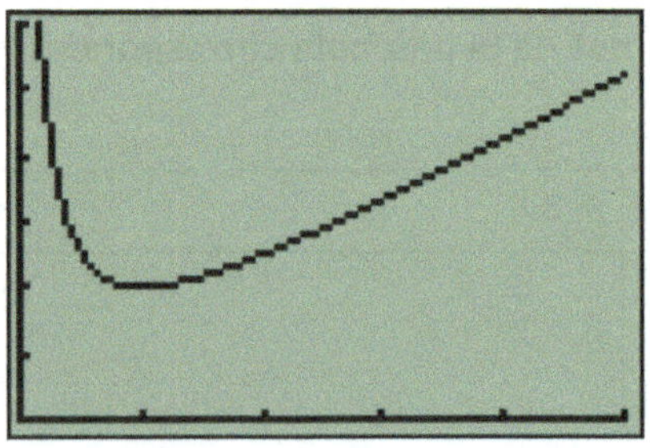

Pensez à vérifier la cohérence entre le tableau de variation et la courbe.

Exercice

Pour chacune des fonctions suivantes :
- calculer la dérivée sur l'intervalle d'étude ;
- étudier le signe de la dérivée ;
- en déduire le tableau de variation de la fonction.

a. $f(x) = 7x - 5$, pour $0 \leq x \leq 10$.
b. $f(x) = -4x + 3$, pour $-5 \leq x \leq 6$.
c. $f(x) = x^2 - 3x + 2$, pour $0 \leq x \leq 4$.
d. $f(x) = 2x^3 - 2x$, pour $-1 \leq x \leq 3$.

6 J'utilise une calculatrice

Rechercher un extremum

1. Rechercher un extremum

On a vu dans la fiche 5 que les sommets des paraboles correspondent aux points où la dérivée est nulle. On va vérifier dans cette partie, à l'aide de la dérivée, si pour d'autres fonctions le point où la dérivée s'annule correspond toujours à un minimum ou un maximum.

Soient les fonctions : f définie sur $[-2 ; 2]$ par $f(x) = x^3 - 3x$; g définie sur $[0,2 ; +\infty[$ par $g(x) = \sqrt{x} - x$ et h définie sur $[-2 ; 2]$ par $h(x) = x^3$.

a. Calculer les dérivées des fonctions f, g et h sur leur intervalle de définition et étudier leur signe.

....

....

b. Dresser les tableaux de variation des fonctions f, g et h.

x	-2 2
Signe de $f'(x)$	
$f(x)$	

x	0,2 $+\infty$
Signe de $g'(x)$	
$g(x)$	

x	-2 2
Signe de $h'(x)$	
$h(x)$	

c. Tracer les courbes représentatives des fonctions f, g et h sur la calculatrice et vérifier les résultats précédents.

d. Grâce à l'observation des tableaux de variation, répondre au problème posé.

....

....

Ne pas confondre tableau de signes et tableau de variation.

2. Déterminer la valeur exacte d'un extremum

On désire construire une boîte sans couvercle de volume le plus grand possible. Pour cela, on dispose d'une plaque carrée de 1 mètre de côté. À chaque coin de la plaque, on enlève un carré de côté x (mètre), avec x compris entre 0 et 0,5.

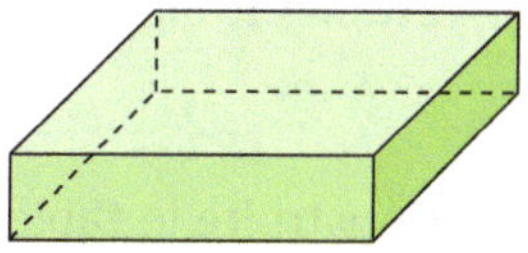

a. Exprimer les dimensions de la boîte en fonction de x :

largeur : .... ; longueur : .... ; hauteur : ....

b. Vérifier que le volume de la boîte s'exprime en fonction de x par $V(x) = 4x^3 - 4x^2 + x$.

....

Soit la fonction f définie sur $[0 ; 0,5]$ par $f(x) = 4x^3 - 4x^2 + x$.

c. Tracer la courbe représentative de la fonction f sur la calculatrice.

d. Déterminer graphiquement l'abscisse du maximum. ....

Réglez correctement la fenêtre de la calculatrice pour voir la courbe sur l'intervalle d'étude.

e. Étudier les variations de f.

....

f. La valeur exacte du maximum est .... Donc, le volume maximal de la boîte vaut ....

J'utilise un logiciel (tableur)

Déterminer un minimum

Coût unitaire de gestion

Le responsable d'un magasin analyse le coût unitaire (coût d'un seul objet) de gestion de son stock d'imprimantes multifonctions. Il estime que ce coût $C(n)$, en euros, est lié au nombre n de commandes reçues, où n est compris entre 5 et 30, par la relation : $C(n) = 2n + 40 + \dfrac{450}{n}$.

1. Calculs de coûts unitaires

	A	B
1	n	C(n)
2	5	140
3	6	127
4	7	118,285714
5	8	112,25
6	9	108
7	10	105
8	11	102,909091
9	12	101,5

a. ▪ Avec un tableur, réaliser la feuille de calcul dont voici un extrait.

- Faire varier n de 5 à 30 avec un pas de 1.
- Quelle formule faut-il entrer dans la cellule B2 ? ....
- Recopier cette formule vers le bas jusqu'à la valeur 30 de n.

b. ▪ En utilisant l'Assistant graphique, afficher la représentation graphique de $C(n)$. Choisir *Nuage de points reliés par une courbe lissée*.

- Régler sur l'axe des ordonnées le minimum à 90 et le maximum à 150.

c. Estimer graphiquement la valeur du minimum. ....

d. Estimer graphiquement les valeurs de n pour lesquelles $C(n) \leq 110$. ....

2. Étude d'une fonction

Soit la fonction f définie sur $[5 ; 30]$ par $f(x) = 2x + 40 + \dfrac{450}{x}$.

a. Calculer $f'(x)$ où f' est la dérivée de la fonction f. ....

b. On admet que $f'(x)$ peut s'écrire : $f'(x) = \dfrac{2x^2 - 450}{x^2}$.

Étudier le signe de $f'(x)$. Pour cela on est amené à résoudre l'équation $2x^2 - 450 = 0$.

....

c. Construire le tableau de variation de la fonction f.

x	5 30
Signe de $f'(x)$	
$f(x)$	

d. En déduire la valeur du minimum. ....

e. Résoudre l'inéquation $f(x) \leq 110$.

Pour cela, se ramener à une inéquation du second degré. ....

....

3. Exploitation

En utilisant les résultats précédents, compléter les phrases suivantes :

a. Le nombre de commandes à réaliser afin d'obtenir un coût unitaire de gestion de stock minimal est .... ; dans ce cas le montant de ce coût minimal vaut ....

b. Le nombre de commandes correspondant à un coût unitaire de gestion de stock inférieur ou égal à 110 € est compris entre .... et ....

L'ESSENTIEL

1 Fonction dérivée

• Soit f une fonction admettant un nombre dérivé pour tout point d'un intervalle I. La **fonction dérivée** de f (ou dérivée de f) est la fonction qui, à tout point de I, fait correspondre le nombre dérivé de f en ce point. Elle est notée f'.

Exemple

Soit f la fonction définie pour tout x par $f(x) = 4x^2 - 5x + 6$. La fonction dérivée de f est la fonction f' définie pour tout x par $f'(x) = 8x - 5$.

2 Calcul d'une dérivée

Pour le calcul des dérivées, on utilise les formules ci-contre :

Fonction f	Dérivée de f
$f(x)$	$f'(x)$
$ax + b$	a
x^2	$2x$
$\frac{1}{x}$; $x \neq 0$	$-\frac{1}{x^2}$; $x \neq 0$
$\sqrt{x}$; $x \geq 0$	$\frac{1}{2\sqrt{x}}$; $x > 0$
x^3	$3x^2$
$u(x) + v(x)$	$u'(x) + v'(x)$
$a.u(x)$	$a.u'(x)$

Exemple

Soit f la fonction définie pour tout x par $f(x) = 3x + 5$.

$f(x)$ est de la forme $ax + b$. Donc sa dérivée f' est telle que $f'(x) = 3$.

3 Signe de la dérivée et sens de variation d'une fonction

Soit f une fonction définie sur $[a ; b]$ et f' la fonction dérivée de f sur l'intervalle $[a ; b]$.

• Si $f'(x) = 0$ sur $[a ; b]$, alors la fonction f est **constante** sur $[a ; b]$.

• Si $f'(x) \geq 0$ sur $[a ; b]$, alors la fonction f est **croissante** sur $[a ; b]$.

• Si $f'(x) \leq 0$ sur $[a ; b]$, alors la fonction f est **décroissante** sur $[a ; b]$.

x	a	b
Signe de $f'(x)$	+	
$f(x)$	↗	

x	a	b
Signe de $f'(x)$	−	
$f(x)$	↘	

Exemple

Soit f la fonction définie sur $[-5 ; 6]$ par $f(x) = 3x + 5$.

Sa dérivée f' est telle que $f'(x) = 3$ qui est positif.

Donc la fonction f est croissante sur $[-5 ; 6]$.

x	-5	6
Signe de $f'(x)$	+	
$f(x)$	↗	

1 › Calculer la dérivée d'une fonction

Calculer la dérivée de chacune des fonctions *f* et *g* suivantes :

a. la fonction f est définie pour tout x différent de zéro par $f(x) = \frac{4}{x}$.

b. la fonction g est définie pour tout x par $g(x) = 2x^3 + 4x - 5$.

Solution

a. $f(x)$ est de la forme $a.u(x)$

avec $a = 4$ et $u(x) = \frac{1}{x}$.

$f'(x) = a.u'(x)$, d'où $f'(x) = 4 \times \left(-\frac{1}{x^2}\right)$.

On a donc, pour tout x différent de 0, $f'(x) = -\frac{4}{x^2}$.

b. $g(x)$ est de la forme $u(x) + v(x)$
avec $u(x) = 2x^3$ et $v(x) = 4x - 5$.
$g'(x) = u'(x) + v'(x)$.
$u'(x) = 2 \times 3x^2 = 6x^2$ et $v'(x) = 4$.
On a donc, pour tout x, $g'(x) = 6x^2 + 4$.

Méthode

- Identifier la forme de la fonction.
- Lire dans le tableau la fonction dérivée correspondante.
- Calculer la fonction dérivée.
- Simplifier et donner la fonction dérivée cherchée.

2 › Déterminer un extremum avec le tableau de variation

Soit la fonction *f* définie sur [0 ; 3] par $f(x) = \frac{2}{3}x^3 + x^2 - 4x$.

Justifier que *f* admet un minimum sur [0 ; 3] et le déterminer.

Solution

$f'(x) = \frac{2}{3} \times 3x^2 + 2x - 4 = 2x^2 + 2x - 4$.

$a > 0$ et $\Delta = 36$.
Les valeurs qui annulent $f'(x)$ sont -2 et 1.
D'où le tableau de signe de $2x^2 + 2x - 4$:

x	$-\infty$		-2		1		$+\infty$
$f'(x)$		$+$	0	$-$	0	$+$	

Tableau de variation de f sur [0 ; 3] :

x	0		1		3
Signe de $f'(x)$		$-$	0	$+$	
$f(x)$		↘	$-\frac{7}{3}$	↗	

Il y a un minimum pour $x = 1$.

Ce minimum est : $f(1) = -\frac{7}{3}$.

Méthode

- Calculer la dérivée de f.
- Étudier le signe de la dérivée.
- Dresser le tableau de variation de la fonction f sur l'intervalle de définition.
- Lire sur le tableau de variation la valeur de l'extremum : l'allure des flèches indique si on a un maximum ou un minimum.

Exercices & Problèmes

R Exercices avec réponses en fin d'ouvrage. **/** Exercices plus difficiles.*

Exercices

1. QCM

Choisir la ou les bonne(s) réponse(s).

a. Si la fonction dérivée d'une fonction f est négative sur un intervalle I, alors :

❒ la fonction f est décroissante sur cet intervalle.
❒ la fonction f est constante sur cet intervalle.
❒ la fonction f est croissante sur cet intervalle.

b. Si la fonction dérivée d'une fonction f est nulle sur un intervalle I, alors :

❒ la fonction f est décroissante sur cet intervalle.
❒ la fonction f est constante sur cet intervalle.
❒ la fonction f est croissante sur cet intervalle.

c. Si une fonction f de fonction dérivée f' est décroissante sur un intervalle I, alors :

❒ pour tout x de I, $f'(x) \geq 0$.
❒ pour tout x de I, $f'(x) \leq 0$.
❒ on ne peut rien savoir sur $f'(x)$.

d. Si $f(x) = -3x^2 + x - 2$, alors :

❒ $f'(x) = -3x + 1$.
❒ $f'(x) = -6x + 1$.
❒ $f'(x) = -6x + 1 - 2$.

e. Si $f(x) = 2\sqrt{x}$ pour $x > 0$, alors :

❒ $f'(x) = \dfrac{1}{\sqrt{x}}$.
❒ $f'(x) = \dfrac{2}{\sqrt{x}}$.
❒ $f'(x) = \dfrac{1}{4\sqrt{x}}$.

2. Choix dans une liste

Pour chaque phrase, entourer la bonne réponse dans la liste proposée.

a. Le tableau de signe de la dérivée f' d'une fonction f est

x	-9		-1		4		8
$f'(x)$		$+$	0	$-$	0	$+$	

La fonction f est [croissante / constante / décroissante] sur $[-1 ; 4]$

et la fonction f est croissante sur [$[-9 ; 8]$ / $[-9 ; -1]$ / $[-1 ; 4]$]

b. Le tableau de signe de la dérivée f' d'une fonction f est

x	-5		-2		5		9
$f'(x)$		$-$	0	$+$	0	$-$	

La fonction f est [croissante / constante / décroissante] sur $[-5 ; -2]$ et $[5 ; 9]$

et la fonction f est croissante sur [$[-2 ; 5]$ / $[-5 ; 9]$ / $[5 ; 9]$]

c. Le tableau de signe de la dérivée f' d'une fonction f est

x	0		$0{,}5$		1
$f'(x)$		$+$	0	$-$	

La fonction f est [croissante / constante / décroissante] sur $[0 ; 0{,}5]$

et la fonction f est décroissante sur [$[0 ; 0{,}5]$ / $[0 ; 1]$ / $[0{,}5 ; 1]$]

3. Associer

Relier par une flèche chaque fonction dérivée f' à la fonction f correspondante.

- $f'(x) = \dfrac{2}{\sqrt{x}}$ •
- $f'(x) = 4x + 2$ •
- $f'(x) = 4x - \dfrac{4}{x^2}$ •
- $f'(x) = 4x^2 + 2x + 1$ •

- • $f(x) = 4x^2 + \dfrac{4}{x} + 5$
- • $f(x) = 4\sqrt{x}$
- • $f(x) = \dfrac{4}{3}x^3 + x^2 + x - 5$
- • $f(x) = 2\sqrt{x}$
- • $f(x) = 2x^2 + \dfrac{4}{x} + 5$
- • $f(x) = 2x^2 + 2x - 5$

4. QCM

Choisir la ou les bonne(s) réponse(s).

Soit f' la fonction dérivée d'une fonction f définie sur l'intervalle $[-4 ; 4]$ dont la courbe représentative $C_{f'}$ est donnée ci-contre.

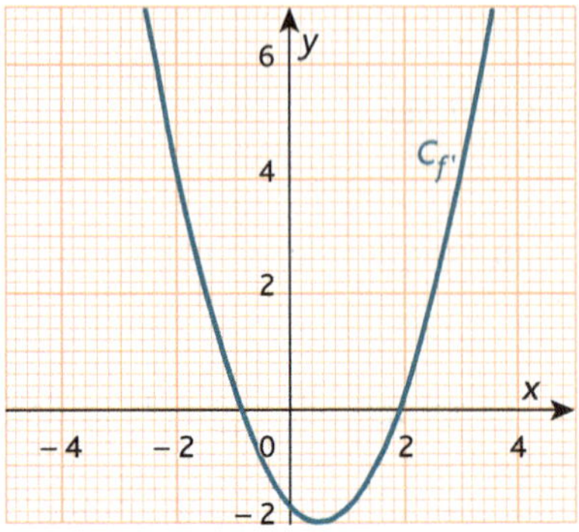

a. Le tableau de signe de la dérivée est :

❐

x	-4		-1		2		4
$f'(x)$		$-$	0	$+$	0	$-$	

❐

x	-4		$0{,}5$		4
$f'(x)$		$+$	0	$-$	

❐

x	-4		-1		2		4
$f'(x)$		$+$	0	$-$	0	$+$	

b. Donc, f est :

❐ croissante sur $[-4 ; 0{,}5]$.

❐ décroissante sur $[-1 ; 2]$.

❐ croissante sur $[-4 ; 4]$.

› Calculer une fonction dérivée

Pour chacune des fonctions f suivantes, déterminer la fonction dérivée f'.

5. a. $f(x) = -\dfrac{4}{x}$ avec $x \neq 0$.

b. $f(x) = \dfrac{6}{x}$ avec $x \neq 0$.

6. a. $f(x) = \dfrac{2}{x} + \sqrt{x}$ pour $x > 0$.

b. $f(x) = -\dfrac{3}{x} - 2\sqrt{x}$ pour $x > 0$.

7. a. $f(x) = x^3 + 2x + 3$.

b. $f(x) = 5x^3 - 2x^2 + 4$.

8. Ⓡ **a.** $f(x) = -2x^2 + 5$.

b. $f(x) = x^3 - 7x + 1$.

9. a. $f(x) = 3x^2 + \dfrac{2}{x}$ avec $x \neq 0$.

b. $f(x) = 5x^3 - \dfrac{4}{x}$ avec $x \neq 0$.

10. a. $f(x) = (3x + 1)(7x - 2)$.

b. $f(x) = 3x(x - 2)$.

Pensez à développer $f(x)$.

11. ✱ **a.** $f(x) = x^2(3x + 4)$.

b. $f(x) = \dfrac{3}{x}(4x + 1)$ avec $x \neq 0$.

Pour chacune des fonctions suivantes, déterminer la fonction dérivée, puis le nombre dérivé en chacun des points précisés.

12. Ⓡ **a.** $f(x) = 7x - 2$ pour $x = 1$.

b. $f(x) = 4x^2 + 3x - 15$ pour $x = 3$.

c. $f(x) = -x^3 + 7x^2 + 51$ pour $x = 1$.

13. ✱ **a.** $f(x) = (x + 4)(-3x + 2)$ pour $x = 0$.

b. $f(x) = 7x^2 + \dfrac{2}{x}$ avec $x \neq 0$, pour $x = 2$.

14. Soit la fonction f définie pour tout x par : $f(x) = 0{,}5x^2 + 4x - 3$.

a. Calculer f' la dérivée de f.

b. Calculer le nombre dérivé de f en 2.

c. Déterminer une équation de la tangente à la courbe représentative de f au point d'abscisse 2.

› Déterminer le sens de variation d'une fonction à partir de sa fonction dérivée

Pour chacune des fonctions suivantes :
- calculer la dérivée sur l'intervalle d'étude ;
- étudier son signe ;
- en déduire son tableau de variation.

15. a. $f(x) = 2x^2 - 1$ pour $-3 \leq x \leq 3$.

b. ✱ $f(x) = -\dfrac{4}{x} + 2x$ pour $-5 \leq x \leq -1$.

16. a. $f(x) = x^3 - 3x^2$ pour $-1 \leq x \leq 3$.

b. $f(x) = 2x^3 + 3x^2 - 12x + 3$ pour $-3 \leq x \leq 2$.

17. Ⓡ **a.** $f(x) = -5x^2 + 2$ pour $-1 \leq x \leq 1$.

b. $f(x) = 3x^3 + 2x^2 - 12x + 3$ pour $-3 \leq x \leq 2$.

› Rechercher l'extremum d'une fonction sur un intervalle donné

Pour chacune des fonctions suivantes, dresser le tableau de variation de la fonction sur l'intervalle d'étude.

18. Ⓡ Donner le minimum de $f(x) = 4x^2 - 2x + 1$ sur $[-1 ; 1]$.

19. Donner le maximum de $f(x) = -27x^3 + 9x$ sur $[0 ; 2]$.

20. Donner le maximum de $f(x) = x^3 + x^2 - x + 5$ sur $[-2 ; 0]$

21. Donner le minimum de $f(x) = 0{,}5x^3 - 2x - 3$ sur $[-1 ; 4]$.

Problèmes

› Problème 1

Le caddy moyen

Dans une grande surface, « le caddy moyen » est de 100 euros (dépense moyenne d'un client qui passe à la caisse).
Le montant des charges de cette grande surface en fonction du nombre n de clients est donné par : $C(n) = 0{,}4n^2 - 72n + 4\,800$.

1. a. Exprimer le chiffre d'affaires moyen $C_A(n)$ en fonction du nombre de clients n.

b. Tracer la droite D d'équation $y = 100x$, le plan étant rapporté à un repère orthogonal $(Ox\,;Oy)$. Unités : en abscisses, 1 cm pour 100 ; en ordonnées 1 cm pour 10 000. Cette droite modélise le chiffre d'affaires C_A.

2. Étude de la fonction f
Soit la fonction f définie par $f(x) = 0{,}4x^2 - 72x + 4\,800$ sur l'intervalle $[0\,;410]$. Sa représentation graphique modélise le montant des charges C.

a. Compléter le tableau de valeur.

x	0	30	50	90	150	200	300	400	410
$f(x)$	4 800					6 400	19 200	40 000	42 520

b. Placer ces points dans le repère précédent.

c. Soit f' la fonction dérivée de la fonction f sur l'intervalle $[0\,;410]$. Calculer $f'(x)$.

d. Résoudre l'équation $f'(x) = 0$.

e. Construire le tableau de variation de la fonction f.

f. Tracer dans le même repère la courbe représentative de la fonction f.

3. Interprétation graphique

a. Pour quel nombre de clients les charges sont-elles minimales ?

b. Pour 200 clients, le bénéfice est de 13 600 €. Justifier graphiquement ce résultat.

› Problème 2

La température d'un four d'émaillage est obtenue à l'aide d'un couple thermoélectrique. Pour cela, on mesure E la f.e.m (force électromotrice) (en µV) à ses bornes qui dépend de la température θ (en degré Celsius).
Pour θ compris entre 300 °C et 900 °C, la relation liant E en fonction de θ est : $E(\theta) = -\,0{,}016\,\theta^2 + 17{,}8\,\theta - 5{,}4$.
Déterminer pour quelle température θ la f.e.m atteint sa valeur maximale.

› Problème 3

Surface imprimable maximale

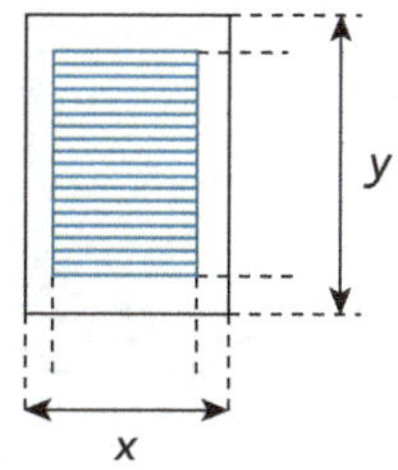

Pour la fabrication d'un livre, on doit respecter sur chaque page des marges de 2 cm à droite et à gauche, de 3 cm en bas et en haut.

1. Les dimensions d'une page A4 sont 21 cm × 29,7 cm.
Déterminer l'aire, en cm², de la surface imprimable d'une page A4.

2. On considère toutes les pages de même aire que la page A4. On désigne par x la largeur, en cm, d'une page et par y son hauteur en cm.
Sachant que l'aire d'une page A4 vaut 623,7 cm², exprimer la hauteur y en fonction de la largeur x.

3. Montrer que l'aire $A(x)$ de la surface imprimable s'exprime, en fonction de x seulement, par :
$A(x) = 647{,}7 - 6x - \dfrac{2\,494{,}8}{x}$.

4. a. Déterminer la valeur de x pour que l'aire soit maximale.

b. En déduire les dimensions de la page qui permettent d'obtenir une surface imprimable maximale.

c. Correspondent-elles aux dimensions d'une page A4 ?

› Problème 4

La bouée de bateau

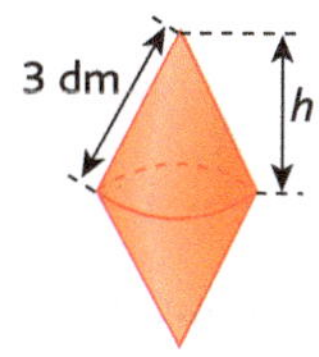

Une bouée de bateau est formée de deux cônes identiques accolés par leur base. Chaque cône a pour hauteur h et pour génératrice 3 dm.
Le volume de la bouée est donné par la relation $V(h) = \dfrac{2}{3}\pi(9h - h^3)$ pour h compris entre 0 et 3.

1. Étudier les variations de la fonction V sur $[0\,;3]$.

2. Déterminer le volume maximal de la bouée. En donner une valeur approchée, en dm³, arrondie au millième.

3. Que constatez-vous ?

› Problème 5

Le meilleur chauffe-eau

Quels que soient les matériaux utilisés, en termes d'économie, le meilleur chauffe-eau sera celui qui aura la plus petite surface pour un volume donné. La forme sphérique est la meilleure ; mais pour des raisons de place, on préférera le cylindre.
Prenons le cas d'un cylindre de volume 1 m^3.

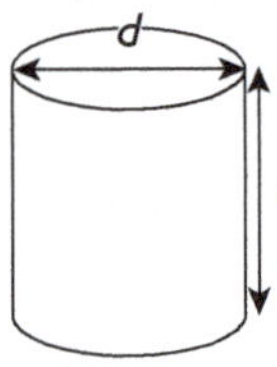

Les longueurs sont exprimées en mètres.

1. a. Exprimer le volume V du cylindre en fonction de d et h.

b. Sachant que $V = 1$, exprimer h en fonction de d.

2. La surface totale du cylindre est composée de deux disques et d'un rectangle.

a. Vérifier que cette surface s'exprime en fonction de d par : $S(d) = \frac{\pi d^2}{2} + \frac{4}{d}$.

b. Rechercher, sur $[0 ; +\infty[$, le minimum de S.

c. En déduire la hauteur h.

3. Quelle particularité a ce cylindre ?

› Problème 6

La boîte de conserve

En vous aidant des résultats du problème 5, donner les dimensions que doit avoir une boîte de conserve cylindrique fermée de 1 litre pour que sa fabrication exige le moins de tôle possible. Arrondir au millimètre.
Remarque : on négligera l'épaisseur de la tôle.

En est-il ainsi avec les boîtes vendus dans le commerce ?

› Problème 7

La clôture la plus courte

On cherche à délimiter dans un champ une surface rectangulaire d'aire donnée s par une clôture.
On veut déterminer les dimensions (longueur et largeur) de ce rectangle pour que la clôture ait une longueur minimale.

1. a. Tracer sur papier des rectangles dont l'aire vaut 144 carreaux.

b. Donner leur périmètre.

c. Conjecturer les dimensions du rectangle de plus petit périmètre.

2. On note l la largeur du rectangle.

a. Montrer que le périmètre vaut $2l + \frac{2s}{l}$.

b. Rechercher le minimum de la fonction p définie sur $]0 ; +\infty[$ par $p(x) = 2x + \frac{2s}{x}$.

c. Quelle particularité a ce rectangle ?

› Problème 8

La fonte des neiges

Lors des trois mois de la fonte des neiges, le volume V (en m^3) d'eau d'un petit réservoir en fonction du temps t (en mois) satisfait à la relation $V(t) = 280(1 + t)^2$ pour t compris entre 0 et 3.
Le débit instantané à l'intérieur du réservoir est donné par la fonction dérivée de V.

1. Quel est le débit à $t = 1$ et $t = 2$?

2. Quel est le débit au moment où le volume est de 630 m^3 ?

› Problème 9

Puissance d'une batterie

La puissance de sortie d'une batterie d'une automobile est donnée, en fonction de l'intensité I du courant, par la relation $P(I) = UI - rI^2$ où les constantes U et r dépendent de la batterie et correspondent à la tension et à la résistance interne.

1. Quelle est l'expression de I qui correspond à la puissance maximale ?

2. Est-il préférable d'avoir une petite ou une grande résistance interne ?

Je me teste

EXERCICE Réservoir d'eau potable

Lors de la construction d'un hôtel, il est nécessaire de prévoir un réservoir d'eau potable. Celui-ci à la forme d'un parallélépipède rectangle.

L'architecte prévoit de le placer au centre de la serre située sur le toit de l'hôtel.

La serre a la forme d'une pyramide de hauteur 8 mètres et de base un carré de 10 mètres de côté.

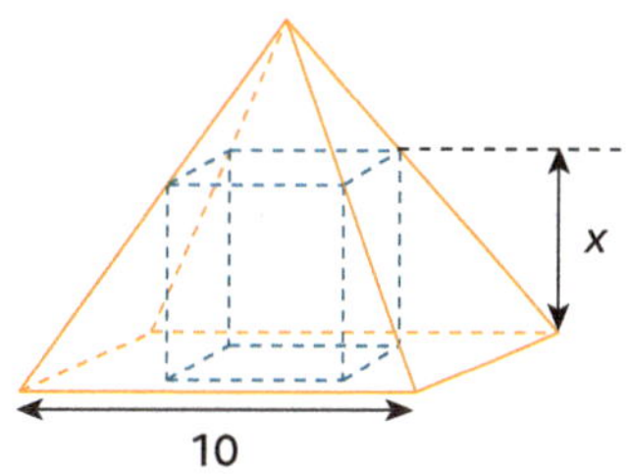

On désigne par x la hauteur du réservoir exprimée en mètres. Le volume V du réservoir, exprimé en m^3, est donné par la formule $V = \frac{25}{16}(x^3 - 16x^2 + 64x)$. (On ne cherchera pas à démontrer cette formule.)

1 Étude de la situation

a. Quelles valeurs peut prendre la hauteur x ?

....

b. Calculer le volume du réservoir pour $x = 0$, puis pour $x = 4$ et pour $x = 8$.

....

....

....

....

c. Les calculs précédents permettent-ils de déterminer pour quelle hauteur x le volume du réservoir est maximal ?

....

....

A

Appelez le professeur pour expliquer votre proposition.

2 Recherche du volume maximal

On considère la fonction f définie sur [0 ; 8] par $f(x) = \frac{25}{16}(x^3 - 16x^2 + 64x)$.

a. Tracer sur la calculatrice la courbe représentative de la fonction f pour x variant de 0 à 8.

Indiquer les dimensions de la fenêtre choisie :

Xmin : .... Xmax : .... Ymin : .... Ymax : ....

b. Vérifier graphiquement l'hypothèse formulée en 1.c.

Indiquer votre démarche :

....

....

c. Calculer la dérivée f' de la fonction f.

....

....

d. Dresser le tableau de variation de f sur [0 ; 8].

....

....

....

x	0 8
Signe de $f'(x)$	
$f(x)$	

e. Déterminer la hauteur x pour laquelle le volume du réservoir est maximal.

....

A

Appelez le professeur pour présenter votre démarche.

f. En déduire le volume maximal V_{max} du réservoir.

....

....

3 Quel pourcentage du volume de la serre occupe ce réservoir ?

On rappelle la formule du volume de la pyramide : $V_{pyramide} = \frac{1}{3}\text{base} \times \text{hauteur}$

....

....

....

7 Suites arithmétiques

Capacité

- Appliquer les formules donnant le terme de rang *n* en fonction du premier terme et de la raison de la suite

1 Découvrir une nouvelle formule

Fidélité récompensée ?

Malika est cliente chez un opérateur téléphonique. Elle a reçu 50 points de fidélité en cadeau de bienvenue, puis chaque mois, avec son abonnement, elle gagne le même nombre de points supplémentaires. Voici le récapitulatif des points de fidélité obtenus les six premiers mois de son abonnement.

Mois	1er mois	2e mois	3e mois	4e mois	5e mois	6e mois
Nombre total de points fidélité acquis	80	110	140	170	200	230

1. Combien de points supplémentaires Malika gagne-t-elle chaque mois ?

....

2. On désigne par u_n le nombre total de points acquis après *n* mois. Le premier terme de la suite est $u_0 = 50$.
La suite numérique (u_n) est une suite arithmétique. Quelle est sa raison *r* ?

....

3. Compléter les pointillés :

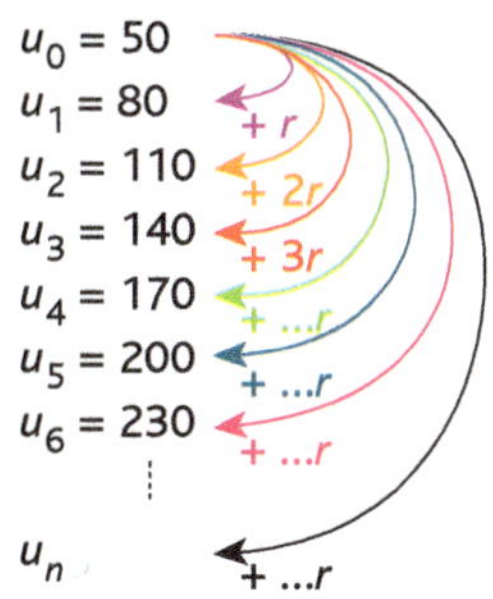

$u_1 = u_0 + r$
$u_2 = u_0 + 2r$
$u_3 = u_0 + 3r$
$u_4 = u_0 + \ldots\ldots$
$u_5 = u_0 + \ldots\ldots$
$u_6 = u_0 + \ldots\ldots$
⋮
$u_n = u_0 + \ldots\ldots$

Le premier terme peut être u_0 ou u_1.

4. Utiliser la formule établie à la question précédente pour calculer le nombre de points que Malika pourra acquérir si son abonnement dure 24 mois (soit u_{24}).

....

5. Ce nombre de points sera-t-il suffisant pour que Malika reçoive gratuitement le téléphone portable offert pour 1 000 points de fidélité ?

....

6. Si son abonnement lui rapportait 40 points de fidélité par mois, au bout de combien de mois pourrait-elle recevoir ce téléphone ?

....

....

Pour une suite arithmétique, la formule donnant le terme de rang n, en fonction du premier terme u_0 et de la raison r est : $u_n = u_0 + nr$.

2 Appliquer des formules

Avec l'achat d'un logiciel, un commercial propose un contrat d'assistance de deux ans comprenant une installation à domicile et un conseiller joignable par téléphone pour 20 € le premier mois, puis le deuxième mois 0,60 € de moins par rapport au mois précédent, et ainsi de suite. On note u_n la mensualité au n-ième mois pour ce contrat.

1. Déterminer u_1, u_2 et u_3.

2. Donner la raison de la suite (u_n).

3. Parmi les trois propositions suivantes, entourer celle donnant l'expression de u_n en fonction de n.

   $u_n = u_1 + (n - 1)r$ $\quad\quad$ $u_n = u_1 + nr$ $\quad\quad$ $u_n = u_1 + (n + 1)r$

4. Utiliser la formule choisie pour déterminer le montant de la dernière mensualité, soit u_{24}.

5. Combien coûte au total ce contrat d'assistance ? On pourra utiliser la formule donnant la somme des n premiers termes d'une suite arithmétique : $S_n = \dfrac{n(u_1 + u_n)}{2}$.

Comment appliquer, pour une suite arithmétique, les formules donnant u_n en fonction du premier terme et de la raison de la suite ?

Une suite arithmétique (u_n) a pour premier terme $u_0 = 2$ et pour raison – 0,1. Calculer u_{100}.

- Identifier les éléments connus :
- Identifier l'élément inconnu :
- Choisir la formule qui convient : ❐ $u_n = u_0 + nr$ ❐ $u_n = u_1 + (n - 1)r$
- Remplacer dans la formule choisie les éléments connus par leur valeur, puis calculer l'élément inconnu.

Exercices

1 Une suite arithmétique (u_n) a pour premier terme $u_0 = 2,1$ et pour raison – 3,2. Calculer u_{12}.

2 Une suite arithmétique (v_n) a pour premier terme $v_1 = -150$ et pour raison 2,6. Calculer v_{20}.

8 Suites géométriques

Capacités
- Reconnaître une suite arithmétique ou géométrique
- Appliquer les formules donnant le terme de rang n en fonction du premier terme et de la raison de la suite

1 Utiliser une nouvelle formule pour les suites géométriques

À quand la fête ?

Quatre anciens élèves d'un lycée professionnel veulent retrouver leurs camarades et décident de créer une association d'anciens élèves. Pour cela, ils partent du principe suivant : « Tous les ans, chaque adhérent doit recruter un ancien élève. » Ainsi, chaque année le nombre d'adhérents doublera.

1. Si les adhérents suivent ce principe, déterminer le nombre d'adhérents la deuxième et troisième année.

....

....

On définit la suite (v_n) dont le premier terme v_1 est 4 et v_n le nombre d'adhérents la n-ième année.

2. La suite (v_n) est géométrique. Donner la raison q et les valeurs de v_2 et v_3.

....

....

3. Observer, puis entourer l'expression de v_n qui semble correcte.

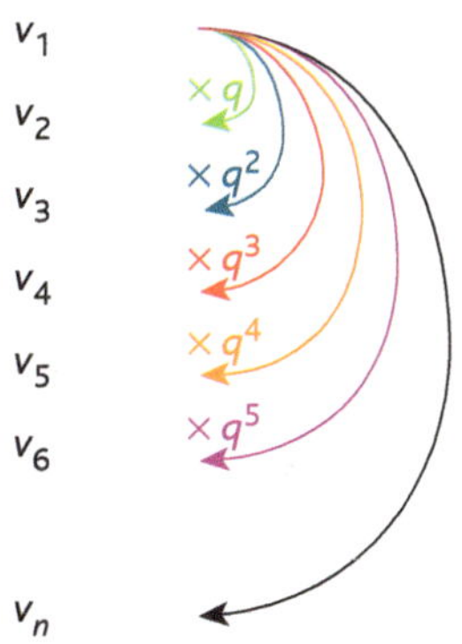

$v_n = v_1 \times q^{n-1}$

$v_n = v_1 \times q^{n}$

$v_n = v_1 \times q^{n+1}$

> L'exposant dépendra du premier terme u_0 ou u_1 et du rang considéré.

4. L'association projette d'organiser un gala lorsque le seuil de 200 adhérents sera atteint. Pourra-t-elle organiser ce gala la sixième année ? Vérifier la réponse en calculant v_6 à l'aide de la formule choisie précédemment.

....

....

....

Pour une suite géométrique, la formule donnant le terme de rang n, en fonction du premier terme u_1 et de la raison q est : $u_n = u_1 \times q^{n-1}$.

2 Résoudre un problème concret en utilisant les suites numériques

Le recyclage des bouteilles en plastique permet d'obtenir de nouvelles fibres en polyester pour fabriquer des vêtements en fibre polaire. Pour confectionner une veste polaire, il faut 27 bouteilles en plastique. En janvier 2011, une entreprise fabrique 4 000 vestes polaires. Pendant l'année 2011, elle souhaite augmenter la production, chaque mois, de 5 % par rapport au mois précédent. On appelle u_1 la production du mois de janvier.

1. Calculer u_2, la production du 2e mois et u_3 la production du 3e mois.

....

....

2. Montrer que les termes u_1, u_2 et u_3 sont les trois premiers termes d'une suite géométrique (u_n) dont on précisera la raison.

....

....

3. À l'aide des fonctionnalités d'un tableur, recopier et compléter la feuille de calculs ci-contre.

4. Calculer la production totale de vestes polaires sur l'année 2011. En déduire le nombre de bouteilles recyclées nécessaires pour leur fabrication.

....

....

5. Le terme général de la suite (u_n) est $u_n = 4\,000 \times 1{,}05^{n-1}$, calculer la production le 36e mois. L'objectif de production de 22 000 vestes polaires par mois, en moins de 3 ans, est-il atteint ?

....

....

Mois	n	u_n
janvier	1	4 000
février	2	
mars	3	
avril	4	
mai	5	
juin	6	
juillet	7	
août	8	
septembre	9	
octobre	10	
novembre	11	
décembre	12	

Comment utiliser, pour une suite géométrique, les formules donnant u_n en fonction du premier terme et de la raison de la suite ?

Une suite géométrique (u_n) a pour premier terme $u_0 = -20\,000$ et pour raison 0,6. Calculer u_{20}.

- Identifier les éléments connus. ....
- Identifier l'élément inconnu. ....
- Choisir la formule qui convient : ☒ $u_n = u_0 \times q^n$ ☐ $u_n = u_1 \times q^{n-1}$
- Remplacer dans la formule choisie les éléments connus par leur valeur, puis calculer l'élément inconnu.

....

....

Exercices

1. Une suite géométrique (u_n) a pour premier terme $u_0 = -12$ et pour raison 2. Calculer u_{13}.
2. Une suite géométrique (v_n) a pour premier terme $v_1 = 3\,100$ et pour raison 0,25. Calculer v_8.

9 J'utilise un logiciel (tableur)

Comparer des formules

Producteur de microprocesseurs

Pour suivre l'évolution du marché, une entreprise fabriquant du matériel informatique doit augmenter le nombre de microprocesseurs qu'elle produit, de façon à obtenir le plus rapidement l'objectif de 10 000 pièces par jour.

On considère qu'initialement, elle produit 6 500 pièces chaque jour. Deux plans de production sont étudiés :

- **plan 1** : augmenter chaque jour la production de 300 unités par rapport au jour précédent ;
- **plan 2** : augmenter chaque jour la production de 3 % par rapport à la veille.

On note P_n la production de microprocesseurs le n-ième jour dans le plan 1,
$P_n = P_{n-1} + 300$ et $P_0 = 6\,500$.

On note P'_n la production de microprocesseurs le n-ième jour dans le plan 2,
$P'_n = P'_{n-1} \times 1{,}03$ et $P'_0 = 6\,500$.

1. Sur tableur, préparer la feuille de calcul ci-contre en prolongeant jusqu'à $n = 50$.

	A	B	C	D	E
1		Plan 1		Plan 2	
2	rang n	Pn calculé mois après mois	Pn calculé directement	P'n calculé mois après mois	P'n calculé directement
3	0	6500		6500	
4	1				
5	2				

2. En B4, entrer la formule =B3+300 et recopier vers le bas la formule jusqu'en B53 puis, en D4, entrer la formule =D3*1,03 et recopier vers le bas la formule jusqu'en D53.

3. Parmi les formules suivantes, entourer celle qui permet par recopie de calculer P_n en fonction de n. L'écrire dans la cellule C3.

=B3+A3*300 =$B$3+A3*300 =B3+$A$3*300

Quel est le rôle du symbole $ dans cette formule ?

....

Recopier la formule jusqu'en C53, puis comparer les colonnes B et C.

....

....

4. Entrer en E3 une formule, calculant P'_n directement en fonction de n, que l'on puisse recopier jusqu'en E53. Comparer les résultats des colonnes D et E.

....

....

....

A

Présentez au professeur votre feuille de calculs et justifiez oralement la formule de calcul direct de la cellule E3.

5. Au bout de combien de jours, pour chaque plan, l'objectif est-il atteint ? Quel plan de production l'entreprise va-t-elle choisir ? ....

....

J'utilise un logiciel (tableur)

Choisir le bon crédit

Coût total d'un crédit

Vous devez emprunter 2 500 € pour un achat. Le vendeur vous propose de choisir entre deux formules de crédit sur 12 mois.

Proposition 1 : la première mensualité est de 400 €, et chaque mois les mensualités suivantes diminuent de 30 € par rapport au mois précédent.

Proposition 2 : la première mensualité est de 400 € et chaque mois, les mensualités suivantes diminuent de 10 % par rapport au mois précédent.

	A	B	C
1		Proposition 1	Proposition 2
2	1ère mensualité	400	400
3	2ème mensualité		
4	3ème mensualité		
5	4ème mensualité		
6	5ème mensualité		
7	6ème mensualité		
8	7ème mensualité		
9	8ème mensualité		
10	9ème mensualité		
11	10ème mensualité		
12	11ème mensualité		
13	12ème mensualité		
14	TOTAL		

1. Générer les suites

- Ouvrir un logiciel tableur et recopier le tableau ci-contre.
- Quelle formule, à écrire dans la cellule B3 permettra, par recopie, d'obtenir les mensualités de la proposition 1 ?

....

- Quelle formule, à écrire dans la cellule C3 permettra, par recopie, d'obtenir les mensualités de la proposition 2 ?

....

- Écrire ces deux formules dans les cellules B3 et C3 et recopier pour obtenir toutes les mensualités.
- La suite de nombres formée par les mensualités de la proposition 1 est-elle arithmétique ou géométrique ? Même question pour la proposition 2.

....

....

2. Comparer l'évolution des mensualités

- Faire une phrase pour comparer l'évolution des mensualités des deux propositions.

....

....

- Utiliser les fonctionnalités du tableur pour proposer une représentation graphique qui permette d'illustrer et de comparer l'évolution des mensualités.

3. Comparer le coût total du crédit

- Pour obtenir le montant total des 12 mensualités avec chaque proposition, utiliser la fonction « somme » du tableur.
- Comparer le coût total des deux propositions. Laquelle avez-vous intérêt à choisir ?

....

....

A

Présentez au professeur votre étude et justifiez oralement votre choix.

L'ESSENTIEL

1 Suites arithmétiques

- Une suite **arithmétique** est une suite de nombres où chaque terme, à partir du deuxième, est obtenu en ajoutant au précédent un même nombre, appelé **raison**.

$u_{n+1} = u_n + r$ (r est la raison de la suite arithmétique)

- Dans une suite arithmétique, de raison r, le terme u_n est obtenu à partir du premier terme, par la relation :

$u_n = u_0 + nr$ lorsque le premier terme est noté u_0

$u_n = u_1 + (n-1)r$ lorsque le premier terme est noté u_1

u_0	u_1	u_2	u_3	...u_n
	$u_1 = u_0 + r$	$u_2 = u_0 + 2r$	$u_3 = u_0 + 3r$	...$u_n = u_0 + nr$

u_1	u_2	u_3	u_4	...u_n
	$u_2 = u_1 + r$	$u_3 = u_1 + 2r$	$u_4 = u_1 + 3r$	...$u_n = u_1 + (n-1)r$

Exemples

a. Soit la suite arithmétique (u_n), de premier terme $u_0 = 3{,}6$ et de raison $r = -8{,}8$.

On choisit $u_n = u_0 + nr$. Donc, par exemple, $u_9 = 3{,}6 + 9 \times (-8{,}8)$ soit $u_9 = -75{,}6$.

b. Soit la suite arithmétique (u_n), de premier terme $u_1 = -2$ et de raison $r = 4$.

On choisit $u_n = u_1 + (n-1)r$. Donc, par exemple, $u_{100} = -2 + (100 - 1) \times 4$ soit $u_{100} = 394$.

2 Suites géométriques

- Une suite **géométrique** est une suite de nombres où chaque terme, à partir du deuxième, est obtenu en multipliant le précédent par un même nombre, appelé **raison**.

$u_{n+1} = u_n \times q$ (q est la raison de la suite géométrique)

- Dans une suite géométrique, de raison q, le terme u_n est obtenu à partir du premier terme, par la relation :

$u_n = u_0 \times q^n$ lorsque le premier terme est noté u_0

$u_n = u_1 \times q^{n-1}$ lorsque le premier terme est noté u_1

u_0	u_1	u_2	u_3	...u_n
	$u_1 = u_0 \times q$	$u_2 = u_0 \times q^2$	$u_3 = u_0 \times q^3$	...$u_n = u_0 \times q^n$

u_1	u_2	u_3	u_4	...u_n
	$u_2 = u_1 \times q$	$u_3 = u_1 \times q^2$	$u_4 = u_1 \times q^3$	...$u_n = u_1 \times q^{n-1}$

Exemples

a. Soit la suite géométrique (u_n), de premier terme $u_0 = -15{,}2$ et de raison $q = 1{,}7$.

On choisit $u_n = u_0 \times q^n$. Donc, par exemple, $u_{11} = -15{,}2 \times 1{,}7^{11}$ soit $u_{11} \approx -5\,209{,}33$.

b. Soit la suite géométrique (u_n), de premier terme $u_1 = 1\,200$ et de raison $q = 0{,}2$.

On choisit $u_n = u_1 \times q^{n-1}$. Donc, par exemple, $u_6 = 1\,200 \times 0{,}2^5$ soit $u_6 = 0{,}384$.

EXERCICES RÉSOLUS

1 › Utiliser les formules donnant u_n en fonction du premier terme et de la raison de la suite

a. On connaît le premier et le cinquantième terme d'une suite arithmétique, calculer sa raison.
On donne $u_1 = 33{,}4$ et $u_{50} = 200$.
b. Pour une suite géométrique de raison positive, on a $u_0 = 12$ et $u_2 = 1{,}92$. Calculer la raison de cette suite.

Solution

a. La suite est arithmétique, on connaît u_1 et u_{50},
on choisit la formule : $u_n = u_1 + (n - 1)r$
On remplace u_1 et u_{50} par leurs valeurs,
$u_{50} = u_1 + (50 - 1) \times r$ soit
$200 = 33{,}4 + 49 \times r$
On résout l'équation ainsi obtenue et on trouve $r = 3{,}4$.
b. La suite est géométrique, on connaît u_0 et u_2
on choisit donc la formule :
$u_n = u_0 \times q^n$
On remplace u_0 et u_2 par les valeurs, puis on calcule q.
$u_2 = u_0 \times q^2$
$1{,}92 = 12 \times q^2$
$q^2 = 0{,}16$
$q = -0{,}4$ ou $q = 0{,}4$
La raison de la suite (u_n) est donc $q = 4$ car $q > 0$.

Méthode

- Identifier les éléments connus de la suite (premier terme, raison, terme de rang n...) et l'élément inconnu.
- Choisir la formule à utiliser en fonction de la nature de la suite et du premier terme.
- Remplacer dans la formule les éléments connus par leur valeur.
- Calculer ensuite l'élément inconnu.

2 › Résoudre des problèmes concrets à l'aide des suites

En 2000, un journal comptait 21 000 abonnés. Le nombre d'abonnés a ensuite augmenté régulièrement de 800 personnes chaque année. Cette situation peut être modélisée par une suite arithmétique de raison 800, de premier terme $u_0 = 21\,000$ et dont le terme général u_n représente le nombre d'abonnés la n-ième année.
a. Calculer le nombre d'abonnés à ce journal en 2010.
b. En quelle année, le journal atteindra-t-il 33 000 abonnés ?

Solution

a. u_0 étant le nombre d'abonnés en 2000, u_1 le nombre d'abonnés en 2001, u_2 en 2002... u_{10} en 2010.
On cherche donc à calculer u_{10}.
La suite est arithmétique, on connaît u_0 et la raison r,
on choisit la formule :
$u_n = u_0 + n\,r$
On remplace u_0 et r par leurs valeurs,
$u_{10} = 21\,000 + 10 \times 800$ soit
$u_{10} = 29\,000$
b. Le nombre d'abonnés en 2010 est 29 000.
On remplace u_n par 33 000 soit
$33\,000 = 21\,000 + n \times 800$
Puis on résout l'équation pour trouver la valeur de n.
$n = 15$, c'est donc en 2015 que le journal atteindra 33 000 abonnés si la progression reste la même.

Méthode

- Choisir la formule à utiliser en fonction de la nature de la suite et du premier terme.
- Déterminer le rang du terme connu ou à calculer en observant si la suite a pour premier terme u_0 ou u_1.
- Remplacer dans la formule les éléments connus par leur valeur puis, calculer l'élément inconnu.

Exercices & Problèmes

Ⓡ *Exercices avec réponses en fin d'ouvrage.* ✱/✱✱ *Exercices plus difficiles.*

Exercices

1. QCM

Choisir la ou les bonne(s) réponse(s).

a. Calculer le 3e terme d'une suite (u_n) de premier terme u_1, revient à calculer :
- ❒ u_2
- ❒ u_3
- ❒ u_4

b. Calculer le 5e terme d'une suite (u_n) de premier terme u_0, revient à calculer :
- ❒ u_4
- ❒ u_5
- ❒ u_6

c. Soit la suite (u_n) telle que $u_n = 3\,u_{n-1}$, de premier terme $u_0 = 2$. La suite (u_n) est :
- ❒ arithmétique
- ❒ géométrique
- ❒ ni arithmétique, ni géométrique

d. L'expression de u_n en fonction de n est :
- ❒ $u_n = 3 \times 2^n$
- ❒ $u_n = 2 \times 3^n$
- ❒ $u_n = 2 \times 3^{n-1}$

e. Le terme u_5 vaut :
- ❒ 96
- ❒ 162
- ❒ 486

f. Soit la suite (v_n) telle que $v_n = v_{n-1} + 4$ et de premier terme $v_1 = -5$. La suite (v_n) est :
- ❒ arithmétique
- ❒ géométrique
- ❒ ni arithmétique, ni géométrique

g. L'expression de v_n en fonction de n est :
- ❒ $v_n = 5 + 4(n-1)$
- ❒ $v_n = -5 + 4(n-1)$
- ❒ $v_n = 4 + 5(n-1)$

h. Le terme v_{10} vaut :
- ❒ – 46
- ❒ – 41
- ❒ 31

› Déterminer la nature d'une suite et sa raison

2. Ⓡ Soit la suite numérique suivante :
10,1 ; 11,2 ; 12,3 ; 13,4 ; 14,5

a. Cette suite est-elle arithmétique ou géométrique ? Préciser sa raison.

b. Donner la valeur du sixième terme de cette suite.

c. Les nombres précédents sont les premiers termes de la suite (u_n), de premier terme u_1. Recopier la relation qui convient pour u_n :

$u_n = 1{,}1 + (n-1) \times 10{,}1$
ou $u_n = 10{,}1 + (n-1) \times 1{,}1$
ou $u_n = 10{,}1 \times 1{,}1^{(n-1)}$

3. ✱ Soit la suite numérique (u_n) :

Rang n	0	1	2	3	4
u_n	64	16	4	1	0,25

a. Cette suite est-elle arithmétique ou géométrique ? Justifier la réponse.

b. Déterminer la raison.

c. Choisir la relation qui convient :

$u_n = 64 + 0{,}25n$
ou $u_n = 0{,}25 \times 64^n$
ou $u_n = 64 \times 0{,}25^n$

d. Utiliser la relation précédente pour calculer le 10e terme de la suite.

4. Ⓡ On donne la représentation graphique d'une suite numérique (u_n).

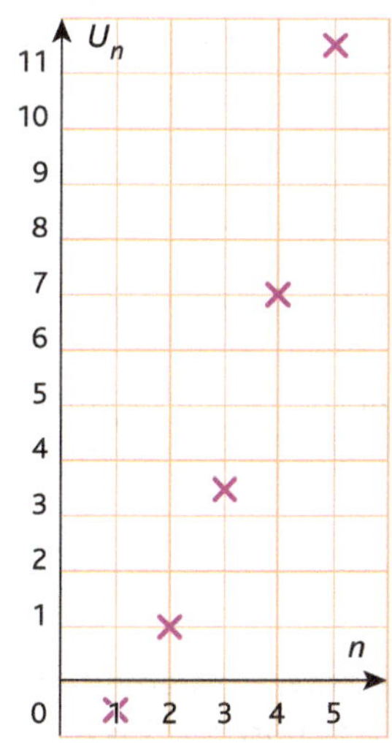

Cette suite est-elle arithmétique, géométrique ou ni l'un ni l'autre ? Donner sa raison (si elle existe).

5. ✱✱ Pour chacune des expressions suivantes, donner la nature de la suite, le premier terme u_1 et la raison.

a. $u_n = 0{,}75 + 2(n-1)$.

b. $u_n = 0{,}1 \times 10^{(n-1)}$.

c. $u_n = -7{,}7 + (n-1) \times 0{,}3$.

d. $u_n = 1{,}75 + (n-1) \times (-3)$.

e. $u_n = -12 \times 2{,}3^{(n-1)}$.

6. R ✱ Les deux suites représentées ci-dessous sont des suites arithmétiques. Associer chacune des représentations graphiques suivantes à son premier terme u_1, à sa raison et à son expression en fonction de n.

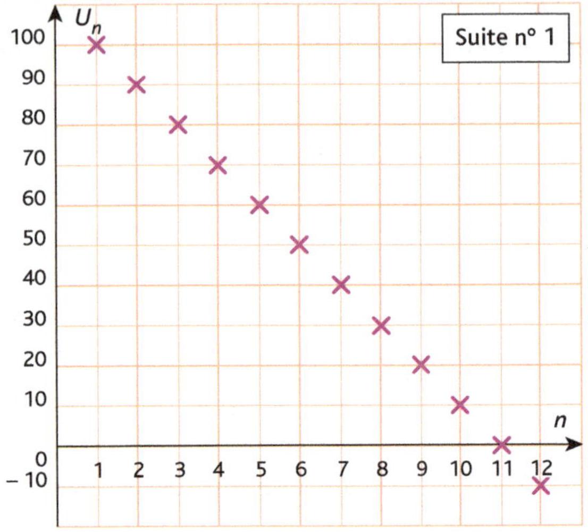

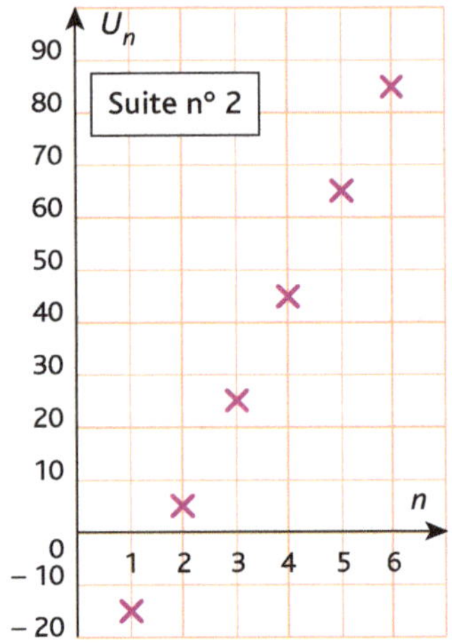

1) $u_1 = 10$	a) $r = -10$	α) $u_n = 10 + 10(n-1)$
2) $u_1 = 100$	b) $r = 20$	β) $u_n = 100 - 10(n-1)$
3) $u_1 = -15$	c) $r = 10$	γ) $u_n = -15 + 20(n-1)$

› Calculer les termes d'une suite

7. Calculer le soixante-troisième terme d'une suite arithmétique (u_n) de raison – 1,4 et dont le premier terme u_0 vaut 13.

8. Calculer le vingtième terme d'une suite géométrique (v_n) de raison 4 et dont le premier terme v_1 vaut 0,000 15.

9. ✱ Une suite a pour terme général : $u_n = 0{,}7 \times 2{,}1^{n-1}$.

a. Cette suite est-elle arithmétique ou géométrique ?

b. Identifier la valeur de la raison et du premier terme u_1.

c. Calculer u_{21}.

10. ✱ Une suite a pour terme général : $v_n = 4n - 1$.

a. Cette suite est-elle arithmétique ou géométrique ?

b. Identifier la valeur de la raison et du premier terme v_0.

c. Calculer $v_{1\,000}$.

Problèmes

› Problème 1

Logo d'une entreprise

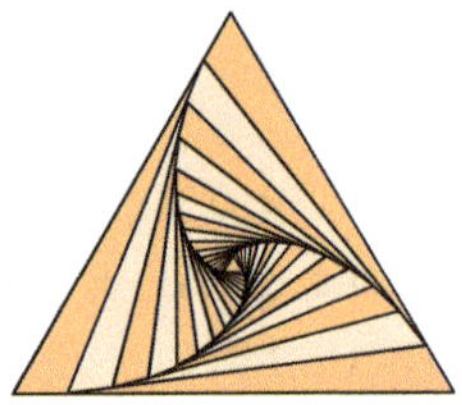

Cette figure a été obtenue par construction de triangles équilatéraux imbriqués les uns dans les autres.

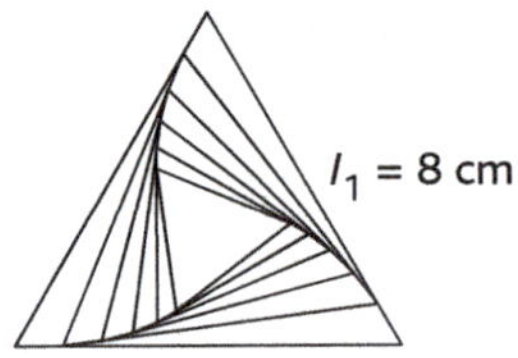

1. Les longueurs des côtés des différents triangles équilatéraux forment une suite (l_n) telle que $l_n = \frac{\sqrt{43}}{8} l_{n-1}$. S'agit-il d'une suite arithmétique ou géométrique ? Donner la raison.

2. À l'aide d'un tableur, déterminer la longueur du côté du dixième triangle équilatéral sachant que la longueur du côté du premier triangle est $l_1 = 8$ cm.

3. Vérifier le résultat obtenu avec la formule $l_n = l_1 \times q^{n-1}$.

› Problème 2

Augmentation de capital

Une société de maintenance dispose d'un capital de 50 000 euros. Elle place ce capital sur un compte rémunéré à 3,25 % par an.

On note u_0 le capital initial, u_1 la valeur acquise au bout d'un an en capitalisant les intérêts, u_2 celle au bout de deux ans.

Les termes u_0, u_1 et u_2 sont les premiers termes d'une suite (u_n).

1. Calculer u_1 et u_2.

2. La suite (u_n) est-elle arithmétique ou géométrique ?

3. Déterminer la raison de la suite.

4. Calculer u_{10} puis, en déduire la valeur acquise si la société place son capital sur ce compte pendant 10 ans.

› Problème 3

Régime amaigrissant

Deux amis Alex et Mehdi qui consomment en moyenne 3 000 kcal/jour, veulent maigrir. Ils décident de réduire leurs apports journaliers en calories et se fixent l'objectif de 1 800 kcal/jour.
Alex décide de réduire chaque jour ses apports journaliers de 20 kcal.
Mehdi, lui, diminuera ses apports journaliers de 1 % par rapport au jour précédent.
On définit (u_n) la suite arithmétique où u_n représente les apports journaliers d'Alex le n-ième jour, de raison – 20 et de premier terme $u_1 = 3\,000$.
On définit (v_n) la suite géométrique où v_n représente les apports journaliers de Mehdi le n-ième jour, de raison 0,99 et de premier terme $v_1 = 3\,000$.

1. Calculer u_{30} et v_{30}. Alex et Mehdi auront-ils atteint leur objectif de 1 800 kcal le 30e jour ?

2. Quel est celui qui atteindra l'objectif de 1 800 kcal en premier ?

Expérimenter à l'aide d'un tableur ou de la calculatrice

› Problème 4

Jouer sans risque

Des joueurs amateurs décident d'organiser une soirée jeux de cartes. La mise de départ est 15 centimes d'euros puis, à chaque partie la mise doublera par rapport à la précédente sans toutefois dépasser une mise limite de 20 €. Combien de parties peuvent-ils jouer sans dépasser la mise limite ?

Les suites dans la vie courante et professionnelle

› Problème 5

Distance de freinage

La distance d'arrêt d'un véhicule est la somme de la distance de freinage et de la distance de réaction. On considère qu'un véhicule circulant sur route mouillée à une vitesse de 83,5 km/h a une distance de freinage de 50 m. La distance de réaction, dans ces conditions est 2,3 m toutes les 0,1 seconde.

1. Quelle est la distance d'arrêt pour un temps de réaction de 0,1 s, 0,2 s et 0, 3 s ? On notera respectivement D_1, D_2 et D_3 ces distances.

2. D_1, D_2 et D_3 sont les trois premiers termes de la suite arithmétique (D_n), donner la raison.

3. Exprimer D_n en fonction de n.

4. Calculer D_{10}, en déduire la distance d'arrêt pour un temps de réaction de 1 s.

5. Quel est le temps de réaction maximal autorisé au dixième de seconde près pour s'arrêter en 200 m, dans ces conditions ?

› Problème 6

Construction

La construction d'un ensemble immobilier nécessite l'extraction de terre pendant 18 jours. Il est prévu d'extraire 20 m^3 le premier jour puis, la difficulté d'extraction augmentant avec la profondeur, la quantité de terre extraite diminue de 3 % par jour.
On note u_1 la quantité de terre extraite le premier jour ($u_1 = 20$), u_2 la quantité de terre extraite le 2e jour… u_n la quantité de terre extraite le n-ième jour.

1. Calculer u_2, u_3 et u_4.

2. Quelle est la nature de la suite (u_n). Justifier la réponse et préciser la raison de cette suite.

3. Exprimer u_n en fonction de n.
Calculer, en m^3, la quantité de terre extraite le 18e jour.

4. La quantité totale Q de terre extraite pendant les 18 jours de chantier peut être calculée grâce à la formule :

$Q = 20 \times \dfrac{1 - 0{,}97^{18}}{1 - 0{,}97}$. Calculer Q.

› Problème 7

Réalisation d'un toit en ardoises

Un couvreur réalise un toit conique en ardoises. Les ardoises sont disposées en rangs successifs en partant du bas du toit.

Soit la suite numérique (u_n) telle que u_n représente le nombre d'ardoises au n-ième rang. Le nombre d'ardoises u_1 au premier rang est 150, le nombre d'ardoises au deuxième rang u_2 est 143.

1. Sachant que la suite u_n est arithmétique, donner sa raison, puis calculer u_3 et u_4.

2. Pour couvrir le toit, il faut 20 rangs d'ardoises. Combien y aura-t-il d'ardoises sur le 20e rang ?

3. Calculer le nombre total d'ardoises nécessaires à la réalisation de ce toit sachant que la somme de n termes d'une suite arithmétique s'obtient par la formule $S_n = \frac{n}{2}(u_1 + u_n)$.

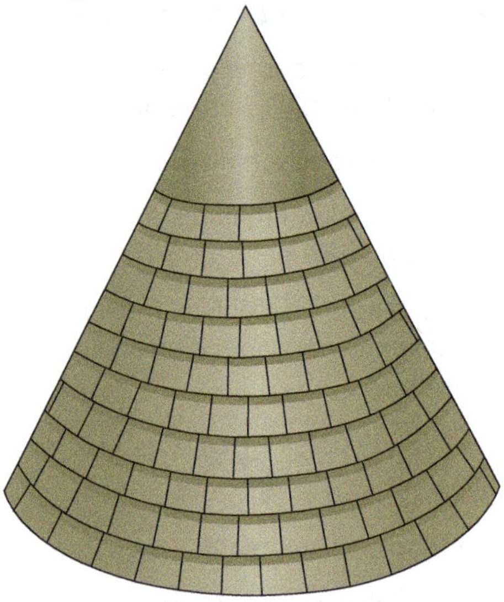

› Problème 8
Choix d'un contrat

Monsieur Eliot a le projet de souscrire un contrat d'entretien pour sa chaudière à partir de janvier 2011. Il contacte l'entreprise Chaufeco et l'entreprise Chaufmax. Chacune d'entre elles propose une évolution différente des versements pour un contrat offrant les mêmes prestations. Pour l'entreprise Chaufeco, il s'agit d'un contrat sur 10 ans avec un versement de 150 € la première année puis une augmentation du versement de 3,25 € par an jusqu'à la fin du contrat.
Pour l'entreprise Chaufmax, il s'agit d'un contrat sur 10 ans avec un versement de 150 € la première année puis une augmentation de 2 % par an jusqu'à la fin du contrat.
Pour se rendre compte de l'évolution des versements annuels, Monsieur Eliot utilise un tableur dont on a extrait la feuille de calcul ci-dessous (les résultats sont arrondis au centime d'euro). Ouvrir le fichier « **03_ Chauffage.xls** » ou « **03_ Chauffage.ods** ».

	A	B	C	D	E	F
1	Année	Entreprise CHAUFECO versements annuels	Entreprise CHAUFECO Cumul des versements		Entreprise CHAUFMAX versements annuels	Entreprise CHAUFMAX Cumul des versements
2	2011	150	150		150	150
3	2012					
4	2013					
5	2014					
6	2015					
7	2016					
8	2017					
9	2018					
10	2019					
11	2020					

1. En B3, écrire une formule qui, par recopie, permettra d'obtenir les versements jusqu'en 2020 pour l'entreprise Chaufeco.

2. En E3, écrire une formule qui, par recopie, permettra d'obtenir les versements jusqu'en 2020 pour l'entreprise Chaufmax.

3. Après avoir calculé les montants des versements pour chaque entreprise, dans les cellules C2 à C11, et F2 à F11, calculer la somme des versements déjà effectués chaque année.

4. Expliquer, par une phrase, quelles sont les informations données par les cellules C11 et F11.

5. Lequel de ces deux contrats est le plus intéressant financièrement pour Monsieur Eliot ?

› Problème 9

Romain a acheté une voiture neuve 14 000 € en 2010. On admet que la voiture perd 20 % de sa valeur par an. On note V_0 = 14 000 et V_1, V_2..., V_n la valeur de la revente de la voiture au bout d'un an, deux ans..., n ans.

1. La suite (V_n) est-elle arithmétique ou géométrique ? Préciser la raison de cette suite.

2. Calculer V_5.

3. Romain prévoit de changer sa voiture en 2015 pour une voiture équivalente en prix. On admet qu'entre 2010 et 2015, le prix des voitures neuves va augmenter en moyenne de 2 % par an.

a. Quel sera, en 2015, le prix d'une voiture neuve coûtant 14 000 € en 2010 ?

b. Combien Romain devra-t-il dépenser, en euros, en 2015 pour remplacer sa voiture achetée en 2010, en admettant qu'il la revende 4 600 € ?

Je me teste

EXERCICE 1

Deux villes A et B ont décidé de lancer un programme de construction de logements sociaux neufs. En 2009, il y avait 3 460 logements sociaux dans la ville A et 2 740 dans la ville B. Le projet de la ville A consiste en la construction, à partir de 2010, de 160 logements sociaux supplémentaires chaque année. Celui de la ville B consiste à augmenter à partir de 2010 le nombre de logements sociaux de 7 % chaque année.

1 On note a_n le nombre de logements sociaux dans la ville A au cours de l'année 2009 + n. On donne $a_0 = 3\ 460$.

a. Donner l'expression du terme a_n en fonction de n et préciser la nature de la suite (a_n).

....

....

b. En 2019, le nombre de logements de la ville A aura-t-il doublé ?

....

2 On considère la suite (b_n) dont les termes représentent le nombre de logements sociaux dans la ville B. L'expression du terme de rang n est :
$b_n = 2\ 740 \times (1{,}07)^n$ et $b_0 = 2\ 740$.
Donner la nature de la suite (b_n) et préciser sa raison.

....

....

....

3 Pour comparer les deux projets, on utilise la feuille de calcul d'un tableur.

a. Reproduire la feuille de calcul ci-contre dans votre logiciel et, à l'aide des fonctionnalités, calculer les nombres de logements sociaux jusqu'en 2019.

	A	B	C	D
1	Année	Rang de l'année	Nombre de logements sociaux ville A	Nombre de logements sociaux ville B
2	2009	0	3 460	2740
3	2010	1		
4	2011	2		

b. Comparer l'évolution du nombre de logements sociaux pour les deux villes entre 2010 et 2019.

....

....

c. Quelle est celle des deux villes qui aura construit sur cette période le plus grand nombre de logements sociaux ?

....

A

Appelez le professeur pour présenter oralement la réponse c.

EXERCICE 2

Partie A Performances mécaniques

Avant de mettre sur le marché un nouveau modèle de treuils électriques, une entreprise procède à des essais de levage.
À chaque essai, on ajoute une charge de 500 N à la charge précédente. La fréquence de rotation du moteur, à vide (sans aucune charge) est 5 000 tr/min.

Essai n°	0	1	2	3
Charge F (en newtons)	0	500	1 000	1 500
Fréquence de rotation N du moteur (en tr/min)	5 000	4 800	4 608	4 423,68

On désigne par N_n la fréquence de rotation du moteur au n-ième essai. Le premier terme de la suite est $N_0 = 5\,000$.

1 À l'aide des valeurs du tableau, dire si la suite (N_n) est arithmétique ou géométrique et donner sa raison.

....

....

2 Exprimer N_n en fonction de n.

....

3 Calculer la fréquence de rotation obtenue à l'essai n° 8, pour une charge de 4 000 N.

....

4 En utilisant une calculatrice graphique ou un tableur, déterminer la charge maximale que peut soulever ce treuil sans que la fréquence de rotation du moteur soit inférieure à 50 % de sa valeur à vide, N_0.

....

5 Ce treuil doit permettre de soulever des charges de 15 000 N sans que la fréquence de rotation soit inférieure à 40 % de la valeur à vide. Les essais effectués sont-ils concluants ?

....

Partie B Mise sur le marché

L'entreprise fabriquant les treuils fait également une étude de marché. Elle estime qu'il faudrait atteindre 1 000 pièces fabriquées le 30ᵉ jour.
La production sera de 10 treuils le premier jour puis 15 treuils supplémentaires seront produits chaque jour par rapport au jour précédent.
On désigne par P_n le nombre de treuils produits le n-ième jour. Le premier terme de la suite est $P_1 = 10$.

1 En utilisant une calculatrice graphique ou un tableur, proposer un graphique montrant l'évolution de la production jusqu'au 30ᵉ jour.

2 L'objectif de 1 000 pièces fabriquées le 30ᵉ jour sera-t-il atteint ?

....

....

A

Appelez le professeur pour présenter votre argumentation.

10 Section d'un solide par un plan

Capacités
- Représenter avec ou sans TIC, la section d'un solide usuel par un plan
- Identifier un solide usuel dans un objet donné, à partir d'une représentation géométrique de ce dernier
- Isoler une figure plane extraite d'un solide à partir d'une représentation

1 Étudier les sections d'un solide par un plan

Fabrication de toupie

Des techniciens d'usinage doivent fabriquer la toupie dessinée ci-dessous.

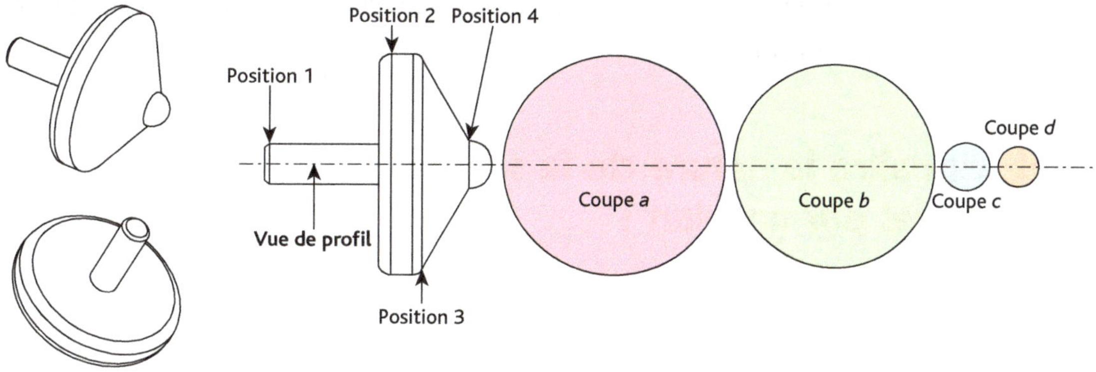

1. En observant les différentes vues, donner le nom des solides qui constituent la toupie.

....

2. On donne 4 coupes *a*, *b*, *c* et *d* obtenues par section de la toupie par des plans verticaux.
Associer chaque coupe à la position du plan vertical qui a permis d'obtenir cette section.

Position 1 •	• Coupe *a*
Position 2 •	• Coupe *b*
Position 3 •	• Coupe *c*
Position 4 •	• Coupe *d*

On appelle **section** d'un solide par un plan la surface suivant laquelle le plan coupe le solide. Les sections peuvent avoir la forme de figures usuelles (triangles, carrés, rectangles, disques...).

2 Représenter la section d'un solide par un plan

Un tétraèdre régulier est une pyramide dont les quatre faces sont des triangles équilatéraux.

Étude d'une pyramide

ABCD **est un tétraèdre régulier. Les points *I*, *J* et *K* sont situés respectivement sur les segments [*AB*], [*AC*] et [*AD*] de telle façon que** $BI = \frac{1}{4}BA$, $CJ = \frac{1}{2}CA$ **et** $DK = \frac{1}{3}DA$.

1. Placer, sur le dessin en perspective cavalière de la page suivante, les points *I*, *J* et *K*.

2. Dessiner, en rouge, la section du tétraèdre par le plan (*IJK*). Donner la nature de la section.

....

c. Placer, sur le même dessin, les points *M* et *N* qui sont respectivement les milieux des segments [*AB*] et [*AD*]. Dessiner, en bleu, la section du tétraèdre par le plan (*JMN*). Donner la nature de la section, justifier la réponse.

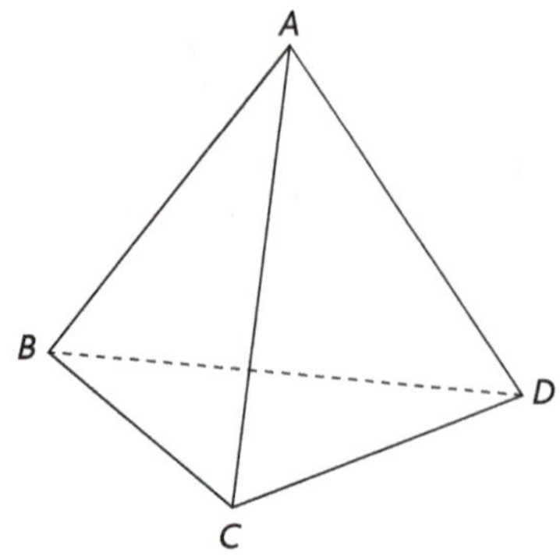

....

....

....

....

d. Placer, sur le même dessin, les points *P* et *Q* qui sont respectivement les milieux des segments [*BD*] et [*DC*]. Dessiner, en vert, la section du tétraèdre par le plan (*APQ*). Donner la nature de la section, justifier la réponse.

....

....

e. Ouvrir le fichier « **04_tetraedre.g3w** ». Vérifier la nature des sections du tétraèdre par les plans (*IJK*), (*JMN*) et (*APQ*) en faisant tourner la figure.

Comment connaître la nature de la section d'un solide usuel par un plan ?

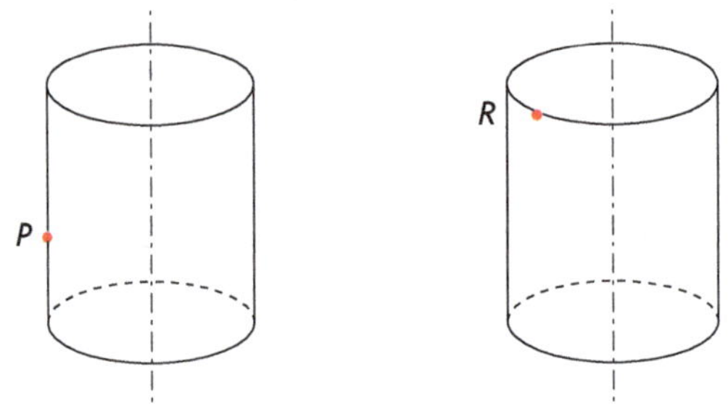

Tracer les plans suivants en respectant les indications :
– plan parallèle à la base passant par le point *P* ;
– plan parallèle à l'axe du cylindre passant par le point *R*.

- Tracer le contour de la section délimitée par l'extérieur du solide.
- Hachurer la zone située à l'intérieur de ce contour, la section du solide par le plan est ainsi visualisée.
- Identifier la nature de la section obtenue. Par exemple, en comptant le nombre de côtés, en exploitant les données de l'énoncé…

Exercices

Pour chaque énoncé, cocher la bonne réponse.

1 La section d'un cube par un plan parallèle à une face est :
❒ un triangle ❒ un rectangle ❒ un carré

2 La section d'une sphère par un plan passant par son centre est :
❒ un cercle ❒ un disque ❒ un cylindre

3 La section ci-contre obtenue par la coupe d'un cube par un plan est :
❒ un quadrilatère quelconque ❒ un rectangle ❒ un trapèze

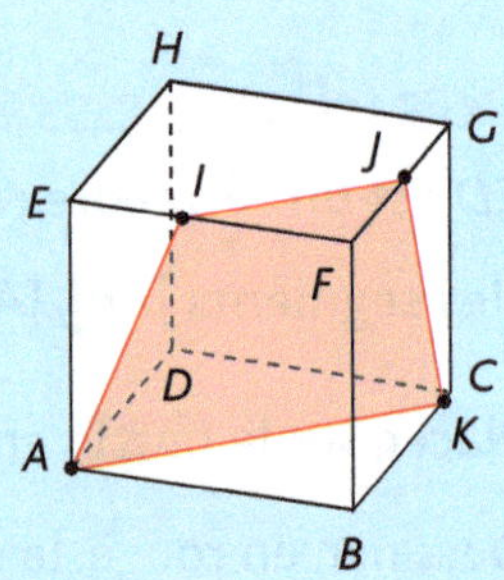

11 Vecteurs de l'espace

Capacité
- Calculer la norme d'un vecteur dans un repère orthonormal de l'espace

1 Se repérer dans l'espace

On considère trois vecteurs $\vec{i}$, $\vec{j}$ et $\vec{k}$ orthogonaux deux à deux et tels que $\|\vec{i}\| = \|\vec{j}\| = \|\vec{k}\| = 1$.
Le repère $(O\,;\vec{i},\vec{j},\vec{k})$ est un repère orthonormal de l'espace.

Les **coordonnées** d'un point dans ce repère sont : son **abscisse x**, son **ordonnée y** et sa **cote z**.

Les coordonnées du point O sont $(0\,;0\,;0)$ et celles du point $A(3\,;0\,;0)$.

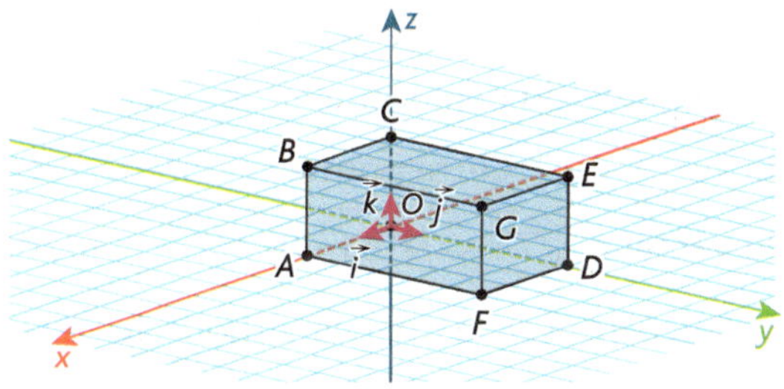

1. Donner les coordonnées des 6 autres sommets du parallélépipède rectangle *ABCOFGED*.

....

....

2. En observant la figure, déterminer les dimensions du parallélépipède, sachant que l'unité sur chaque axe est le centimètre.

....

2 Se déplacer dans l'espace

Quel programme !

Pour usiner une pièce à l'aide d'une machine à commande numérique, il est nécessaire de connaître les coordonnées des points du profil et de spécifier les déplacements de l'outil de coupe (fraise), qui effectue le tour de la pièce en suivant le tracé *ABCDA*.
La pièce à usiner est le solide *ABCDGOEF* représenté ci-contre.
On considère $(O\,;\vec{i},\vec{j},\vec{k})$ un repère orthonormal de l'espace.

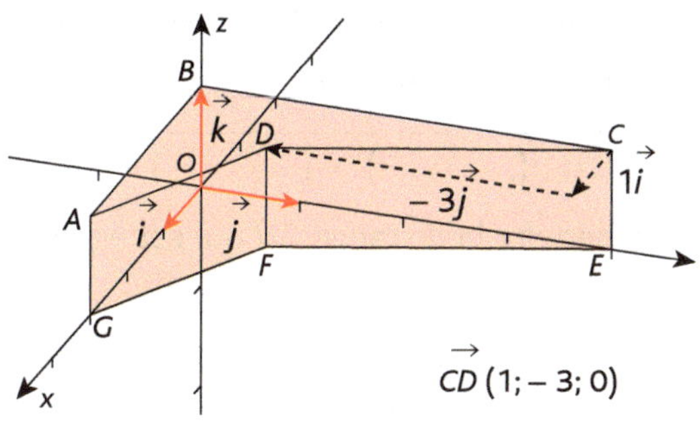

$\overrightarrow{CD}\,(1\,;-3\,;0)$

1. Coordonnées d'un point

Donner les coordonnées des points *A*, *B*, *C*, *D*, *E*, *F* et *G*.

....

....

....

2. Coordonnées d'un vecteur

Le déplacement de l'outil est indiqué à la machine sous forme d'un vecteur.

Le **vecteur** est donné par trois nombres x, y et z qui sont ses coordonnées et qui indiquent, pour chacune des trois directions correspondant aux axes, le déplacement à effectuer.

Par exemple, le déplacement du point C au point D correspond au vecteur $\overrightarrow{CD}$ de coordonnées (1 ; – 3 ; 0).

a. Déterminer, en utilisant la figure, les coordonnées des vecteurs $\overrightarrow{BO}$, $\overrightarrow{CE}$, $\overrightarrow{DF}$ et $\overrightarrow{AG}$ puis, les comparer.

....

....

b. Les coordonnées du vecteur $\overrightarrow{CD}$ peuvent se calculer à partir des coordonnées des points C et D : $(x_D - x_C ; y_D - y_C ; z_D - z_C)$. Calculer les coordonnées du vecteur $\overrightarrow{CD}$. Vérifier que les résultats sont en accord avec les informations données précédemment.

....

c. En utilisant la même méthode, calculer les coordonnées des vecteurs $\overrightarrow{AB}$, $\overrightarrow{BC}$ et $\overrightarrow{DA}$.

....

....

3 Norme d'un vecteur

La longueur du déplacement de C vers D, c'est-à-dire la distance CD peut être connue en calculant la norme du vecteur $\overrightarrow{CD}$. Cette norme se note $\|\overrightarrow{CD}\|$ et se calcule de la façon suivante en utilisant les coordonnées du vecteur : $\|\overrightarrow{CD}\| = \sqrt{1^2 + (-3)^2 + 0^2} = \sqrt{10}$, donc $CD \approx 3{,}16$.

1. Calculer, avec la même méthode, les distances AB, BC et DA.

....

....

2. Quelle est la distance parcourue par l'outil de coupe lorsqu'il tourne une fois autour de la pièce ?

....

Comment calculer la norme d'un vecteur de l'espace ?

Dans un repère orthonormal de l'espace noté $(O ; \vec{i}, \vec{j}, \vec{k})$, les points G et H ont pour coordonnées : $G(5 ; 3 ; -1)$ et $H(-2 ; 1 ; 2)$. Calculer la distance GH.

- Calculer les coordonnées du vecteur $\overrightarrow{GH}$ en utilisant les coordonnées des deux points
  $\overrightarrow{GH}(x_H - x_G ; y_H - y_G ; z_H - z_G)$; $\overrightarrow{GH}((-2) - 5$; .... – .... ; ....)
  soit $\overrightarrow{GH}$(............ ; .... ; ....).
- Calculer la norme du vecteur $\overrightarrow{GH}$ en utilisant la formule : $\|\vec{u}\| = \sqrt{x^2 + y^2 + z^2}$ où x, y et z sont les coordonnées du vecteur. Ce qui donne :
  $\|\overrightarrow{GH}\| = \sqrt{(\text{..........})^2 + (\text{..........})^2 + (\text{..........})^2} = \sqrt{\text{..........}}$.
- En déduire la distance GH qui est égale à la norme du vecteur $\overrightarrow{GH}$. $GH =$ ....

Exercice

Dans un repère orthonormal de l'espace noté $(O ; \vec{i}, \vec{j}, \vec{k})$, les points A, B et C ont pour coordonnées : $A(6 ; 4 ; 1)$; $B(-2 ; 0 ; 3)$ et $C(4 ; -1 ; 3)$.

a. Calculer les coordonnées des vecteurs $\overrightarrow{AB}$, $\overrightarrow{AC}$ et $\overrightarrow{BC}$.

b. Calculer les normes des vecteurs $\overrightarrow{AB}$, $\overrightarrow{AC}$ et $\overrightarrow{BC}$. En déduire AB, AC et BC.

12 J'utilise un logiciel (Geoplan-Geospace)

Étudier la section d'un cube par des plans particuliers

Ouvrir le fichier « **04_cube1.g3w** ». *ABCDEFGH* est un cube.

Aide logiciel :
Les touches [1] et [2] du clavier numérique font tourner le cube sur lui-même.
La touche [3] fait revenir à la position d'origine du cube.
Les touches [4], [5] et [6] permettent de voir les sections de face.

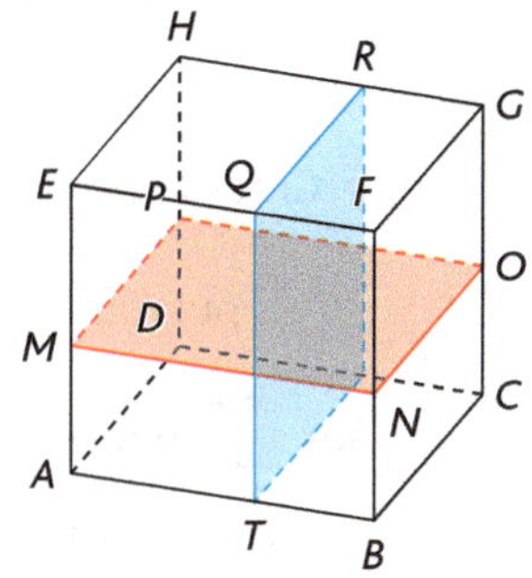

a. Plans parallèles à une face du cube

- Déplacer le point *M*, avec la souris, le long du segment [*AE*].
- À quelles faces du cube, le plan (*MPO*) est-il parallèle ?

....

- Quelle est la nature de la section du plan (*MPO*) avec le cube ?

....

- Déplacer le point *Q*, le long du segment [*EF*]. À quelles faces du cube le plan (*QRT*) est-il parallèle ?

....

- Quelle est la nature de la section du plan (*QRT*) avec le cube ?

....

- À partir de ces deux exemples, conjecturer sur la nature de la section d'un cube par un plan parallèle à une face.

....

b. Plan parallèle à une arête du cube

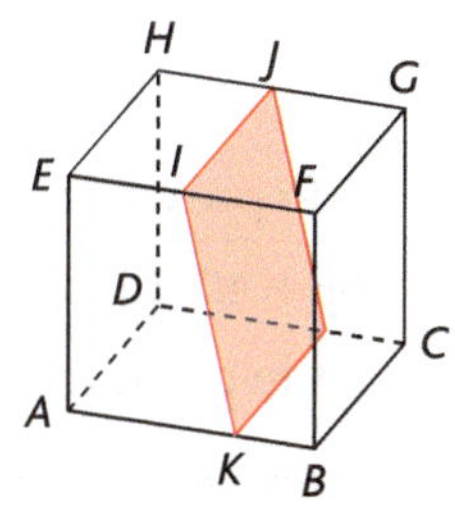

- Ouvrir le fichier « **04_cube2.g3w** ». Déplacer le point *I*, le long du segment [*EF*].
- À quelles arêtes du cube, le segment [*IJ*] est-il parallèle ?

....

- Déplacer le point *K* dans l'espace. Quelle est la nature de la section du plan (*IJK*) avec le cube ?

....

c. Plan coupant plusieurs faces

- Ouvrir le fichier « **04_cube3.g3w** ». Déplacer dans l'espace les points *M*, *N* et *L* pour trouver les cas où le plan (*LMN*) coupe 3 faces du cube, 4 faces, 5 faces, puis 6 faces du cube.
- Donner, dans chaque cas observé, la nature de la section obtenue. Compléter le tableau.

Nombre de faces coupées	3 faces	4 faces	5 faces	6 faces
Nature de la section	....	....	....	....

J'utilise un logiciel (Atelier 3D)

Opérations sur des vecteurs de l'espace

1. Observation de vecteurs

Ouvrir le fichier « **04_vecteurs1.g3d** ».

On considère dans un repère orthonormal $(O ; \vec{i}, \vec{j}, \vec{k})$, dans lequel $ABCDEFGH$ est un cube.

a. Citer des vecteurs égaux au vecteur $\overrightarrow{FB}$.

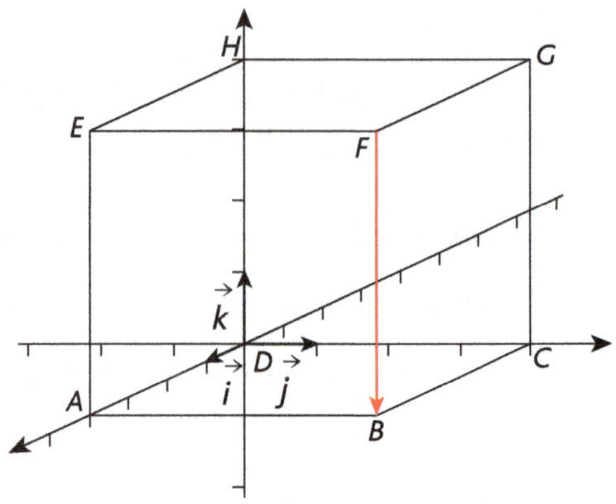

....

b. ▪ Créer le point milieu du segment $[AE]$ en cliquant sur l'icône puis sur le segment $[AE]$. Nommer K, ce point en cliquant sur puis sur le point.

▪ Compléter les égalités suivantes avec le nombre qui convient :

$\overrightarrow{AK} =$ .... $\overrightarrow{AE}$ $\qquad$ $\overrightarrow{EK} =$ .... $\overrightarrow{AE}$

2. Opérations sur les vecteurs

Ouvrir le fichier « **04_vecteurs2.g3d** ».

Les coordonnées de A sont $(4 ; 0 ; 0)$, celles de B sont $(4 ; 4 ; 0)$.

a. Donner les coordonnées des points C, D et G. Faire un clic droit sur le point pour afficher les coordonnées.

....

b. Représenter les vecteurs $\overrightarrow{AB}$, $\overrightarrow{AC}$, $\overrightarrow{AD}$, $\overrightarrow{CG}$ et $\overrightarrow{AG}$ sur le dessin du cube en cliquant sur , puis en faisant glisser la souris d'une extrémité à l'autre du vecteur. Calculer les coordonnées de ces vecteurs.

....

....

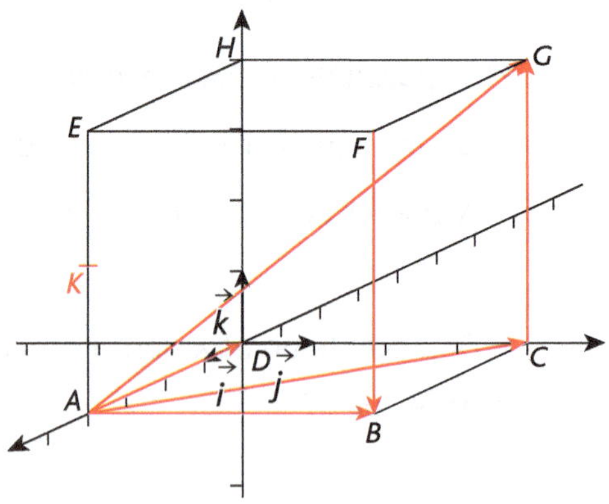

c. ▪ Représenter, en cliquant sur l'icône le vecteur somme $\overrightarrow{AB} + \overrightarrow{AD}$. Cliquer ensuite sur le point A pour que ce vecteur $\overrightarrow{AB} + \overrightarrow{AD}$ ait le point A comme origine.

▪ Procéder de même pour obtenir le vecteur somme $\overrightarrow{AC} + \overrightarrow{CG}$.

▪ Donner les coordonnées de ces deux vecteurs somme.

Que constate-t-on ? ....

....

▪ Compléter les égalités suivantes avec le vecteur qui convient :

$\overrightarrow{AB} + \overrightarrow{AD} =$ .... $\qquad$ $\overrightarrow{AC} + \overrightarrow{CG} =$ ....

d. ▪ Créer le point M milieu du segment $[AG]$. Donner les coordonnées de ce point.

....

▪ Représenter, en cliquant sur l'icône , les vecteurs $2\overrightarrow{AM}$ et $2\overrightarrow{BM}$.

▪ Compléter les égalités suivantes avec le vecteur qui convient :

$2\overrightarrow{AM} =$ .... $\qquad$ $2\overrightarrow{BM} =$ ....

L'ESSENTIEL

1 Sections particulières d'un solide par un plan

La section d'un solide est la surface obtenue lorsque l'on coupe un solide par un plan.

Cube	Parallélépipède rectangle	Parallélépipède rectangle	Cylindre
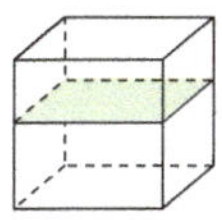 *Section par un plan parallèle à une face :* **carré**	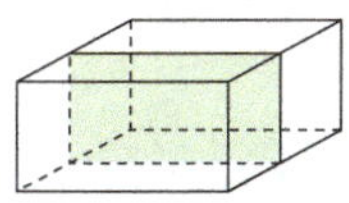 *Section par un plan parallèle à une face :* **rectangle**	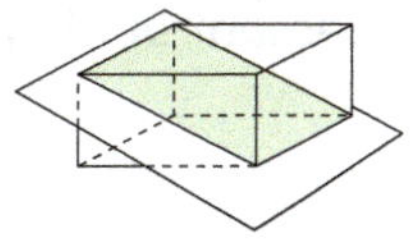 *Section par un plan passant par deux arêtes opposées :* **rectangle**	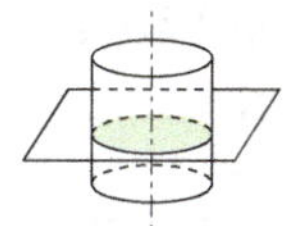 *Section par un plan parallèle à la base :* **disque**
Cylindre	**Pyramide**	**Cône**	**Sphère**
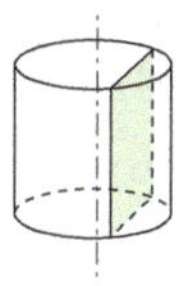 *Section par un plan perpendiculaire à la base :* **rectangle**	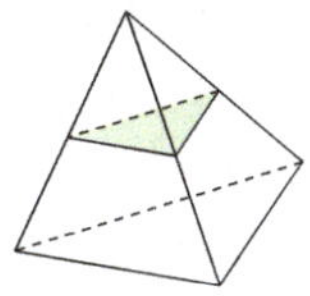 *Section par un plan parallèle à la base :* **polygone de même nature que la base**	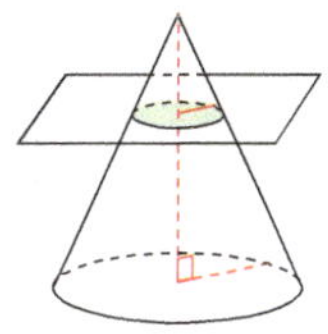 *Section par un plan parallèle à la base :* **disque**	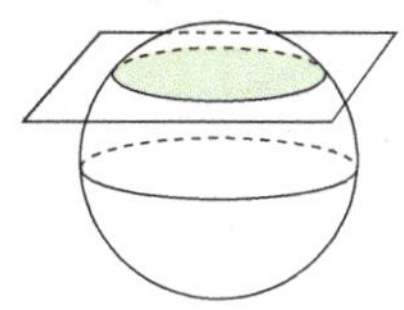 *Section par un plan perpendiculaire à un rayon :* **disque**

2 Repérage d'un point dans l'espace

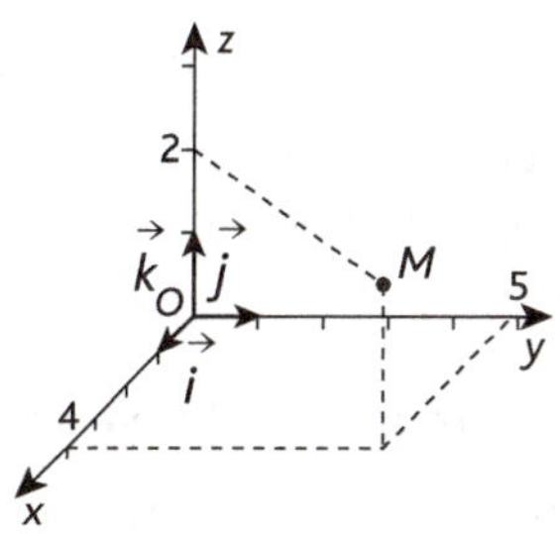

Dans un repère orthonormal de l'espace noté $(O\,;\vec{i},\vec{j},\vec{k})$, les trois vecteurs unitaires $\vec{i},\vec{j},\vec{k}$ sont orthogonaux deux à deux et $\|\vec{i}\| = \|\vec{j}\| = \|\vec{k}\| = 1$.

Un point M est repéré par ses coordonnées cartésiennes : **son abscisse x, son ordonnée y et sa cote z**. On note $M(x, y, z)$.

Exemple

Le point M a pour coordonnées $(4\,;5\,;2)$.

3 Vecteurs dans un repère orthonormal de l'espace

- **Coordonnées d'un vecteur :**

– si le vecteur $\vec{u}$ est représenté par $\overrightarrow{OM}$, alors les coordonnées du vecteur $\vec{u}$ sont celles de M soit (x, y, z).
$\vec{u} = \overrightarrow{OM}(x, y, z)$ soit $\vec{u} = \overrightarrow{OM} = x\vec{i} + y\vec{j} + z\vec{k}$.

– si le vecteur $\vec{u}$ est représenté par $\overrightarrow{AB}$, alors les coordonnées du vecteur $\vec{u}$ sont celles du vecteur $\overrightarrow{AB}$ soit $(x_B - x_A\,; y_B - y_A\,; z_B - z_A)$ avec $A(x_A, y_A, z_A)$ et $B(x_B, y_B, z_B)$.

- **Norme d'un vecteur** $\vec{u}(x\,;y\,;z)$ dans un repère orthonormal : $\|\vec{u}\| = \sqrt{x^2 + y^2 + z^2}$

Exemple

Si $A(-2\,;5{,}5\,;3)$ et $B(4{,}7\,;-1\,;3)$, alors $\overrightarrow{AB}(4{,}7-(-2)\,;(-1)-5{,}5\,;3-3)$ soit $\overrightarrow{AB}(6{,}7\,;-6{,}5\,;0)$. La norme est : $\|\overrightarrow{AB}\| = \sqrt{(6{,}7)^2 + (-6{,}5)^2 + 0^2} = \sqrt{87{,}14}$.

1 › Déterminer la nature de la section d'un solide par un plan

Déterminer la nature de la section du parallélépipède *ABCDEFGH* par :

a. le plan (*EFD*)

b. le plan parallèle à la face *ABFE* passant par le point *I* milieu du segment [*AD*].

Solution

a. zone colorée en orange.

b. zone colorée en vert.

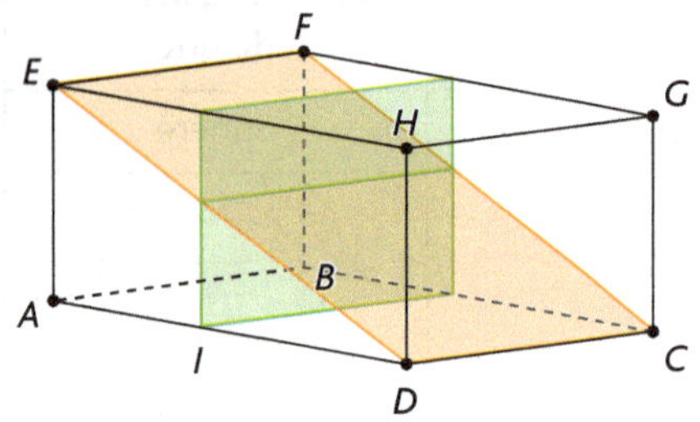

Méthode

▸ Placer les points nécessaires au tracé des plans en respectant les positions indiquées (milieu, distances...).

▸ Tracer le contour de la section délimitée par l'extérieur du solide, c'est-à-dire par ses faces.

▸ Colorer la zone située à l'intérieur de ce contour, la section du solide par le plan est ainsi visualisée.

▸ Identifier la nature de la section obtenue. Par exemple, en comptant le nombre de côtés, en exploitant les données de l'énoncé...

2 › Calculer la norme d'un vecteur de l'espace

Dans un repère orthonormal de l'espace noté $(O\,;\vec{i},\vec{j},\vec{k})$, les points *A*, *B* et *C* ont pour coordonnées : $A(3\,;2\,;0)$; $B(-1\,;2\,;3)$ et $C(3\,;7\,;3)$.

a. Calculer les coordonnées des vecteurs $\overrightarrow{AB}$, $\overrightarrow{AC}$ et $\overrightarrow{BC}$.

b. Calculer les normes des vecteurs $\overrightarrow{AB}$, $\overrightarrow{AC}$ et $\overrightarrow{BC}$.

c. Le triangle *ABC* est-il rectangle en *C* ? Justifier la réponse.

Solution

a. Les coordonnées des vecteurs sont :

$\overrightarrow{AB}((-1)-3;2-2;3-0))$

$\overrightarrow{AB}(-4;0;3)$

$\overrightarrow{AC}(3-3;7-2;3-0)$

$\overrightarrow{AC}(0;5;3)$

$\overrightarrow{BC}(3-(-1);7-2;3-3)$

$\overrightarrow{BC}(4;5;0)$

b. Les normes sont :

$\|\overrightarrow{AB}\|=\sqrt{(-4)^2+0^2+3^2}=\sqrt{25}=5$

$\|\overrightarrow{AC}\|=\sqrt{0^2+5^2+3^2}=\sqrt{34}$

$\|\overrightarrow{BC}\|=\sqrt{4^2+5^2+0^2}=\sqrt{41}$

c. Pour le triangle *ABC*, le grand côté est [*BC*],

$BC^2 = 41$

$AB^2 + AC^2 = 34 + 25 = 59$

$BC^2 \neq AB^2 + AC^2$, la relation de Pythagore n'est pas vérifiée dans ce triangle, il n'est pas rectangle.

Méthode

▸ Les coordonnées du vecteur se calculent à partir des coordonnées des points.

$\overrightarrow{AB}(x_B - x_A\,; y_B - y_A\,;\ z_B - z_A)$.

▸ Calculer la norme d'un vecteur $\vec{u}$ à partir de ses coordonnées :

$\|\vec{u}\| = \sqrt{x^2 + y^2 + z^2}$.

▸ Donner la valeur exacte sauf précision de l'énoncé.

▸ Savoir que $\|\overrightarrow{AB}\| = AB$.

▸ Pour savoir si le triangle est rectangle, regarder si la relation de Pythagore est vérifiée et conclure sur la nature du triangle.

Exercices & Problèmes

R Exercices avec réponses en fin d'ouvrage. ✱/✱✱ Exercices plus difficiles.

Exercices

1. QCM

Choisir la ou les bonne(s) réponse(s).

a. La section d'un cube par un plan coupant trois des faces est :
- ❒ un triangle
- ❒ un carré
- ❒ un rectangle

b. La section d'un cylindre par un plan parallèle à la base est :
- ❒ un cercle
- ❒ un disque
- ❒ un rectangle

c. La section d'un cylindre par un plan perpendiculaire à la base est :
- ❒ un cercle
- ❒ un disque
- ❒ un rectangle

› Identifier des solides usuels, représenter la section d'un solide usuel par un plan

2. Voici deux lanternes de formes différentes. Identifier dans chacune d'elles au moins trois solides différents.

3. ✱✱

Des lycéens doivent concevoir des dés pour un concours de jeux.
À partir de cubes en résine, ils doivent créer des dés à 4, 8, 10 et 12 faces.

a. Rechercher sur Internet le nom des solides qui correspondent à ces dés.

b. Proposer, pour chaque type de dés, une méthode de fabrication à partir d'un cube.

4. ✱✱ Une plaquette de beurre est découpée d'un seul coup de couteau, dans une direction pour obtenir deux solides de nature différente. La plaquette est assimilée à un parallélépipède rectangle.

a. Utiliser un logiciel de géométrie 3D pour simuler différents découpages en utilisant le fichier « **04_beurre.g3w** ».

b. Nommer les différents solides obtenus.

c. Les sections (ou surfaces) obtenues lorsque l'on effectue les coupes ont-elles toujours la même forme ? Justifier la réponse.

d. Dessiner en perspective cavalière, un cas où le solide obtenu par découpe est une pyramide. Quelle est, alors, la forme de la section obtenue ? La colorier sur le dessin.

5. R ✱ Donner le nom des figures géométriques (a), (b), (c) obtenues par section du cube par les trois plans représentés sur les figures suivantes.

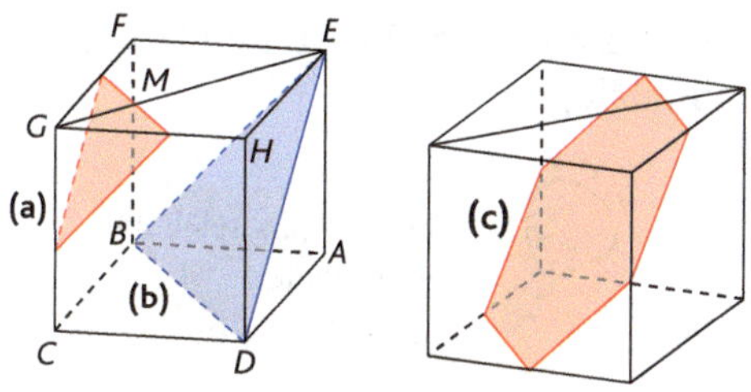

6. a. Sur les solides ci-dessous, dessiner un plan vertical passant par les points M et P.

b. Colorier les sections obtenues et donner leur nom.

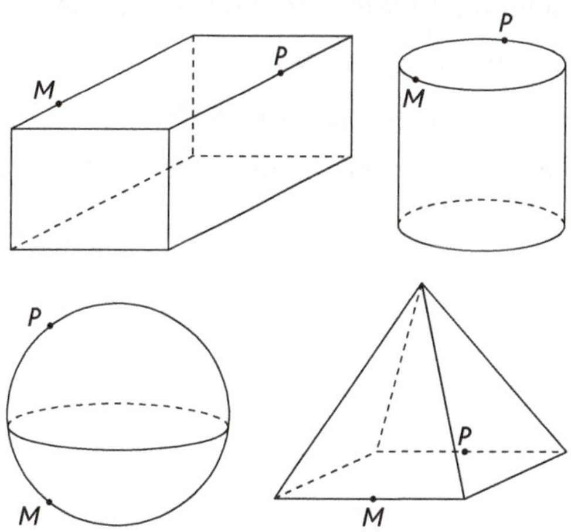

7. Voici la perspective cavalière d'un plot de trottoir.

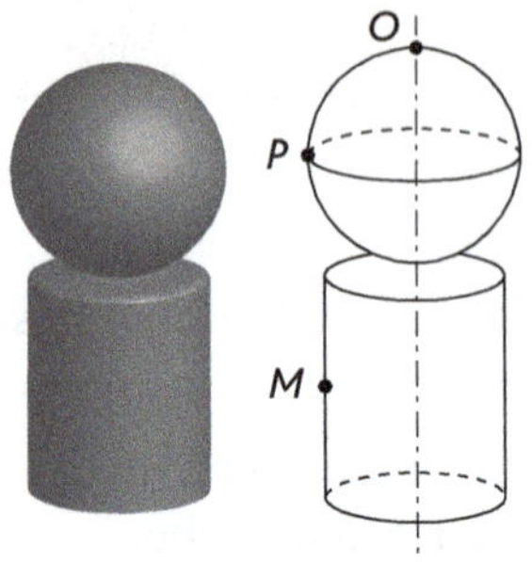

Dessiner la section obtenue si l'on coupe le plot :

a. par un plan parallèle à la base du plot, passant par le point P ;

b. par un plan parallèle à la base du plot passant par le point M ;

c. par un plan perpendiculaire à la base, passant par le point O.

› Calculer les coordonnées et la norme d'un vecteur

8. R ✱ Dans un repère orthonormal de l'espace noté $(O ; \vec{i}, \vec{j}, \vec{k})$, les points A, B et C ont pour coordonnées : $A(-1 ; 3{,}5 ; 1)$; $B(1 ; 2 ; -2)$ et $C(2 ; -5 ; 2)$.

a. Calculer les coordonnées des vecteurs $\overrightarrow{AB}$, $\overrightarrow{AC}$ et $\overrightarrow{BC}$.

b. Calculer les normes des vecteurs $\overrightarrow{AB}$, $\overrightarrow{AC}$ et $\overrightarrow{BC}$.

c. Le triangle ABC est-il rectangle ?

d. Calculer les coordonnées du point D tel que $ABCD$ soit un parallélogramme.

Pensez aux relations et formules du plan.

9. ✱ On considère un repère orthonormal $(O ; \vec{i}, \vec{j}, \vec{k})$ où les points M, N, P et Q ont pour coordonnées $M(3 ; 0 ; 3)$, $N(0 ; 4 ; 3)$, $P(3 ; 4 ; 0)$ et $Q(0 ; 8 ; 0)$.

a. Calculer les coordonnées puis les normes des vecteurs $\overrightarrow{MN}$, $\overrightarrow{PQ}$, $\overrightarrow{MP}$ et $\overrightarrow{NQ}$.

b. Que peut-on dire des droites (MN) et (PQ) ?

c. Quelle est la nature du quadrilatère $MNPQ$? Justifier la réponse.

10. Le point M est le centre du cube $ABCDEFGH$.
Ouvrir le fichier « **04_cube.g3d** ».

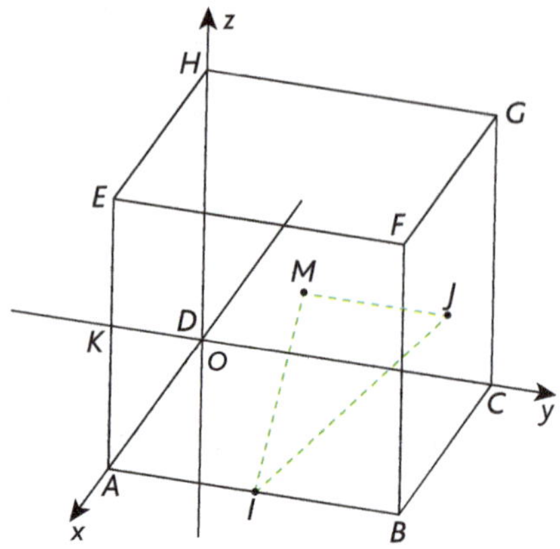

a. Créer le point I, milieu du segment $[AB]$ et le point J, centre de la face $BCGF$.

b. Dessiner le triangle IJM en créant les segments $[IJ]$, $[MJ]$ et $[MI]$.

c. Donner les coordonnées des points I et J.

d. Calculer les coordonnées des vecteurs $\overrightarrow{IJ}$, $\overrightarrow{MI}$ et $\overrightarrow{MJ}$ puis, calculer leurs normes.

e. Le triangle IJM est-il rectangle ? Justifier la réponse.

f. Vérifier la réponse précédente en faisant pivoter le cube afin d'avoir le triangle IMJ de face.

11. R ✱ Dans un repère orthonormal de l'espace noté $(O ; \vec{i}, \vec{j}, \vec{k})$, les coordonnées des vecteurs $\vec{p}$ et $\vec{p}\,'$sont : $\vec{p}(5{,}1 ; -3{,}4 ; 8{,}5)$ et $\vec{p}\,'(-3 ; 2 ; -5)$.

a. Calculer les coordonnées du vecteur $\vec{p} + \vec{p}\,'$.

b. Calculer les coordonnées des vecteurs $2\vec{p}$ et $-3\vec{p}\,'$.

c. Deux vecteurs $\vec{u}$ et $\vec{u}\,'$ sont colinéaires si $\vec{u}\,' = k\,\vec{u}$ $(k \neq 0)$, c'est-à-dire si $\vec{u}(x ; y ; z)$ alors $\vec{u}\,'(kx ; ky ; kz)$.
Les vecteurs $\vec{p}$ et $\vec{p}\,'$sont-ils colinéaires ? Si oui, donner la valeur de k.

› Étudier des figures planes et des volumes

12. ✱ Soit le prisme droit $ABCDEFGH$.

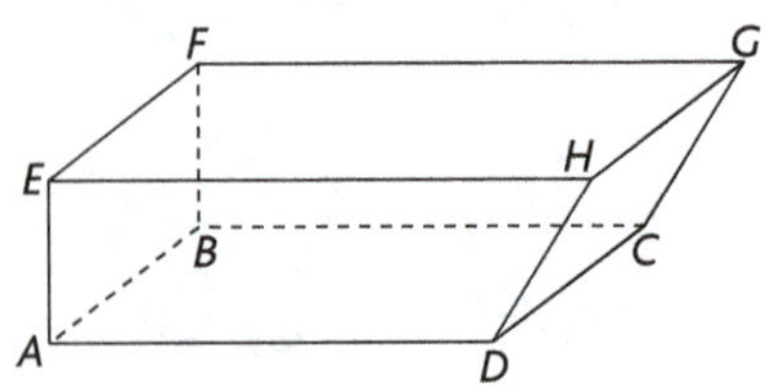

a. Donner la nature de chacune des faces du prisme.

b. Reproduire le prisme puis, placer le point I, milieu du segment $[EH]$.

c. On coupe le prisme par un plan parallèle à la face *AEFB* et passant par le point *I*. Dessiner la section obtenue et donner sa nature.

13. ✱✱ On considère un parallélépipède *ABCDEFGH*, de longueur 4, de largeur 2 et de hauteur $\sqrt{5}$.

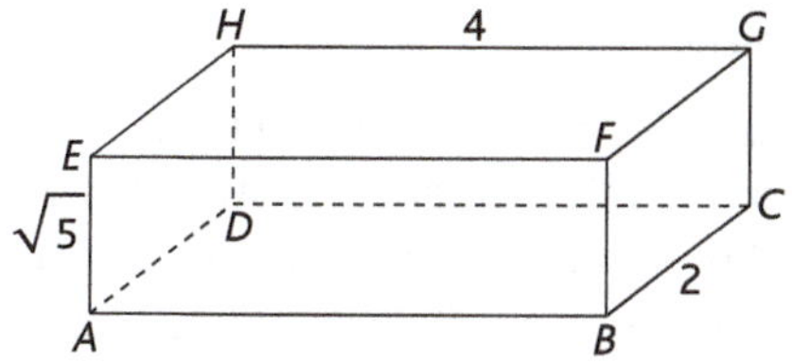

a. Calculer les longueurs *AC*, *AG* et *AH*.

b. Dessiner, sur votre cahier, le triangle *AHG* en grandeur réelle.

c. Le triangle *AHG* est appelé « triangle de Pythagore », proposer une explication.

14. R ✱ Soit une pyramide à base carrée de côté 21 cm, de hauteur $SH = 31{,}2$ cm et d'arête $SA = 33$ cm. On coupe la pyramide par un plan parallèle à la base passant par le point *A'* situé sur le segment [*SA*] tel que $SA' = \frac{1}{3}$ SA. On note *A'B'C'D'* la section obtenue.

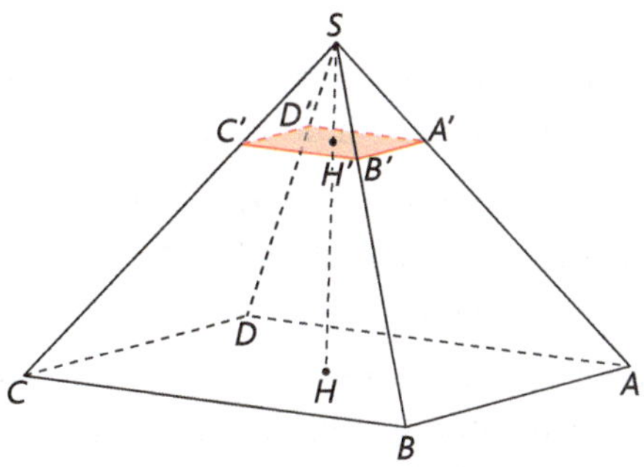

a. Donner la nature de la section *A'B'C'D'*.

b. Calculer la longueur *A'B'* et la hauteur *SH'*.

c. Calculer l'aire $\mathcal{A}$ de la base *ABCD* et l'aire $\mathcal{A}'$ de la section *A'B'C'D'*. Trouver une relation liant $\mathcal{A}$ et $\mathcal{A}'$.

d. Calculer $\mathcal{V}$ le volume de la pyramide *SABCD* et $\mathcal{V}'$ le volume de la pyramide *SA'B'C'D'*. Trouver une relation liant $\mathcal{V}$ et $\mathcal{V}'$. (On donne : volume d'une pyramide $= \frac{1}{3}$ aire de la base × hauteur).

Problèmes

› Problème 1
La sécurité est-elle respectée ?

Les dimensions du bassin d'une piscine municipale sont données sur le dessin ci-dessous.

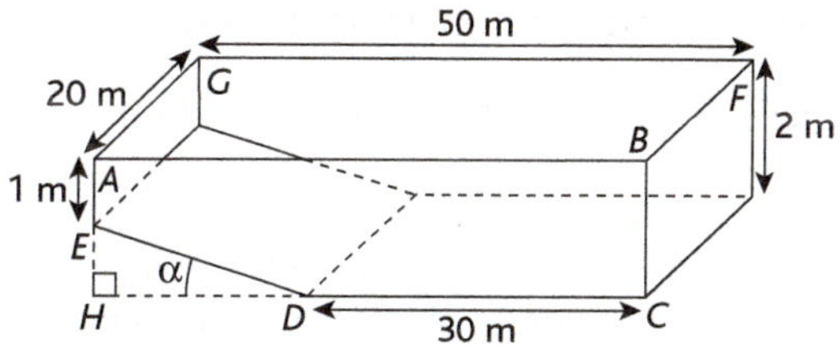

1. Calculer l'aire du pentagone *ABCDE*.

2. Calculer le volume du bassin, en m³. Expliquer la démarche suivie.

3. Par mesure de sécurité, l'angle α de la pente du bassin ne doit pas dépasser 4°.

a. Calculer la mesure de l'angle α. Arrondir le résultat à l'unité.

b. Le bassin est-il conforme ?

› Problème 2
Machine à commande numérique

Pour usiner une pièce à l'aide d'une machine à commande numérique, un élève dispose du relevé des coordonnées de certains points et du schéma ci-dessous.

	O	A	B	C	D	F	G	H	J
x	0	25	15	10	0	25	15	15	25
y	0	0	0	0	25	0	25	25	25
z	0	0	0	0	0	– 25	– 8	0	0

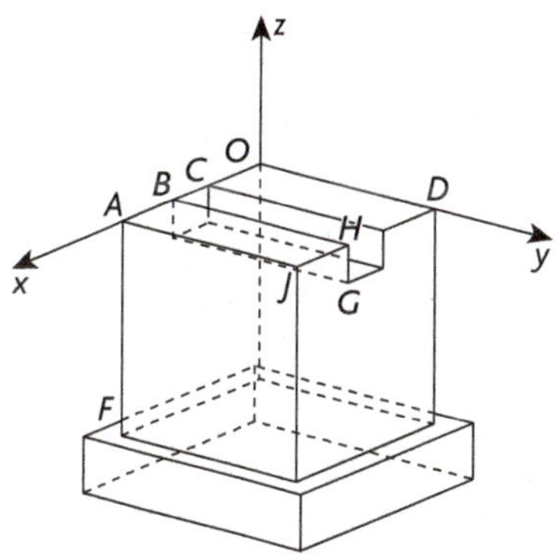

Pour l'aider à retrouver les déplacements de l'outil :

a. Déterminer les coordonnées des vecteurs $\overrightarrow{OA}$, $\overrightarrow{AF}$, $\overrightarrow{OD}$ et $\overrightarrow{HG}$.

b. Calculer, par la méthode de votre choix, la longueur du tour de la pièce soit la longueur du carré *AODJ*.

› Problème 3

Fabrication d'une planche à découper

1. Lecture de plan et repérage

Dans un atelier de menuiserie, une machine à commande numérique est utilisée pour l'usinage et le découpage de pièces en bois. Pour usiner des pièces, il faut indiquer à la machine les cotes et les rayons de courbure de façon à usiner le bois de manière linéaire et circulaire.
Les cotes sont relevées par rapport à une origine définie par le programmateur, c'est l'origine Op, elles sont exprimées en millimètres. Le repérage se fait dans un repère (*O*, *Ox*, *Oy*, *Oz*) de l'espace.
La première vue de la pièce est faite dans le plan *XY*, la seconde dans le plan *XZ*.

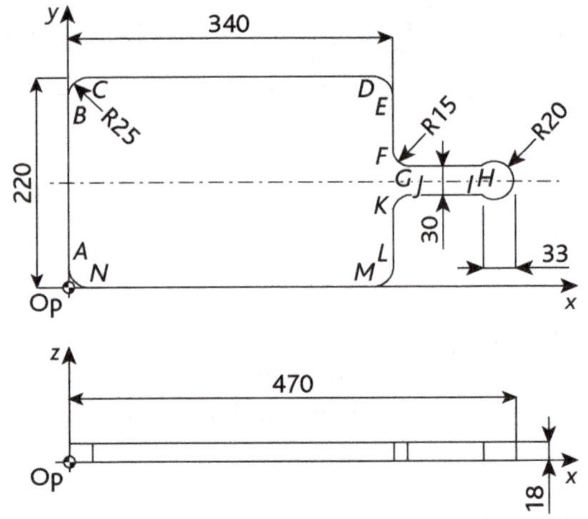

1. En observant les deux vues et le tableau des coordonnées, donner les coordonnées des points *B*, *D*, *F*, *H*, *J*, *L* et *N*.

Points	X	Y	Z
A	0	25	18
C	25	220	18
E	340	195	18
G	355	125	18
I	437	95	18
K	340	80	18
M	315	0	18

2. Déplacement de l'outil

Pour le découpage, il faut donner à la machine des indications sur les déplacements à effectuer.

a. Déterminer les coordonnées des vecteurs $\overrightarrow{AB}$, $\overrightarrow{CD}$, $\overrightarrow{EF}$, $\overrightarrow{GH}$, $\overrightarrow{IJ}$, $\overrightarrow{MN}$. Indiquer quels sont les vecteurs qui sont colinéaires.

b. En calculant les normes des vecteurs correspondants, déterminer les distances *AB*, *CD*, *EF*, *GH*, *IJ* et *MN* parcourues par la machine outil. Vérifier les résultats obtenus par lecture sur le plan précédent.

› Problème 4

Cylindrée d'un moteur

Pour un moteur thermique à combustion interne, la cylindrée est le volume total des cylindres d'un moteur exprimé en centimètres cubes ou en litres.
L'alésage *A* est le diamètre intérieur du cylindre, la course *C* est la distance comprise entre le point mort haut (*PMH*) et le point mort bas (*PMB*).
La cylindrée totale se calcule avec la formule :

$\pi\left(\frac{A}{2}\right)^2.C.n.$ *A* est en cm, *C* en cm et *n* est le nombre de cylindres.

1. Proposer une représentation en perspective cavalière pour le cylindre d'un moteur.

2. Calculer la cylindrée d'un moteur quatre cylindres ayant un alésage de 77 mm et une course de 65,6 mm.

3. Le rapport volumétrique ρ est le rapport existant entre le volume total du cylindre, $V+v$, lorsque le piston est au *PMB* et le volume restant, *v*, lorsque le piston est au *PMH*.

$\rho=\frac{V+v}{v}$. Le résultat s'exprime sous la forme d'une fraction.
Calculer le rapport volumétrique du moteur sachant que $v = 38$ cm^3.

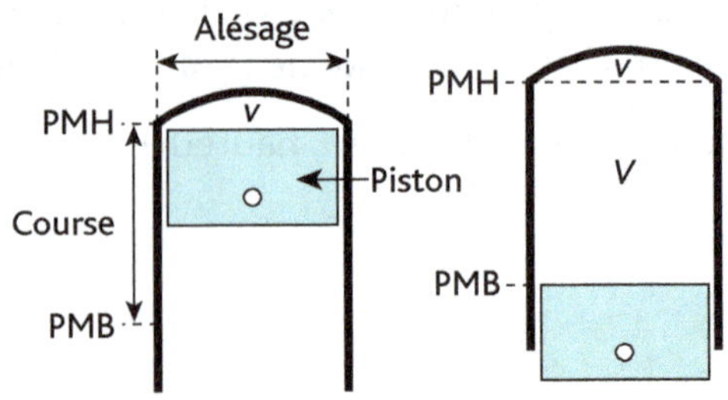

Je me teste

EXERCICE 1

On considère un prisme droit *ABCDEFGH*.

$AE = FB = 1{,}5$ cm

$AD = BC = 3{,}5$ cm

$EH = FG = 4{,}3$ cm

$EF = AB = HG = DC = 2{,}1$ cm

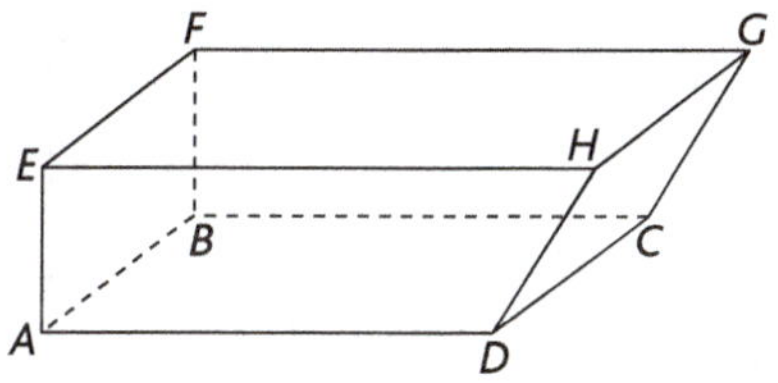

Dans cet exercice, on va chercher où placer un plan de coupe, parallèle à l'une des faces du prisme de façon à réduire le volume du prisme de 15 %.

1 Sur les prismes ci-dessous, dessiner 3 cas possibles de plans parallèles à l'une des faces du prisme.

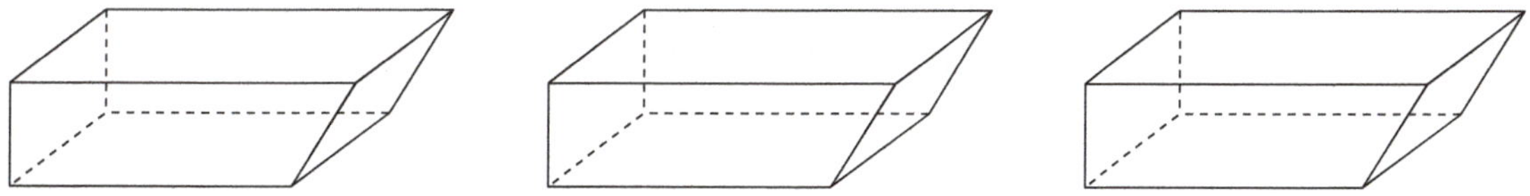

1er cas — 2e cas — 3e cas

2 Quelle sera la nature de la section obtenue, dans chaque cas ?

1er cas : ....

2e cas : ....

3e cas : ....

3 Calculer le volume initial du prisme. Détailler les calculs.

....

....

....

4 Proposer, une position du plan de coupe qui permette d'obtenir le volume réduit. Vous disposez d'un logiciel de géométrie 3D, d'un logiciel tableur et d'une calculatrice graphique.

A

Appelez le professeur pour expliquer la démarche suivie à la question 4.

EXERCICE 2

Le prisme précédent doit être usiné à l'aide d'une machine à commande numérique.

Le prisme est positionné dans le repère orthonormal $(O\,;\vec{i},\vec{j},\vec{k})$, comme indiqué ci-dessous.

$B(1,5\,;0\,;0)$ $C(1,5\,;3,5\,;0)$

$G(0\,;4,3\,;0)$ $E(0\,;0\,;2,1)$

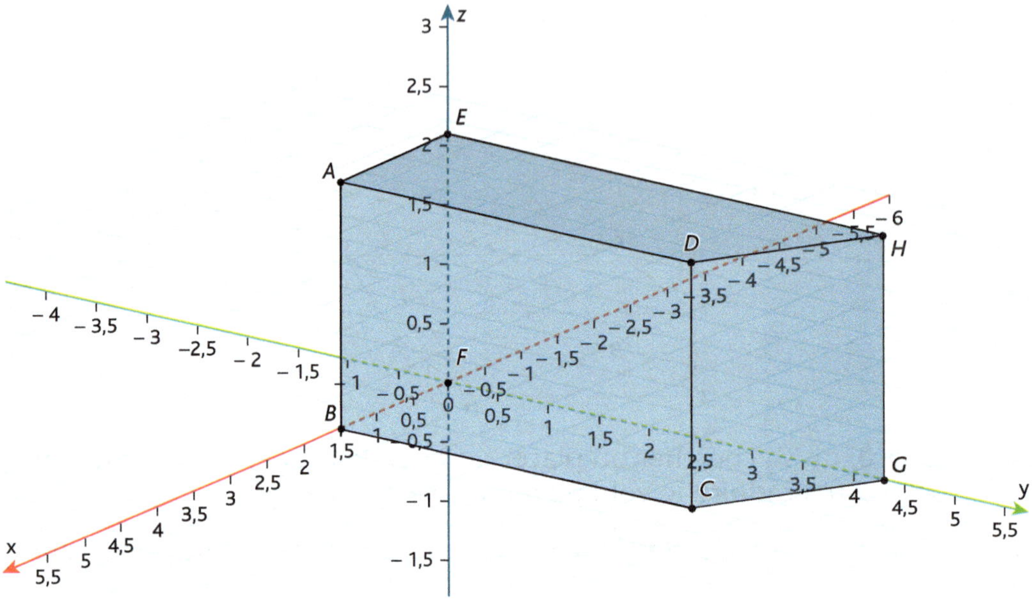

1 Donner les coordonnées des points *A*, *D* et *H*.

....

....

....

2 Calculer les coordonnées des vecteurs $\overrightarrow{AD}$, $\overrightarrow{DH}$, $\overrightarrow{HE}$ et $\overrightarrow{EA}$.

....

....

....

....

3 Calculer la distance parcourue par l'outil de coupe lorsqu'il tourne une fois autour de la pièce.

....

....

....

....

....

....

A

Appelez le professeur pour présenter oralement la méthode choisie à la question 3.

13 Fonction logarithme népérien

Capacité
- Étudier les variations et représenter graphiquement la fonction logarithme népérien sur un intervalle donné

1 Découvrir la fonction logarithme népérien

Une petite nouvelle dans la famille des fonctions

1. Recherche d'une fonction dont la dérivée est une fonction connue

Voici quatre fonctions f_1, f_2, f_3, f_4 définies pour tout x :

$f_1(x) = \frac{1}{2}x^2$; $f_2(x) = \frac{1}{3}x^3$; $f_3(x) = \frac{1}{4}x^4 - 5$; $f_4(x) = x^2 - x$.

Revoyez les formules du chapitre 2 si nécessaire.

a. Déterminer les fonctions dérivées f'_1, f'_2, f'_3, f'_4.

....

....

b. L'une d'elles est-elle égale à la fonction carré ? ....

c. L'une d'elles est-elle égale à la fonction cube ? ....

d. L'une d'elles est-elle égale à la fonction inverse ? ....

La fonction logarithme népérien est la fonction, définie pour $x > 0$, dont la dérivée est la fonction $x \mapsto \frac{1}{x}$ sur $]0 ; +\infty[$ et qui s'annule en 1.

ln(x) s'écrit usuellement ln x.

La fonction logarithme népérien se note ln. On a : ln : $x \mapsto \ln x$.

e. Compléter à l'aide du texte précédent : ln 1 = ... ; ln'(x) = ...

2. Calcul de quelques valeurs

Utiliser la touche [ln] de la calculatrice pour effectuer les calculs suivants. Arrondir au centième.

ln 0,2 ≈ .... ; ln 0,8 ≈ .... ; ln 1,2 ≈ .... ; ln 2 ≈ ....

3. Sens de variation de la fonction ln

a. Donner le signe de $\frac{1}{x}$ pour $x > 0$. ....

b. En déduire le sens de variation de la fonction ln sur $]0 ; +\infty[$. ....

c. Voici la courbe représentative de la fonction ln.

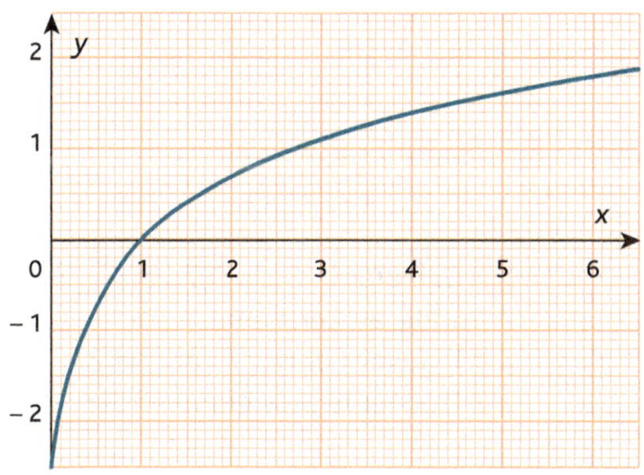

La réponse faite au b. est-elle conforme à l'allure de cette courbe ? ....

d. Placer sur cette courbe le point d'ordonnée 1.

Donner une valeur approchée au dixième de l'abscisse de ce point. ....

La valeur exacte de cette abscisse est un nombre réel non décimal noté e.

2 Vérifier les propriétés opératoires de la fonction logarithme népérien

1. Calculer $\ln(3 \times 5)$, $\ln 3$ et $\ln 5$. ....

Quelle relation semble lier les trois nombres ? ....

Plus généralement, pour $a > 0$ et $b > 0$, on peut montrer que $\ln(a \times b) = \ln a + \ln b$.

2. Calculer $\ln\left(\frac{7}{4}\right)$, $\ln 7$ et $\ln 4$. ....

Quelle relation semble lier les trois nombres ? ....

Plus généralement, pour $a > 0$ et $b > 0$, on peut montrer que $\ln\left(\frac{a}{b}\right) = \ln a - \ln b$.

3. Calculer $\ln(2^3)$ et $3 \times \ln 2$. ....

Comparer les deux résultats. ....

Plus généralement, pour $a > 0$ et n entier positif ou négatif, on peut montrer que $\ln(a^n) = n \times \ln a$.

Comment rechercher l'exposant d'une puissance à l'aide d'un logarithme népérien ?

a. Rechercher l'entier n tel que $3^n = 6\,561$.

- Prendre le logarithme des deux membres de l'équation : $\ln(3^n) = \ln 6\,561$.
- Appliquer la formule $\ln(a^n) = n \times \ln a$ au premier membre : .... $= \ln 6\,561$.
- Isoler l'inconnue dans le premier membre : $n = \frac{\dots\dots}{\dots\dots}$
- Calculer n en tapant le calcul tel qu'il est écrit, sur la calculatrice : $n =$ ....

b. Trouver le plus petit entier n tel que $0{,}85^n < 0{,}75$.

- Prendre le logarithme des deux membres de l'inéquation : ln (..........) < ln ....
- Appliquer la formule $\ln(a^n) = n \times \ln a$ au premier membre :
  .... < ln ....
- Diviser les deux membres de l'inéquation par ln 0,85.
  ....
- Effectuer le membre de droite avec la calculatrice : $n >$ ....
- Donner la réponse : ....

Attention au sens lorsque vous divisez ! Le logarithme d'un nombre compris entre 0 et 1 est négatif.

Exercices

1 Calculer ln 8 ; ln 0,7 ; $\ln\left(\frac{2}{3}\right)$; ln 2 000.
Arrondir au centième.

2 Trouver l'entier n tel que $2^n = 1\,024$.

3 Trouver le plus grand entier n tel que $1{,}2^n < 3$.

4 Le nombre e est le réel tel que ln e = 1.
En utilisant la relation $\ln(a^n) = n \times \ln a$, calculer $\ln(e^2)$ et $\ln(e^3)$.

5 Écrire ln 49 + 3 ln 7 à l'aide de ln 7.

14 Fonction logarithme décimal

Capacités
- Étudier les variations et représenter graphiquement la fonction logarithme décimal, sur un intervalle donné
- Exploiter une droite tracée sur du papier semi-logarithmique

1 Découvrir la fonction logarithme décimal

Un petit tour en chimie

1. pH d'une solution

Le pH d'une solution mesure son acidité.
Par définition, pH = – log x où x désigne la concentration en ions H_3O^+ exprimée en mole par litre et log la fonction logarithme décimal.

Calculer le pH d'une solution où $x = 10^{-4}$ mole par litre en tapant sur la calculatrice : [–] [log] [1] [0] [^] [–] [4] [EXE]   pH = ...

2. Logarithme décimal d'une puissance de 10

Donner les logarithmes suivants à l'aide de la touche [log] de la calculatrice :

log 10 = ... ; log (10^5) = ... ; log (10^{-2}) = ... ; log (10^2) = ... ; log (10^{-8}) = ...

Que remarque-t-on ? ....

Parmi les égalités suivantes où n est un entier relatif, quelle est celle qui semble correcte ?

❒ $\log(10^n) = 1$ ❒ $\log(10^n) = n$ ❒ $\log(10^n) = -n$

Les propriétés opératoires du logarithme décimal sont les mêmes que celles du logarithme népérien :
$\log(a \times b) = \log a + \log b$, $\log\left(\frac{a}{b}\right) = \log a - \log b$; $\log(a^n) = n \times \log a$ où $a > 0$ et $b > 0$.

3. Sens de variation de la fonction logarithme décimal

a. Tracer, à l'aide de la calculatrice ou d'un logiciel, la courbe représentative de la fonction log sur l'intervalle]0 ; 6].

b. Donner, à l'aide de ce graphique, le sens de variation de la fonction log.

....

2 Conjecturer le lien avec le logarithme népérien

Recopier et compléter le tableau suivant. Arrondir les résultats au millième.

x	0,4	0,8	1	5	10	20
$\frac{\ln x}{\ln 10}$	....	....	....	....	....	....
$\log x$	....	....	....	....	....	....

Comparer les résultats des deux lignes du tableau. ....

La fonction **logarithme décimal**, notée **log**, est la fonction définie pour $x > 0$ par $\log x = \frac{\ln x}{\ln 10}$.

Comment exploiter une courbe tracée sur un papier semi-logarithmique ?

L'évolution d'une population de bactéries dans un milieu de culture, exprimée en millions, a été mesurée expérimentalement en fonction du temps en heures.
Les résultats ont été reportés sur le graphique ci-contre réalisé sur du papier semi-logarithmique. L'axe des ordonnées a été gradué suivant une échelle logarithmique : la mesure de l'ordonnée n'est pas la valeur elle-même, mais son logarithme.

Exemple : au bout d'une heure, il y a 3 millions de bactéries ; la mesure de l'ordonnée sur le graphique est log 3, mais on indique 3 pour l'ordonnée du point *C*.

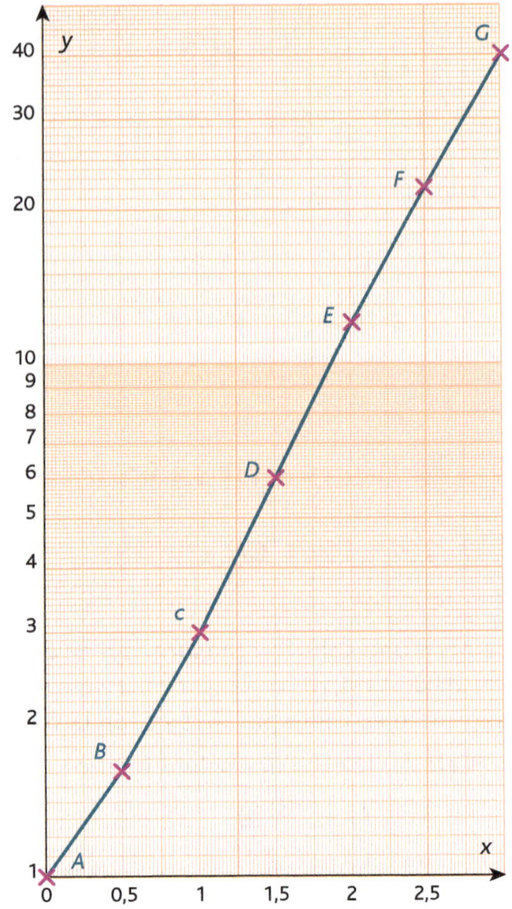

Le papier semi-logarithmique permet de représenter des valeurs qui ont une grande amplitude de variation, sans que les faibles valeurs soient « écrasées ».

a. Quel est le nombre de bactéries au début de l'expérience ?

....

b. Au bout de combien de temps a-t-on 10 millions de bactéries ? ....

c. Compléter le tableau ci-dessous à l'aide du graphique.

t (en heures)	0	0,5	1	1,5	2	2,5	3
Nombre de bactéries (en millions)	....	....	3	....	....	....	....

d. Montrer que les différences d'ordonnée $y_D - y_C$ et $y_E - y_D$ ont la même mesure sur le graphique.

$y_D - y_C = \log 6 -$ .... $= \log \dfrac{\ldots\ldots}{\ldots\ldots} = \log$ ....

$y_E - y_D =$ ....

e. Montrer que le point *D* est le milieu de [*CE*].

....

Exercices

1 Calculer log 5 ; log 0,9 ; $\log\left(\dfrac{3}{5}\right)$; log 4 100.
Arrondir au centième.

2 Calculer, sans utiliser la calculatrice, $\log 10^4$; $\log 10^{-8}$; log 1 000 ; log 0,1.

3 En utilisant les propriétés opératoires du logarithme décimal, donner une autre écriture des expressions suivantes :
a. log 2 + log 5 ; log 2 – log 5 ; $\log(2^5)$; $\log(5^2)$.
b. $\log(x^3)$; $\log(5x^4)$; $\log x + \log 8$ où $x > 0$.

15 J'utilise un logiciel (GeoGebra)

Étudier le signe de la fonction ln
Dériver une fonction comportant un logarithme népérien

1. Signe de la fonction ln

Ouvrir le fichier « 05_ln.ggb ».
Le point M est le point d'abscisse x qui se déplace sur la courbe représentative de la fonction ln. Son ordonnée est donc égale à $\ln x$.

a. Déplacer le point M avec la souris ou avec le pavé fléché.

Lire dans la partie gauche de l'écran l'ordonnée de M.

Noter quelques-unes de ces ordonnées. ....

b. L'ordonnée de M garde-t-elle le même signe quelle que soit la valeur de x ? ....

Pour quelles valeurs de x est-elle positive ? ....

Pour quelles valeurs de x est-elle négative ? ....

c. Déduire des réponses précédentes le tableau de signe de la fonction ln pour x variant de 0 (exclu) à 6.

x	0 6
Signe de $\ln x$	..... 0 .....

Ne pas confondre tableau de signe et tableau de variation.

2. Dérivée d'une fonction comportant un logarithme népérien

Reprendre le fichier précédent. Le point M n'est pas utilisé dans cette partie et peut être rendu invisible en cliquant sur la puce devant M dans la fenêtre de gauche.

a. Dérivée de la fonction logarithme népérien

- Quelle est la fonction dérivée de la fonction ln ? ....
- Vérifier la réponse donnée avec le logiciel : taper sur la ligne de saisie « $f'(x)$ » et valider.

  On obtient ainsi une fonction g telle que $g = f'$.

  Quelle est l'expression de $g(x)$ qui apparaît dans la partie gauche de l'écran ? ....

b. Dérivée de fonctions comportant la fonction ln

- Calculer les dérivées des fonctions suivantes, définies pour $x > 0$, par $f_1(x) = \ln(3x)$; $f_2(x) = \ln(x^3)$; $f_3(x) = x + \ln x$; $f_4(x) = 4 \ln x$.

  ....

  ....

  ....

  ....

- Vérifier les réponses données avec le logiciel : modifier la fonction f en tapant sur la ligne de saisie $f(x) = \ln(3x)$ pour la première fonction. La fonction dérivée g est modifiée automatiquement.

  Faire de même pour les autres fonctions.

J'utilise un logiciel (tableur)

Utiliser un logarithme en statistique

Coût d'entretien d'un équipement

L'étude du coût annuel d'entretien et de réparation *C* d'un équipement d'âge *t* a conduit à établir le tableau suivant pour les cinq premières années :

Âge t_i (en années)	1	2	3	4	5
Coût C_i (en centaines d'euros)	13,3	14,2	16,1	18,9	23,6

L'objectif de l'activité est de donner une estimation du coût d'entretien et de réparation de cet équipement lorsqu'il aura 7 ans.

Ouvrir le fichier « 05_cout.xls » ou « 05_cout.ods ».

1. Premier nuage de points

Dans cette partie, travailler sur la feuille 1 du classeur.

a. Représenter par un nuage de points le tableau de cette feuille.

b. Un ajustement de ce nuage par une droite semble-t-il adapté ? ....

c. ▪ Choisir une échelle logarithmique pour l'axe des ordonnées : effectuer un clic droit sur cet axe. Dans *Format de l'axe*, ouvrir l'onglet *Échelle* et cocher *Échelle logarithmique*.

▪ Que devient le nuage de points ? ....

2. Second nuage de points

Dans cette partie, travailler sur la feuille 2 du classeur.

On va construire un nouveau nuage de points en portant en ordonnée, non plus C_i, mais ln (C_i).

On pose $z_i = \ln(C_i)$.

a. Pour compléter le tableau donnant les valeurs de z_i, entrer dans la cellule B3 la formule =ln(B2). La recopier jusqu'à la cellule F3.

b. Sélectionner les lignes 1 et 3 et les représenter par un nuage de points.

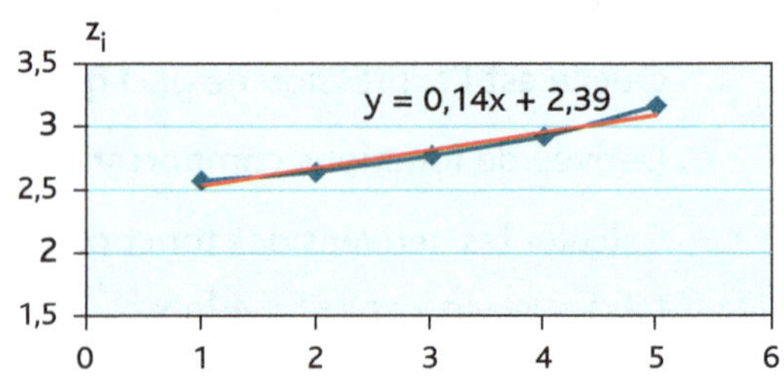

c. Un ajustement de ce nuage par une droite semble adapté.

▪ Effectuer un clic droit sur l'un des points du nuage et sélectionner *Ajouter une courbe de tendance*.

▪ Choisir le type *Linéaire*, puis dans Options *Afficher l'équation sur le graphique*.

d. En utilisant cette équation, calculer ln (C_7) en remplaçant *x* par 7. ....

e. ▪ Trouver une valeur approchée à la centaine d'euros de C_7 grâce à l'extrait de la table de valeurs de la fonction ln donné sur la feuille 2 du classeur. ....

▪ Estimer le coût d'entretien et de réparation de cet équipement lorsqu'il aura 7 ans.

....

L'ESSENTIEL

1 Fonction logarithme népérien

- La fonction logarithme népérien, notée ln, est la fonction définie pour $x > 0$, dont la dérivée est la fonction $x \mapsto \frac{1}{x}$ sur $]0\,;+\infty[$, et qui s'annule en 1.

$\ln : x \mapsto \ln x$

- Par définition, $\ln 1 = 0$ et $\ln'(x) = \frac{1}{x}$.
- La fonction ln est croissante sur l'intervalle $]0\,;+\infty[$.
- Le nombre e est le nombre tel que $\ln e = 1$. Une valeur approchée de e au dixième est 2,7.
- Courbe représentative de la fonction ln :

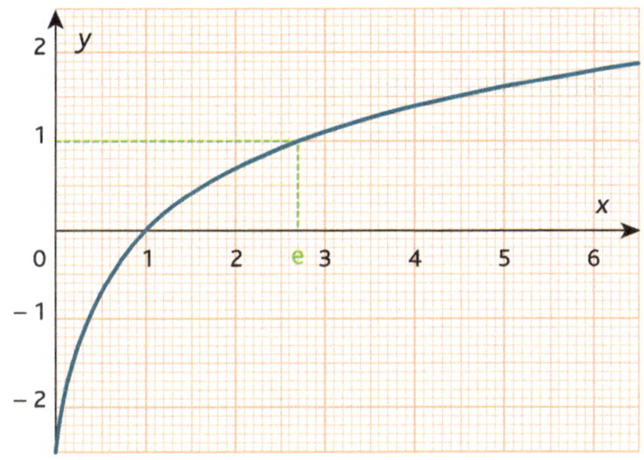

2 Fonction logarithme décimal

- La fonction logarithme décimal, notée log, est la fonction définie pour $x > 0$ par $\log x = \frac{\ln x}{\ln 10}$.
- La fonction log est croissante sur l'intervalle $]0\,;+\infty[$.
- $\log(10^n) = n$ où n est un entier positif ou négatif.

Exemples

$\log 10 = 1\,;\ \log(10^4) = 4\,;\ \log(10^{-7}) = -7$.

3 Propriétés opératoires des logarithmes

a et b sont deux nombres strictement positifs ; n est un entier positif ou négatif.

- $\ln(a \times b) = \ln a + \ln b\,;\ \log(a \times b) = \log a + \log b$.
- $\ln\left(\frac{a}{b}\right) = \ln a - \ln b\,;\ \log\left(\frac{a}{b}\right) = \log a - \log b$.
- $\ln(a^n) = n \times \ln a\,;\ \log(a^n) = n \times \log a$.

Exemples

$\ln 21 = \ln(3 \times 7) = \ln 3 + \ln 7\,;\ \log 4 + \log 5 = \log(4 \times 5) = \log 20$.

$\ln 10 - \ln 3 = \ln\left(\frac{10}{3}\right)\,;\ \log\left(\frac{3}{4}\right) = \log 3 - \log 4$.

$\ln 25 = \ln(5^2) = 2\ln 5\,;\ 3 \times \log 4 = \log(4^3) = \log 64$.

1 › Appliquer les propriétés opératoires d'un logarithme

a. Écrire plus simplement l'expression $A = \log 8 + 5 \log 4 - 3 \log 2$.
b. Soit $f(x) = \ln (5x^3)$ pour $x > 0$. Exprimer $f(x)$ en fonction de $\ln x$.

Solution

a. $A = \log 8 + 5 \log 4 - 3 \log 2$.
On remarque que $8 = 2^3$ et $4 = 2^2$. La formule à appliquer est $\log (a^n) = n \times \log a$.
$A = 3 \log 2 + 5 \times 2 \log 2 - 3 \log 2$.
$A = (3 + 10 - 3) \log 2 = 10 \log 2$.
b. $f(x) = \ln (5x^3)$.
La présence d'un produit et d'une puissance dans la parenthèse conduit à penser aux formules $\ln (a \times b) = \ln a + \ln b$ et $\ln (a^n) = n \times \ln a$.
$f(x) = \ln 5 + \ln(x^3)$.
$f(x) = \ln 5 + 3 \ln x$.

Méthode

- Identifier la ou les formules à appliquer.
- Effectuer en mettant log 2 en facteur commun.
- Identifier la ou les formules à appliquer.
- Appliquer successivement les deux formules.

2 › Calculer la dérivée d'une fonction comportant un logarithme népérien

Soient les fonctions f et g définies pour $x > 0$, par $f(x) = \ln (x^6)$ et $g(x) = \ln (4x)$.
a. Déterminer $f'(x)$ pour tout $x > 0$.
b. Déterminer $g'(x)$ pour tout $x > 0$.

Solution

a. $f(x) = \ln (x^6)$.
On sait que $\ln (a^n) = n \times \ln a$ pour $a > 0$.
Donc $f(x) = 6 \times \ln x$.
$f(x)$ est de la forme $a \times u(x)$ avec $a = 6$ et $u(x) = \ln x$.
$f'(x)$ est donc de la forme $a \times u'(x)$.
Donc $f'(x) = 6 \times \frac{1}{x}$.
On obtient : $f'(x) = \frac{6}{x}$.
b. $g(x) = \ln (4x)$.
On sait que $\ln (a \times b) = \ln a + \ln b$ pour $a > 0$ et $b > 0$.
Donc $g(x) = \ln 4 + \ln x$.
$g(x)$ est de la forme $u(x) + v(x)$ avec $u(x) = \ln 4$ et $v(x) = \ln x$.
$g'(x)$ est donc de la forme $u'(x) + v'(x)$.
Donc $g'(x) = 0 + \frac{1}{x}$.
On obtient : $g'(x) = \frac{1}{x}$.

Méthode

- Identifier la propriété qui permet de transformer l'écriture de $f(x)$.
- Appliquer les formules de dérivation.
- Pour $x > 0$, la dérivée de la fonction ln est la fonction inverse.

Exercices & Problèmes

Ⓡ *Exercices avec réponses en fin d'ouvrage.* ✱/✱✱ *Exercices plus difficiles.*

Exercices

1. QCM

Choisir la ou les bonne(s) réponse(s).

a. Une valeur approchée au centième de ln 0,2 est :
- ❐ – 1,609
- ❐ 1,61
- ❐ – 1,61

b. Le nombre e est le nombre tel que :
- ❐ $\ln e = 0$
- ❐ $\ln e = 1$
- ❐ $\log e = 1$

c. Pour $a > 0$, $\log(10a) =$
- ❐ $1 + \log a$
- ❐ $\log 10 \times \log a$
- ❐ $\log a$

d. $\log(10^{-6}) = ?$
- ❐ 0,000 006
- ❐ – 6
- ❐ On ne peut pas le calculer.

2. Vrai – Faux

a. Pour $x > 0$, si $f(x) = \ln x$, alors $f'(x) = \frac{1}{x}$.
❐ Vrai ❐ Faux

b. Pour $a > 0$, le nombre $\log a$ est toujours positif.
❐ Vrai ❐ Faux

c. La fonction logarithme népérien est décroissante sur l'intervalle [1 ; 5].
❐ Vrai ❐ Faux

d. On ne peut pas calculer le logarithme népérien de 0.
❐ Vrai ❐ Faux

3. Phrases à compléter

Compléter les phrases suivantes par : strictement positif, égal à 0 ou strictement négatif.

a. ln 1,7 est ....

b. ln 1 est ....

c. log 7,2 est ....

d. $\ln\left(\frac{2}{7}\right)$ est ....

e. log 10 est ....

f. $\ln(5^{-3} \times 5^3)$ est ....

g. 10^{-2} est ....

h. $\log(10^{-2})$ est ....

i. ln 0,99 est ....

j. ln e est ....

4. Associer

Relier par une flèche les expressions égales.

	● ln 18
2 ln 9 ●	● 4 ln 3
ln 3 + ln 9 ●	● ln 6
$\ln(9^4)$ ●	● 2 ln 3
ln 3 + ln 3 ●	● 8 ln 3
	● 3 ln 3

› Calculer un logarithme

5. Calculer $\ln x$ pour les valeurs suivantes de x. Arrondir les résultats au centième.
18 ; 2,5 ; 0,2 ; 0,58 ; $\frac{5}{3}$; $\frac{4}{7}$.

6. Calculer $\log x$ pour les valeurs suivantes de x. Arrondir les résultats au centième si nécessaire.
1 000 ; 0,01 ; 10^{-5} ; 10^6 ; 17,2 ; 0,99.

7. Ⓡ Effectuer les calculs suivants. Arrondir les résultats au centième.
ln 7 ; log 3,2 ; $\log\left(\frac{1}{5}\right)$; ln 0,187 ; $\ln\left(\frac{17}{3}\right)$; $\log(6 \times 10^3)$.

8. Parmi les calculs suivants, quels sont ceux qui sont impossibles ?
– log 8 ; ln (– 4) ; $\log(-2)^2$; $\log(-3^2)$; $\ln\sqrt{9}$; $\log(10^{-3})$.

9. Ⓡ ✱ Parmi les nombres suivants, quels sont ceux qui sont positifs ? négatifs ?
$\log(10^3)$; $\log\left(\frac{2}{3}\right)$; $\log(10^{-2})$; log 8,2 ; $\log(-5)^2$; log 0,9 ; log 1,05.

› Appliquer les propriétés opératoires

10. b est un nombre strictement positif.
Montrer que $\ln\left(\frac{1}{b}\right) = -\ln b$.

11. a est un nombre strictement positif.
Exprimer à l'aide de $\ln a$: $\ln(3a)$; $\ln\left(\frac{5}{a}\right)$; $\ln(a^7)$; $\ln(6a^2)$; $5\ln(a^2) + 3\ln(2a)$.

12. Exprimer à l'aide de log 2 : log 16 ; log 20 ; $\log(2 \times 10^{-5})$; 3 log 8 – 7 log 4 ; $\log\left(\frac{1}{2}\right)$; $\log(2 \times 10^{7}) + \log 2$.

13. R ✱ Exprimer à l'aide de ln 3 : ln 27 ; $4 \ln 3 - \ln 9 + 2 \ln\left(\frac{1}{3}\right)$; $\ln\left(\frac{e}{3}\right)$; $5 \ln 9 + \ln(e^3)$.

14. On donne log 2 = 0,301 ; log 3 = 0,477 ; log 5 = 0,699.
Sans utiliser la touche log de la calculatrice, calculer log 6 ; log 15 ; log 50 ; log 1,5 ; log 2,5 ; log 300.

› Rechercher l'exposant d'une puissance à l'aide d'un logarithme

15. Rechercher l'entier n tel que :
$4^n = 16\,384$; $7^n = 5\,764\,801$; $10 \times 1{,}5^n = 75{,}9375$.

16. R ✱ Trouver le plus petit entier n (ou le plus grand) tel que :
$5^n < 100$; $2{,}8^n \geq 42{,}3$; $0{,}4^n \leq 0{,}17$; $10^{-3n} > 10^{-5}$.

17. ✱ Un capital de 20 000 € est placé à intérêts composés au taux de 3,5 %. Les intérêts sont capitalisés à la fin de chaque année. La valeur acquise au bout de n années est donnée par la relation : $C_n = 20\,000 \times 1{,}035^n$.

a. Calculer la valeur acquise au bout de 5 ans.

b. Au bout de combien d'années le capital est-il égal à 29 200 € ?

c. Au bout de combien d'années le capital a-t-il doublé ?

18 R ✱ Une entreprise achète une machine neuve dont le prix est de 84 000 €. On estime qu'elle se déprécie de 12 % par an. La valeur V_n de la machine au bout de n années est donnée par $V_n = 84\,000 \times 0{,}88^n$.

a. Calculer la valeur de la machine au bout de 2 ans.

b. Au bout de combien d'années la valeur de la machine est-elle inférieure à 60 000 € ?

c. Au bout de combien d'années la machine a-t-elle perdu la moitié de sa valeur ?

› Dériver une fonction comportant un logarithme népérien

19. Dériver les fonctions suivantes, puis donner leur tableau de variation. Les fonctions sont étudiées sur l'intervalle [0,1 ; 4].

a. $f(x) = -\ln x + 2$.

b. $f(x) = \ln(6x)$.

c. $f(x) = \ln(x^2)$.

d. $f(x) = \ln(0{,}5x^4)$.

Problèmes

› Problème 1

Datation au carbone 14

1. Étude d'une fonction

On considère la fonction f définie par $f(x) = -8\,310 \ln x$ sur l'intervalle [0,2 ; 1].

a. Déterminer la fonction dérivée de la fonction f.

b. Donner le sens de variation de la fonction f.

c. Construire la courbe représentative de la fonction f (calculatrice ou logiciel).

2. Application

Tant qu'un organisme est vivant, la quantité de carbone 14 qu'il contient est constante. Après la mort de l'organisme, cette quantité diminue. La mesure de la quantité de carbone 14 restant permet de dater les organismes qui contiennent du carbone, à condition qu'ils datent de moins de 50 000 ans.
On appelle x la fraction de carbone 14 restant dans l'organisme fossilisé.
Une modélisation mathématique permet d'établir : $f(x) = -8\,310 \ln x$ où $f(x)$ est l'âge en années d'un fossile.

a. Calculer l'âge d'un fossile qui contient encore 35 % de son carbone 14. Arrondir à la centaine d'années.

b. Retrouver graphiquement ce résultat.

c. Déterminer graphiquement la fraction de carbone 14 restant dans un fossile vieux de 15 000 ans.

Travail de dégagement d'un os fossilisé.

› Problème 2

Élimination d'un médicament

À l'instant $t = 0$ (t exprimé en heure), on injecte dans le sang par piqûre intraveineuse une dose de 2,4 mg d'un médicament. On suppose que le médicament se répartit instantanément. On considère que le corps élimine chaque heure 20 % du médicament.

1. On note Q_n la quantité, en mg, de médicament présente dans le sang à l'instant $t = n$ (avec n entier positif). On a $Q_0 = 2{,}4$.

a. Calculer Q_1 et Q_2.

b. Exprimer Q_{n+1} en fonction de Q_n.

c. Donner la nature de la suite (Q_n). Préciser sa raison et son premier terme.

d. Exprimer Q_n en fonction de n.

2. Pour avoir des résultats plus précis, on admet que le processus d'élimination peut être modélisé par une fonction dont la courbe représentative est donnée ci-dessous sur du papier à échelle logarithmique en ordonnées.

a. Vérifier graphiquement les résultats de la question 1.a.

b. Trouver graphiquement la quantité de médicament présente dans le sang au bout de 7 heures.

c. Trouver graphiquement au bout de combien de temps la quantité de médicament est égale à 1,6 mg.

d. Trouver graphiquement au bout de combien de temps la quantité de médicament est divisée par 2.

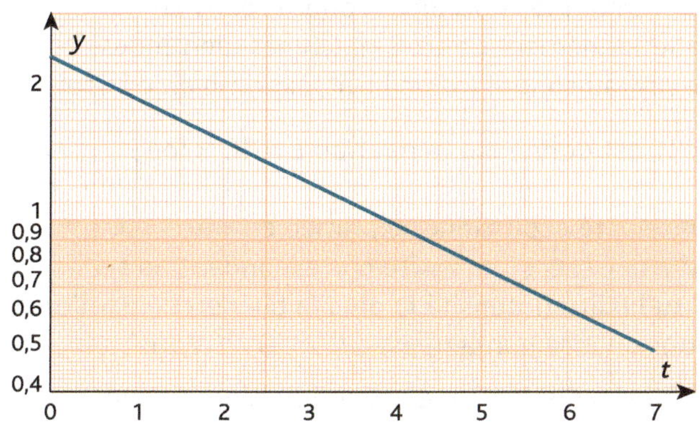

› Problème 3

Perte de puissance du signal sur les fibres optiques

Aujourd'hui, 80 % du trafic mondial longue distance se fait par des fibres optiques. Ces dernières ont en effet de multiples avantages par rapport aux câbles électriques classiques. Elles offrent la possibilité de transmettre des données, de la voix, des images… à de très hauts débits.

Une fibre optique est jugée performante lorsque, sur une longueur donnée, la puissance du signal qu'elle transmet subit une perte minimale.

Dans la suite du problème, on note :

L : longueur de la fibre optique en km ;

P_e : puissance du signal lumineux à l'entrée de la fibre optique exprimée en mW ;

P_s : puissance du signal lumineux à la sortie de la fibre optique exprimée en mW.

Le tableau ci-dessous est extrait du catalogue d'un fournisseur de fibres optiques :

Référence de la fibre optique	F01	F02	F03
Coefficient d'atténuation A en dB/km	1,50	0,90	0,25

1. Un technicien effectue des mesures de puissance lumineuse à l'entrée et à la sortie d'une fibre optique de longueur 5 km. Il relève les valeurs suivantes : $P_e = 5$ mW et $P_s = 1{,}84$ mW.

a. Exprimer la perte de puissance lumineuse relative $\frac{P_e - P_s}{P_e}$. Exprimer le résultat en pourcentage.

b. Pour caractériser la perte de puissance dans une fibre optique, on utilise généralement le coefficient d'atténuation noté A. Ce coefficient, exprimé en dB/km, est donné par la formule suivante :

$$A = \frac{1}{L} \times 10 \times \log\left(\frac{P_e}{P_s}\right).$$

– Calculer le coefficient d'atténuation A, en dB/km, de cette fibre. Arrondir le résultat au dixième.

– Parmi les trois fibres proposées dans le tableau précédent, relever la référence de la fibre optique testée par le technicien.

2. On s'intéresse à la fibre F02.

a. Calculer la longueur de cette fibre si $P_e = 5$ mW et $P_s = 2{,}5$ mW.

b. Lorsque le signal perd 90 % de sa puissance, il nécessite une amplification. Au bout de combien de kilomètres le signal transmis par la fibre F02 doit-il être amplifié ?

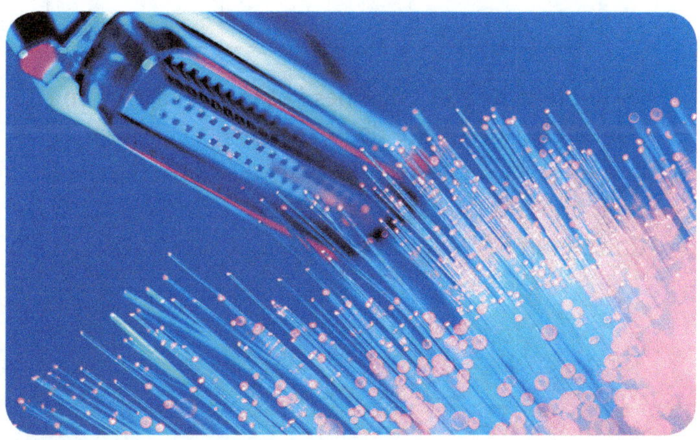

› Problème 4

Découverte du système solaire

Problème à traiter avec un tableur ou une calculatrice.

À la fin du XVIIIe siècle, le système solaire compte sept planètes dont on connaît la distance moyenne au Soleil. La loi de Titius-Bode, publiée en 1772, est une formule empirique (qui ne s'appuie pas sur une théorie) permettant de calculer la distance d'une planète au Soleil à condition de numéroter les planètes comme dans le tableau ci-dessous. Une des faiblesses de cette loi, en 1772, était l'absence de planète numéro 4 connue.

Planètes	i	d_i
Mercure	0	58
Vénus	1	108
Terre	2	150
Mars	3	228
Jupiter	5	779
Saturne	6	1 428
Uranus	7	2 872

Dans ce tableau, d_i est la distance moyenne au Soleil de la planète numérotée i, en millions de kilomètres.

1. a. Représenter les colonnes i et d_i de ce tableau par un nuage de points.

b. L'ajustement de ce nuage par une droite semble-t-il justifié ?

2. a. Recopier et compléter le tableau suivant :

i	$d_i - d_0$	$\ln (d_i - d_0)$
0	0	
1	50	3,912
2		
3		
5		
6		
7		

b. Représenter les colonnes i et $\ln (d_i - d_0)$ de ce tableau par un nuage de points.

c. Une droite d'ajustement possible de ce nuage a pour équation $y = 0{,}676x + 3{,}181$.
Calculer $\ln (d_4 - d_0)$ et $\ln (d_8 - d_0)$.

3. On admet que l'on peut modéliser l'expression de d_i en fonction de i par $d_i = 24{,}071 \times 1{,}966^i + 58$ pour i entier compris entre 1 et 7.

a. Calculer la distance moyenne au Soleil de la planète numérotée 4.

b. Même question pour une planète numérotée 8.

4. Comparaison avec les distances réelles

a. La planète numérotée 4 par Bode existe. C'est l'astéroïde Cérès, récemment reclassé en planète naine. Sa distance moyenne au Soleil est de 414 millions de kilomètres. Donner l'écart, en pourcentage, de la distance calculée par rapport à la distance réelle.

b. La planète numérotée 8 est Neptune.
Sa distance moyenne au Soleil est de 4 500 millions de kilomètres. Donner l'écart, en pourcentage, de la distance calculée par rapport à la distance réelle.

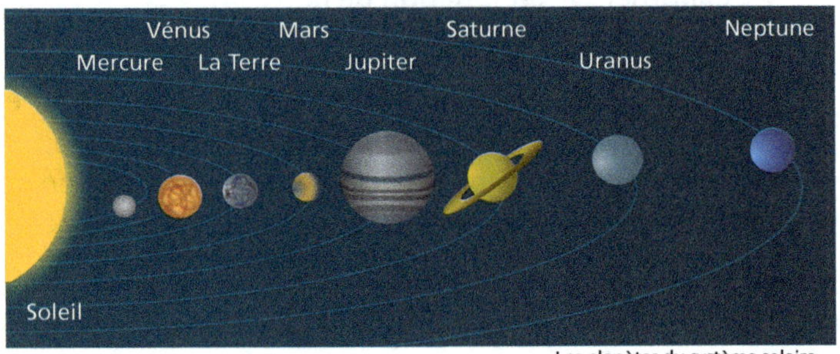

Les planètes du système solaire

› Problème 5

Niveau sonore

Dans un atelier, l'entreprise réalise une étude concernant les nuisances sonores dues au fonctionnement de trois machines identiques.
Le niveau sonore L d'un bruit, exprimé en décibels (dB), est donné par la relation $L = 10 \times \log\left(\frac{I}{I_0}\right)$. I est l'intensité acoustique, exprimée en watts par m² (W/m²). I_0 est l'intensité correspondant au seuil d'audibilité (intensité la plus faible perçue par l'oreille pour un être humain) avec $I_0 = 10^{-12}$ W/m².

1. Une seule machine est en fonctionnement.
L'intensité acoustique est alors $I = 2 \times 10^{-4}$ W/m².

a. Vérifier que le niveau sonore pour cette machine peut s'écrire : $80 + 10 \log 2$.

b. Calculer la valeur de L arrondie à 0,1 dB.

2. Les trois machines sont en fonctionnement.
L'intensité acoustique est alors égale à $3I$. Calculer l'augmentation du niveau sonore.

Je me teste

EXERCICE 1 pH d'une solution

Le pH d'une solution mesure son acidité. Par définition, pH = – log *x* où *x* désigne la concentration en ions H_3O^+ exprimée en mole par litre.

1 Calcul du pH

a. Calculer, avec la calculatrice, le pH d'une solution dont la concentration en ion H_3O^+ est 10^{-5} mol/L. ......

b. Quel est le sens de variation de la fonction logarithme décimal ?

......

Lorsque la concentration en ions H_3O^+ augmente, le pH augmente-t-il ou diminue-t-il ?

......

c. Utiliser un tableur pour traiter la suite de l'exercice.

• Porter dans la colonne A les concentrations. Elles varient de 10^{-1} à 10^{-14} et la concentration est divisée par 10 d'une ligne à l'autre.

Entrer en A2 la valeur 10^{-1}. Entrer en A3 la formule =A2/10 et la recopier vers le bas jusqu'à la cellule A15.

• Les pH sont dans la colonne B.

Entrer en B2 la formule =–LOG10(A2) et la recopier vers le bas jusqu'à la cellule B15.

	A	B
1	concentration	pH
2	0,1	1
3	0,01	2
4	0,001	3
5	0,0001	4

d. Comment varie le pH lorsque la concentration en ions H_3O^+ est divisée par 10 ?

......

Justifier par un calcul. ......

......

e. Comment varie la concentration en ions H_3O^+ lorsque le pH augmente de 3 unités ?

......

Justifier par un calcul. ......

......

2 Représentation graphique

a. Représenter ce tableau par un nuage de points à l'aide de l'Assistant graphique du tableur.

Vous semble-t-il utilisable pour une lecture graphique ?

......

b. Faire une copie du graphique précédent et choisir l'échelle logarithmique en abscisse : effectuer un clic droit sur cet axe. Dans *Format de l'axe*, ouvrir l'onglet *Échelle* et cocher *Échelle logarithmique*.

Expliquer pourquoi on obtient des points alignés.

......

A

Appelez le professeur pour présenter votre argumentation.

EXERCICE 2 La trompette

L'objet de cet exercice est d'étudier la courbure du pavillon d'une trompette.

Le schéma ci-contre en représente le profil.

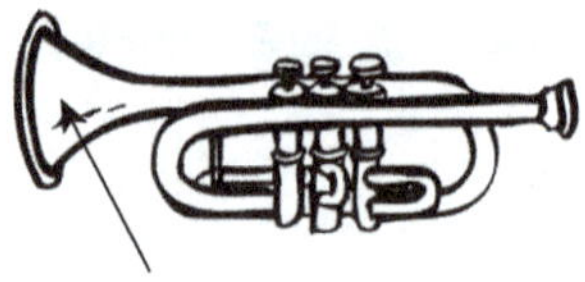

La partie supérieure du profil du pavillon est modélisée par la courbe représentative de la fonction f définie sur l'intervalle [0,5 ; 19] par :
$f(x) = -1,42 \ln x + 5,31$.

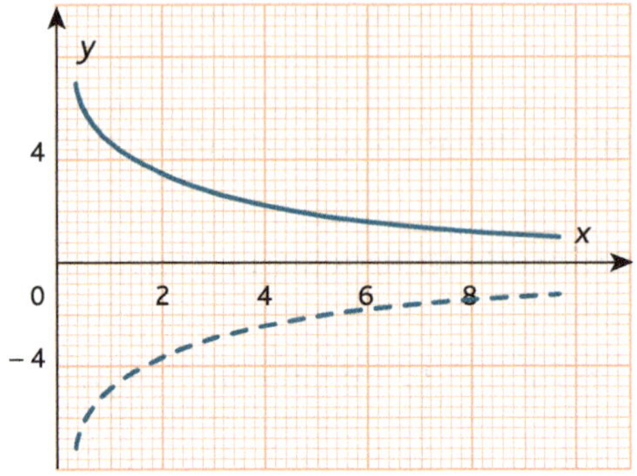

1 Calculer $f(0,5)$ et $f(1)$. Arrondir au dixième.

....

....

....

2 En notant f' la dérivée de la fonction f, montrer que $f'(x) = -\dfrac{1,42}{x}$ pour tout x de l'intervalle [0,5 ; 19].

....

....

....

3 Étudier le signe de $f'(x)$ et donner le sens de variation de f sur [0,5 ; 19].

....

....

....

....

4 On note C la courbe représentative de la fonction f.
La sourdine est un instrument permettant de modifier le son d'une trompette et qui se place à l'entrée du pavillon. Un des points de contact de la sourdine avec le pavillon de la trompette est le point A de la courbe C d'ordonnée 3.
Déterminer graphiquement l'abscisse du point A (support au choix). ....

....

A

Appelez le professeur pour présenter votre démarche.

16 Probabilité d'un événement

Capacité
- Calculer la probabilité d'un événement par addition des probabilités d'issues

1 Utiliser le langage des ensembles

Les dés sont jetés !

1. Calcul en situation d'équiprobabilité

On joue avec un dé cubique possédant 6 faces numérotées de 1 à 6.
On lance le dé, supposé équilibré.
Chaque numéro de la face supérieure correspond à une issue.

L'**ensemble** des issues est appelé **univers** et désigné par la lettre **Ω** (lire « oméga »).

On note $\Omega = \{1, 2, 3, 4, 5, 6\}$.

a. Le dé étant supposé équilibré, quelle probabilité attribue-t-on à chacune des issues ? ....

....

Lorsque toutes les issues ont la même probabilité, on dit qu'il y a **équiprobabilité**.

b. On considère l'événement A : « Le numéro sorti est supérieur ou égal à 4 ». Écrire A sous forme d'ensemble.

....

Un ensemble se note entre accolades : $\{a, b, c, d\}$.

c. On désigne par **cas favorables** à A, les éléments de A.

Combien y-a-t-il de cas favorables à A ? ....

d. En situation d'équiprobabilité, la probabilité d'un événement A s'obtient par $P(A) = \dfrac{\text{nombre de cas favorables à } A}{\text{nombre de cas possibles}}$.

Calculer $P(A)$. ....

2. Calcul en situation de non-équiprobabilité

On joue avec un dé régulier possédant 20 faces numérotées de 1 à 6. Il y a :
5 faces n° 1 ; 5 faces n° 2 ; 4 faces n° 3 ; 3 faces n° 4 ; 2 faces n° 5 ; 1 face n° 6.
On lance le dé, supposé équilibré.

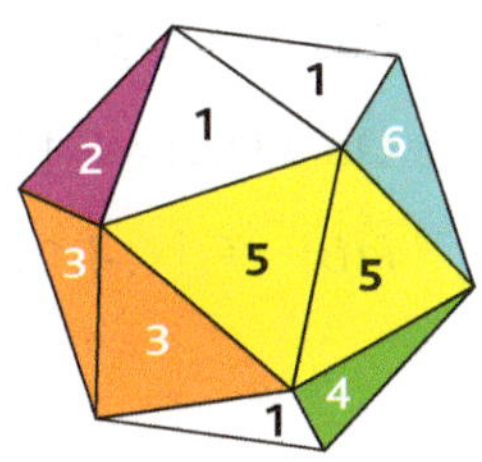

Une **issue** correspond au numéro de la face supérieure.

L'ensemble des issues est $\Omega = \{1, 2, 3, 4, 5, 6\}$.

a. Compléter le tableau suivant :

Issue	1	2	3	4	5	6
Probabilité	0,25	....	....	....	....	....

A-t-on équiprobabilité des six cas possibles ?

....

b. On considère l'événement B : « Le numéro sorti est pair ». Écrire B sous forme d'ensemble.

....

c. La probabilité d'un événement est donnée par la somme des probabilités des issues qui le composent. Calculer $P(B)$.

....

2 Déterminer un modèle de probabilité

Quelles chances à la roulette ?

Pour chacune des roulettes, ci-contre, donner la probabilité de chacun des événements suivants :
B : « la roulette s'arrête dans le secteur bleu » ; R : « la roulette s'arrête dans le secteur rouge » ; V : « la roulette s'arrête dans le secteur vert ».

Roulette 1 : $P(B)$ = ... ; $P(R)$ = ... ; $P(V)$ = ...

Roulette 2 : $P(B)$ = ... ; $P(R)$ = ... ; $P(V)$ = ...

Roulette 3 : $P(B)$ = ... ; $P(R)$ = ... ; $P(V)$ = ...

Comment calculer une probabilité par addition de probabilités d'issues ?

Un dé cubique est truqué de telle sorte que la probabilité d'apparition du 6 est 0,4 et que les chances d'apparition des autres faces sont les mêmes.

a. Déterminer la probabilité de chaque issue.

- Penser que la somme des probabilités de toutes les issues vaut 1.

On a $p_1 + p_2 + p_3 + p_4 + p_5 + p_6 = 1$ et, d'après l'énoncé, $p_1 = p_2 = p_3 = p_4 = p_5$ avec $p_6 = 0{,}4$. D'où :
$5p_1 + 0{,}4$ = ... , puis p_1 = ...

- Résumer dans un tableau les probabilités de chaque issue :

x_i	1	2	3	4	5	6
p_i	0,12	....	....	....	....	....

b. Calculer la probabilité des événements suivants :
A : « Le dé tombe sur l'as (c'est-à-dire, le 1) » ; B : « Le dé tombe sur un nombre pair ».

- Calculer la probabilité d'un événement en ajoutant les probabilités des issues qu'il comporte.

On a $P(A) = P(\{1\})$ = ... et

$P(B) = P(\{2, 4, 6\})$ = ... + ... + ... = ...

Exercice

On dispose d'un dé cubique truqué dont les faces sont numérotées de 1 à 6. On lance le dé et on note p_i la probabilité de l'événement « le résultat du lancer est i », avec $1 \leq i \leq 6$.
On donne $p_6 = 0{,}8$ et $p_1 = p_2 = p_3 = p_4 = p_5$.

a. Déduire de l'égalité $p_1 + p_2 + p_3 + p_4 + p_5 + p_6 = 1$, les valeurs de p_1, p_2, p_3, p_4, p_5.
b. Calculer la probabilité de l'événement A : « Le résultat du lancer est un nombre pair ».

17 Opérations sur les événements

Capacités
- Calculer la probabilité d'un événement contraire, de la réunion ou de l'intersection d'événements
- Utiliser un arbre, un tableau, un diagramme

Faire des opérations avec les événements

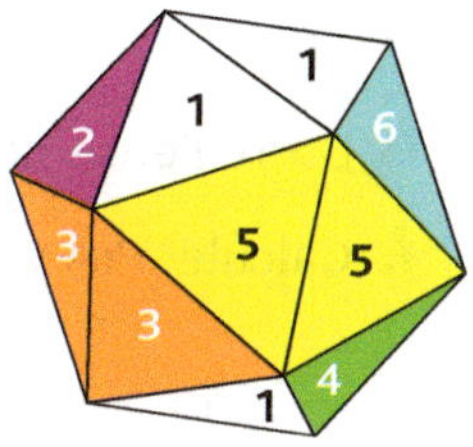

On joue avec un dé régulier possédant 20 faces numérotées de 1 à 6.
Il y a : 5 faces n° 1 ; 5 faces n° 2 ; 4 faces n° 3 ; 3 faces n° 4 ; 2 faces n° 5 ; 1 face n° 6.
On lance le dé, supposé équilibré.
On modélise le lancer de ce dé avec le tableau suivant :

Issue	1	2	3	4	5	6
Probabilité	0,25	0,25	0,20	0,15	0,10	0,05

1. Événement contraire

On considère l'événement A : « Le numéro sorti est pair ».
On désigne par $\overline{A}$ (lire « A barre ») l'événement contraire de A.

a. Écrire A sous forme d'ensemble et calculer $P(A)$.

....

....

b. Définir $\overline{A}$ par une phrase.

....

c. Écrire $\overline{A}$ sous forme d'ensemble et calculer $P(\overline{A})$.

....

....

d. Quelle relation peut-on écrire entre $P(\overline{A})$ et $P(A)$?

....

2. Union et intersection

On considère les événements :
A : « Le numéro sorti est pair » et B : « Le numéro sorti est supérieur ou égal à 4 ».
On note $A \cap B$ l'événement : « Le numéro sorti est pair et il est supérieur ou égal à 4 ». C'est l'événement intersection de A et B.

On note $A \cup B$ l'événement : « Le numéro sorti est pair ou il est supérieur ou égal à 4 ». C'est l'événement réunion de A et B.

> $\cap$ se lit « inter ».
> $\cup$ se lit « union ».

On a simulé 1 000 lancers du dé et représenté l'évolution de la fréquence des événements $A \cap B$ et $A \cup B$ durant ces lancers (d'autres simulations sont disponibles sur le fichier « **06_de_icosaedrique.xls** » ou « **06_de_icosaedrique.ods** », en faisant F9).

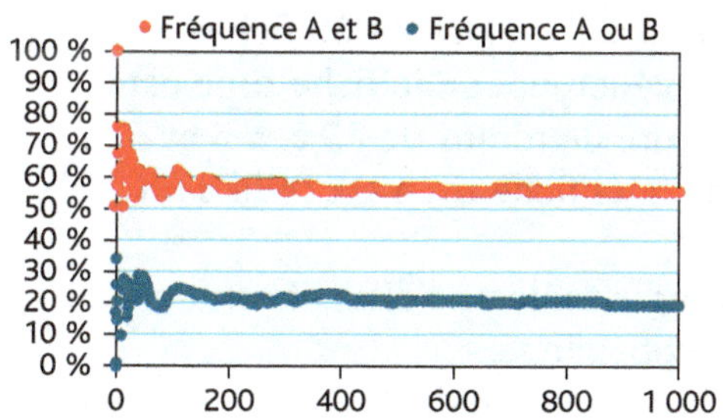

a. Décrire l'aspect du graphique. ....

....

b. Donner, d'après ce graphique, une estimation des probabilités $P(A \cap B)$ et $P(A \cup B)$.

....

c. Écrire l'ensemble des issues qui réalisent à la fois *A* **et** *B*. ....

d. Utiliser le tableau de l'énoncé pour calculer $P(A \cap B)$.

....

Comparer avec l'estimation donnée à la question 2.b.

....

e. Écrire l'ensemble des issues qui réalisent *A* **ou** *B* (*A* seul, *B* seul, ou les deux).

f. Calculer $P(A \cup B)$ et comparer avec l'estimation donnée à la question 1.b.

....

g. Comparer $P(A) + P(B) - P(A \cap B)$ et $P(A \cup B)$.

....

Comment utiliser un tableau pour calculer la probabilité d'une réunion d'événements ?

Pour 500 personnes respirant des poussières pendant leur activité professionnelle, on dispose des données ci-contre. On prélève au hasard le dossier d'une personne parmi les 500.

On note *A* l'événement « Le dossier est celui d'une personne atteinte de toux chronique » et *F* « Le dossier est celui d'un fumeur ».

	Atteints de toux chronique	Non atteints de toux chronique	Total
Fumeurs	60	140	200
Non-fumeurs	40	260	300
Total	100	400	500

a. Transformer le tableau d'effectifs en un tableau de probabilités.

- Le tirage de chaque dossier étant équiprobable, on utilise la formule (nombre de cas favorables) divisé par (nombre de cas possibles) pour compléter le tableau de probabilités.

	A	$\overline{A}$	Total
F	$\frac{\dots\dots}{500}$ = ...	$\frac{\dots\dots}{500}$ = ...	0,4
$\overline{F}$	$\frac{\dots\dots}{500}$ = ...	$\frac{\dots\dots}{500}$ = ...	0,6
Total	0,2	0,8	1

b. Calculer la probabilité de l'événement $A \cup F$.

- Pour $P(A \cup F)$, on fait la somme des cases centrales correspondant à *A* ou *F* (en bleu) :

$P(A \cup F)$ = ... + ... + ...

= ....

Exercice

À la MATHMUT, à partir des fiches de 1 000 assurés, on a dressé le tableau d'effectifs suivant :

	Hommes	Femmes	Total
Moins de 25 ans	121	79	200
Plus de 25 ans	396	404	800
Total	517	483	1 000

On tire au hasard l'une des 1 000 fiches.

On note *A* l'événement : « la fiche tirée est celle d'un assuré de moins de 25 ans » et *B* l'événement : « la fiche tirée est celle d'un homme ».

a. Transformer le tableau d'effectifs en un tableau de probabilités.

b. Calculer la probabilité de $A \cup B$.

18 J'utilise un logiciel (tableur)

Expérimenter intersection et réunion

Dés octaédriques et fiabilité de composants électroniques

1. Simulation de lancers de dés octaédriques

7 et 5

On lance deux dés réguliers à huit faces (numérotées de 1 à 8), supposés équilibrés, un dé rouge et un dé bleu.
On note A l'événement : « le dé rouge tombe sur la face 8 », et B l'événement : « le dé bleu tombe sur la face 8 ».

a. À quel événement correspond « faire un double 8 » ?

....

b. Énoncer l'événement $A \cup B$ à l'aide de « au moins ».

....

c. Quel est, des deux événements $A \cap B$ et $A \cup B$, celui dont la probabilité vous semble la plus faible ?

....

Ouvrir le fichier « **06_des_octaedriques.xls** » ou « **06_des_octaedriques.ods** » qui simule 1 000 lancers.

d. Que simule l'instruction =ENT(8*ALEA()+1), entrée en B4 ?

....

e. La cellule E4 contient l'instruction =OU(B4=8;C4=8). Quand affiche-t-elle « VRAI » et quand affiche-t-elle « FAUX » ?

....

f. En faisant plusieurs fois F9, donner, à l'aide du graphique, une estimation des probabilités des événements $A \cap B$ et $A \cup B$. $P(A \cap B) \approx$ .... ; $P(A \cup B) \approx$ ....

2. Calcul de probabilités

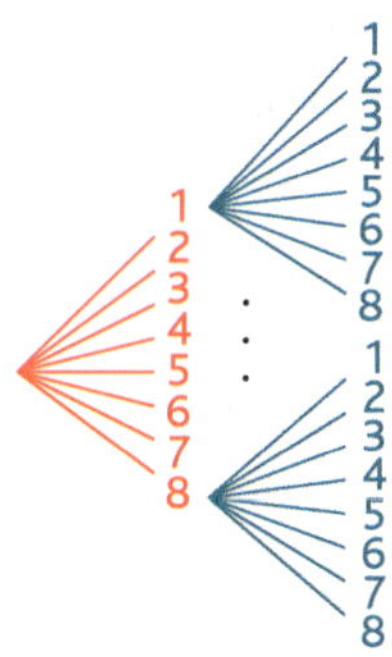

a. Montrer, à l'aide de l'arbre (incomplet) ci-contre, que l'on peut considérer 64 issues équiprobables. ....

Quelle est la probabilité d'une issue ? ....

b. Calculer $P(A)$, $P(B)$ et $P(A \cap B)$.

$P(A) =$ .... ; $P(B) =$ .... ; $P(A \cap B) =$ ....

c. En déduire $P(A \cup B)$. $P(A \cup B) =$ ....

3. Application en électricité

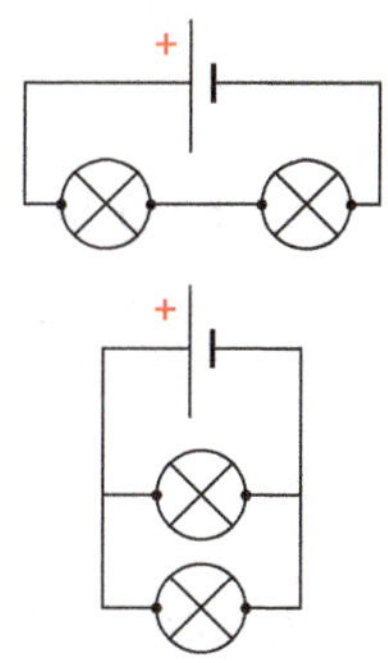

On considère un certain type de composant électronique dont la probabilité de défaillance durant la période de garantie est $\frac{1}{8}$. Déduire de la partie précédente, la probabilité de défaillance, durant la période de garantie, d'un système composé de deux composants de ce type, montés, soit en série (l'un « ou » l'autre est défaillant), soit en parallèle (« et »).

....

....

J'utilise un logiciel (tableur)

Estimer puis calculer une probabilité

L'alarme des sept points

Une entreprise doit contrôler la qualité d'une eau minérale qu'elle produit, et dont la teneur en calcium est de 80 mg par litre. Un technicien prélève régulièrement des échantillons aléatoires en fin de fabrication dont il reporte la teneur moyenne en calcium sur un graphique. S'il constate une série de sept points consécutifs supérieurs à 80 ou inférieurs à 80, il considère ce résultat comme suspect et alerte la fabrication.

L'objectif de cette activité est de comprendre comment fonctionne cette alarme.

On considère qu'une teneur moyenne a une chance sur deux d'être supérieure ou inférieure à 80, ce qui nous place dans la situation de sept lancers consécutifs à pile ou face d'une pièce supposée équilibrée.

1. Simulation à l'aide d'un tableur

Préparer une feuille de calcul comme ci-contre.

J3 | =OU(SOMME(B3:H3)=0;SOMME(B3:H3)=7)

	A	B	C	D	E	F	G	H	I	J
1	Alarme des sept points									
2	Numéro de l'expérience									Réalisation de l'événement
3	1	1	0	0	1	1	1	1		FAUX
4										

- En B3 entrer la formule =ENT(ALEA()+0,5) puis recopier jusqu'en H3.
- En J3 entrer la formule =OU(SOMME(B3:H3)=0;SOMME(B3:H3)=7) .

a. Que simule la formule entrée en B3 ? ....

b. Quand la cellule J3 affiche-t-elle « FAUX » ? et « VRAI » ? ....

....

c. Faire plusieurs fois F9. Observe-t-on souvent l'affichage « VRAI » ? ....

- Sélectionner la ligne 3 et la recopier jusqu'à la ligne 10 002 pour effectuer 10 000 simulations.
- Calculer la fréquence d'apparition de « VRAI », à l'aide de l'instruction =NB.SI(J3:J10002;"VRAI")/10000 .

d. En faisant plusieurs fois F9, estimer la probabilité d'avoir sept « pile » ou sept « face » après sept lancers d'une pièce supposée équilibrée. ....

....

A

Appelez le professeur pour argumenter votre réponse à la question précédente.

2. Calcul à l'aide d'un arbre

> Ne cherchez pas à faire un arbre complet mais à comprendre quelle opération conduit à 128.

a. Montrer, à l'aide d'un arbre, que l'on peut considérer 128 issues équiprobables.

....

b. Calculer la probabilité d'avoir sept « pile » ou sept « face » après sept lancers d'une pièce supposée équilibrée et comparer avec l'estimation de la question 1.d.

....

....

c. Justifier l'utilisation de la méthode des sept points. ....

....

L'ESSENTIEL

1 Probabilité d'un événement

- L'**ensemble des issues** d'une expérience aléatoire est nommé **univers** : $\Omega = \{x_1, x_2, ..., x_n\}$. On attribue une probabilité p_i à chaque issue x_i avec $p_1 + p_2 + ... + p_n = 1$.
- On peut généralement déterminer les valeurs p_i soit par l'**observation statistique** des fréquences en répétant l'expérience, soit par le choix de l'**équiprobabilité**, où chacune des n issues a la même probabilité $1/n$.

Exemple

On lance un dé cubique et on note le numéro de la face supérieure. L'ensemble des issues est : $\Omega = \{1, 2, 3, 4, 5, 6\}$.

Situation 1 : on sait que le dé est truqué et une étude statistique donne le tableau suivant :

Issue : x_i	1	2	3	4	5	6
Probabilité : p_i	0,125	0,125	0,125	0,125	0,2	0,3

Situation 2 : on suppose que le dé est « bien équilibré » et on choisit l'équiprobabilité, c'est-à-dire que la probabilité de chaque face est 1/6.

- Un **événement** A est une partie de l'ensemble des issues, sa **probabilité** $P(A)$ est la somme des probabilités des issues de A (« cas favorables » à A).
- Dans une situation d'**équiprobabilité**, $P(A) = \dfrac{\text{nombre de cas favorables à } A}{\text{nombre de cas possibles}}$.

Exemple

Au lancer d'un dé cubique, l'événement A : « Obtenir au moins 5 », s'écrit $A = \{5, 6\}$.

Pour le dé truqué (situation 1) : $P(A) = 0,2 + 0,3 = 0,5$.

Pour le dé supposé équilibré (situation 2) : $P(A) = 2/6 = 1/3$.

2 Opérations sur les événements

- $\bar{A}$ est l'événement **contraire** de A. On a $P(\bar{A}) = 1 - P(A)$.
- $A \cap B$ est l'ensemble des issues réalisant A **et** B (les deux à la fois).
- $A \cup B$ est l'ensemble des issues réalisant A **ou** B (au moins l'un des deux).
- On a $P(A \cup B) = P(A) + P(B) - P(A \cap B)$.

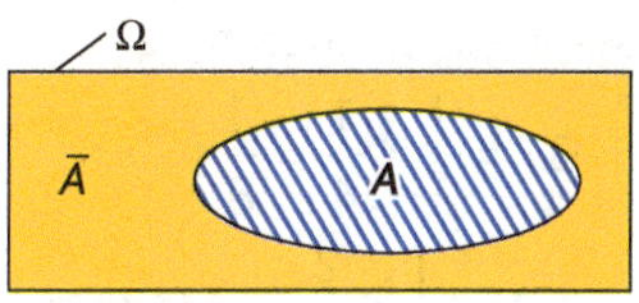

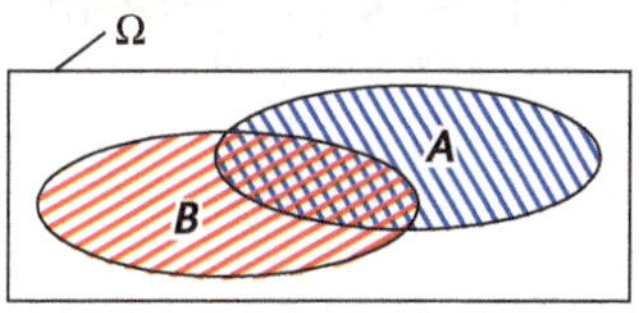

$A \cap B$: partie hachurée de deux couleurs.
$A \cup B$: toutes les parties hachurées.

Exemple

Au lancer d'un dé cubique, on considère A : « Obtenir au moins 5 » et B : « Obtenir un nombre pair ».

$A = \{5, 6\}$; $B = \{2, 4, 6\}$.

$\bar{A} = \{1, 2, 3, 4\}$; $A \cap B = \{6\}$; $A \cup B = \{2, 4, 5, 6\}$.

Comment utiliser un arbre pour calculer la probabilité d'une intersection d'événements ?

Sur sa console de jeux, Dorian s'apprête à affronter en duel l'un des trois monstres Thor, Odin ou Loki. Ces monstres sont de forces inégales : la probabilité pour que Dorian l'emporte contre Thor, Odin ou Loki, est respectivement $\frac{1}{4}$, $\frac{1}{3}$ et $\frac{1}{2}$. De plus, Dorian a une chance sur deux d'affronter Thor, et autant de chances de rencontrer Odin que Loki.
On considère un duel au hasard, et les événements : T : « Dorian combat Thor », O : « Dorian combat Odin », L : « Dorian combat Loki », et G : « Dorian gagne le combat ».
a. Construire un arbre résumant la situation, en indiquant sur chaque branche les probabilités correspondantes.
b. Sur cet arbre, repérer à l'aide de couleurs les chemins correspondant à $T \cap G$ et $O \cap \overline{G}$.
c. Calculer les probabilités de ces deux événements.

Solution

a. Arbre de probabilités :

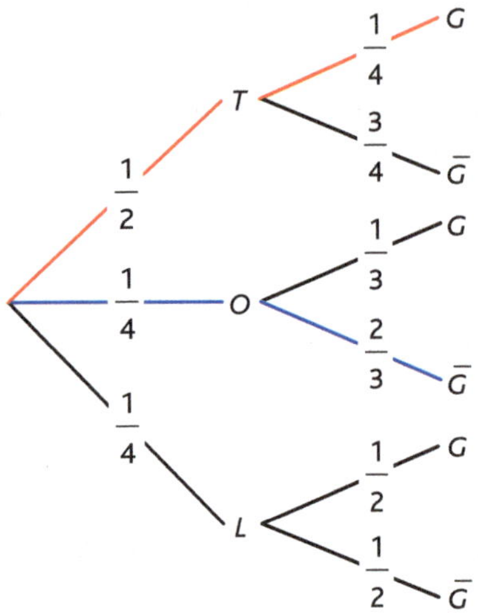

b. Le chemin correspondant à $T \cap G$ est noté en rouge.
Le chemin correspondant à $O \cap \overline{G}$ est noté en bleu.

c. Calcul des probabilités :

$P(T \cap G) = \frac{1}{2} \times \frac{1}{4} = \frac{1}{8}$ (chemin rouge).

$P(O \cap \overline{G}) = \frac{1}{4} \times \frac{2}{3} = \frac{1}{6}$ (chemin bleu).

Méthode

Événements

← $T \cap G$

← $T \cap \overline{G}$

← $O \cap G$

← $O \cap \overline{G}$

← $L \cap G$

← $L \cap \overline{G}$

Vérifiez que la somme des probabilités issues d'un même « nœud » de l'arbre vaut 1.

▸ Un chemin correspond à une intersection d'événements.

▸ Calculer la probabilité de l'événement correspondant à un chemin en multipliant les probabilités portées par ses branches.

Exercices & Problèmes

R *Exercices avec réponses en fin d'ouvrage.* ✱/✱✱ *Exercices plus difficiles.*

Exercices

1. QCM

Pour chaque énoncé, indiquer la ou les bonne(s) réponse(s).

a. Un sac contient les 5 boules :

On prélève une boule au hasard et on note A : « La boule est verte » ; B : « La boule est rouge » ; C : « La boule porte le numéro 1 ».

❒ $P(A) = 0{,}2$; ❒ $P(B \cap C) = 0{,}2$;
❒ $P(B \cap C) = 0{,}4$.

b. Pour l'expérience de la question a., on a :

❒ $P(B \cup C) = 0{,}4$; ❒ $P(B \cup C) = 0{,}6$;
❒ $P(B \cup C) = 0{,}8$.

c. Ce tableau donne les résultats d'un sondage.

	Cadres	Employés
Hommes	12	25
Femmes	8	15

On interroge une de ces personnes au hasard.
La probabilité que ce soit une femme **et** un cadre est :

❒ $\frac{8}{20}$; ❒ $\frac{4}{30}$; ❒ $\frac{8}{23}$.

d. On interroge au hasard une des 60 personnes du sondage précédent. La probabilité que ce soit une femme **ou** un cadre est :

❒ $\frac{4}{30}$; ❒ $\frac{9}{12}$; ❒ $\frac{7}{12}$.

e. On considère l'arbre suivant.

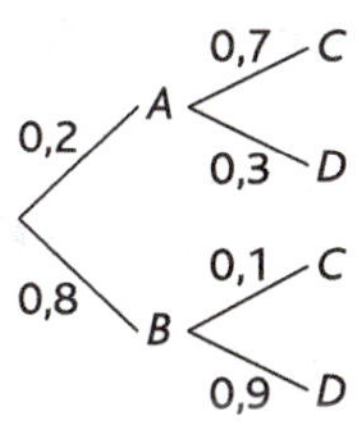

❒ $P(A \cap C) = 0{,}14$; ❒ $P(A \cap C) = 0{,}9$;
❒ $P(A \cap C) = 0{,}09$.

f. Dans l'expérience représentée par l'arbre de la question e., on a :

❒ $P(C) = 0{,}07$; ❒ $P(C) = 0{,}8$; ❒ $P(C) = 0{,}22$.

g. Si B est l'événement contraire de A, alors :

❒ $P(A) = 1 + P(B)$; ❒ $P(A) = 1 - P(B)$;
❒ $P(A) = P(B)$.

h. A et B sont deux événements tels que :
$P(A) = 0{,}2$; $P(B) = 0{,}4$; $P(A \cap B) = 0{,}1$, alors :

❒ $P(A \cup B) = 0{,}5$; ❒ $P(A \cup B) = 0{,}6$;
❒ $P(A \cup B) = 0{,}7$.

i. A et B sont deux événements tels que :
$P(A \cup B) = 0{,}8$; $P(A) = 0{,}5$; $P(B) = 0{,}4$, alors :

❒ $P(A \cap B) = 0{,}1$; ❒ $P(A \cap B) = 0{,}2$;
❒ $P(A \cap B) = 0{,}3$.

j. Si $P(A \cup B) = P(A) + P(B)$, alors :

❒ $P(A \cap B) = 0$; ❒ $P(A \cap B) = 1$;
❒ $P(A) = P(B)$.

› Déterminer un modèle de probabilité

2. R

Dans chacune des situations, ci-dessous, par quelle méthode peut-on déterminer les probabilités (indiquer « méthode 1 » ou « méthode 2 ») ?

- Méthode 1 : par observation statistique.
- Méthode 2 : par le calcul des cas, à partir d'une situation d'équiprobabilité.

Quelle est la probabilité :

a. d'obtenir le secteur bleu avec la roulette ci-contre ?

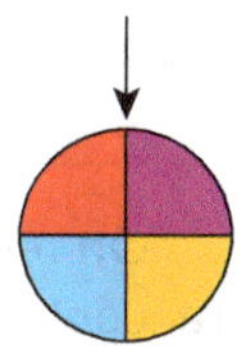

b. que la prochaine voiture s'arrêtant devant le lycée soit de marque française ?

c. que l'on tire un as, au hasard, dans un jeu de 52 cartes ?

d. que Monsieur Dupont, 40 ans, que l'on ne connaît pas, attrape une grippe l'hiver prochain ?

› Calculer une probabilité en situation d'équiprobabilité

3.

Deux ateliers de production ont fabriqué 300 pièces au total. L'atelier 1 a une cadence de production double de celle de l'atelier 2.
Le pourcentage de pièces défectueuses dans la production de l'atelier 1 est 3 %. Il est de 4 % dans la production de l'atelier 2.
On prélève au hasard une pièce dans la production totale. On suppose que chaque pièce a la même probabilité d'être tirée.

a. Combien y a-t-il de pièces produites par l'atelier 1 ? Quelle est la probabilité que la pièce tirée provienne de l'atelier 1 ?

b. Combien y a-t-il de pièces défectueuses ? Quelle est la probabilité que la pièce tirée soit défectueuse ?

c. Combien y a-t-il de pièces défectueuses dans la production de l'atelier 1 ?
Quelle est la probabilité que la pièce tirée soit défectueuse et provienne de l'atelier 1 ?

4. ✱ La répartition des salaires mensuels dans une grande entreprise est donnée par le diagramme suivant.

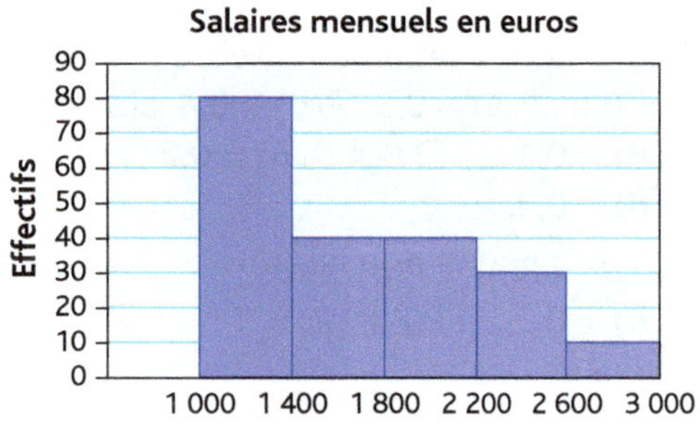

a. Reproduire et compléter le tableau d'effectifs suivant.

Salaires mensuels	Effectifs
[1 000 ; 1 400[	
[1 400 ; 1 800[	
[1 800 ; 2 200[	
[2 200 ; 2 600[	
[2 600 ; 3 000]	
Total	

b. On rencontre un salarié au hasard. Toutes les rencontres sont équiprobables.
On considère les événements suivants :
A : « Le salarié a un salaire compris entre 1 000 et 1 400 euros (1 400 exclu) » ;
B : « Le salarié a un salaire compris entre 1 400 et 1 800 euros (1 800 exclu) ».
Calculer $P(A)$ et $P(B)$.

c. Définir par une phrase les événements $A \cup B$ et $\overline{A}$.

d. Calculer $P(A \cap B)$ et $P(\overline{A})$.

› Passer du langage des probabilités au langage courant et réciproquement

5. On tire une carte au hasard dans un jeu de 32 cartes. Il y a 8 cartes de cœur et 12 figures (valet, dame, roi). On considère les événements suivants :
A : « La carte tirée est un cœur » ;
B : « La carte tirée est une figure ».

a. Définir l'événement $\overline{A}$ par une phrase en français.

b. Définir l'événement $A \cap B$ par une phrase en français.

c. Combien de cartes peuvent conduire à l'événement $A \cap B$? En déduire $P(A \cap B)$.

d. Définir par une phrase en français l'événement $A \cup B$.

e. Combien de cartes peuvent conduire à l'événement $A \cup B$? En déduire $P(A \cup B)$.

6. ✱ A et B étant deux sous-ensembles d'un ensemble Ω, reproduire ces diagrammes et nommer la partie jaune et la partie bleue en utilisant uniquement les lettres et symboles : A, B, $\overline{A}$, $\overline{B}$, $\cap$ et $\cup$.

Figure 1
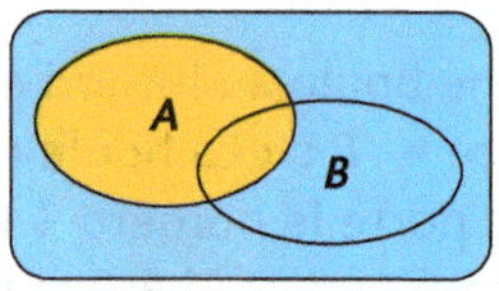

Figure 2
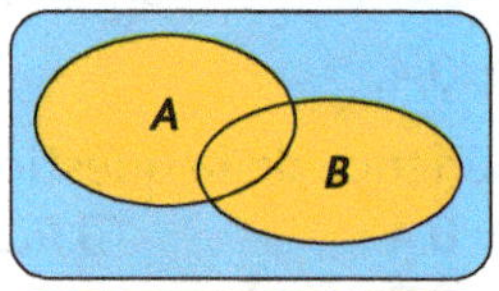

Figure 3
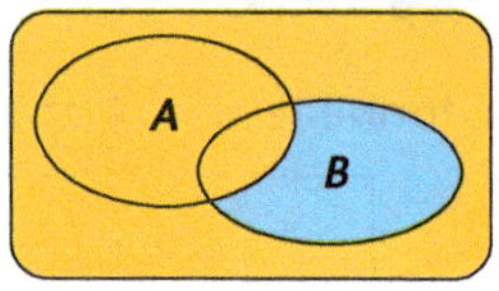

› Utiliser un tableau, un arbre, un diagramme

7. ✱ Une entreprise fabrique du matériel en très grande série. Ce matériel peut présenter deux types de défauts, notés a et b. Dans un lot de 1 000 appareils fabriqués, on a observé que 30 appareils présentaient les deux défauts, 50 appareils présentaient uniquement le défaut a et 80 appareils uniquement le défaut b.

a. Combien d'appareils ne présentent aucun défaut ?

b. Reproduire et compléter le schéma suivant, en plaçant au bon endroit les données 30, 50 et 80, ainsi que le nombre d'appareils sans défaut.

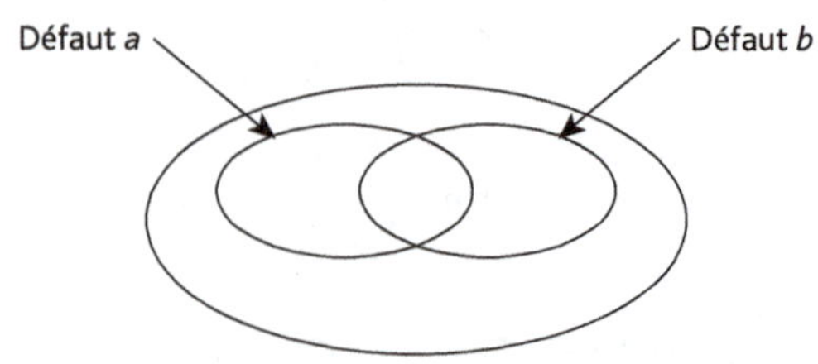

c. Reproduire et compléter le tableau d'effectifs ci-après.

	Défaut *a*	Non défaut *a*	Total
Défaut *b*			
Non défaut *b*			
Total			1 000

d. On prélève un appareil au hasard parmi les 1 000 appareils du lot.
On considère les événements :
A : « L'appareil présente le défaut *a* »,
B : « L'appareil présente le défaut *b* ».
Reproduire puis compléter le tableau suivant avec les probabilités correspondantes.

	A	$\overline{A}$	Total
B			
$\overline{B}$			
Total			1

e. Définir par une phrase en français les événements $\overline{A}$, $A \cup B$ et $\overline{A} \cap \overline{B}$ et calculer leurs probabilités.

8. R ✱ Une production en très grande série contient 90 % de pièces conformes et 10 % de pièces défectueuses. Un contrôle de qualité accepte les pièces conformes dans 92 % des cas et rejette les pièces défectueuses dans 94 % des cas.
On tire une pièce au hasard dans la production, après le contrôle de qualité. On suppose que toutes les pièces ont la même probabilité d'être tirées. On note C l'événement : « La pièce tirée est conforme », et A l'événement : « La pièce tirée a été acceptée par le contrôle de qualité ».

a. Reproduire et compléter l'arbre suivant, en indiquant sur chaque branche la probabilité correspondante.

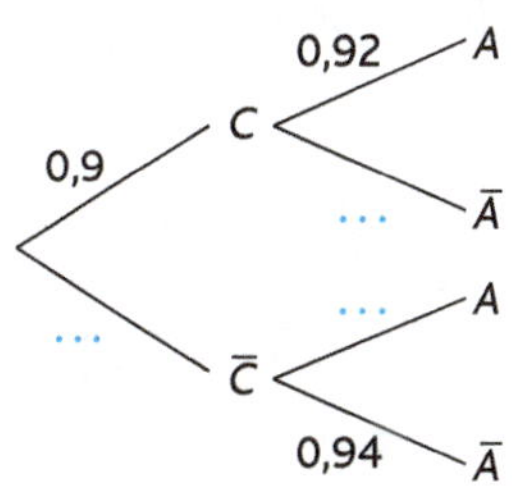

b. Donner la probabilité pour que la pièce tirée soit :
- conforme et acceptée par le contrôle ;
- conforme et rejetée par le contrôle ;
- défectueuse et acceptée par le contrôle ;
- défectueuse et rejetée par le contrôle.

› Calculer la probabilité de la réunion ou de l'intersection d'événements

9. On considère deux événements A et B tels que $P(A) = 0{,}3$; $P(B) = 0{,}5$ et $P(A \cap B) = 0{,}2$.
Calculer $P(\overline{A})$, $P(\overline{B})$ et $P(A \cup B)$.

10. On donne deux événements A et B tels que $P(A) = 0{,}6$ et $P(B) = 0{,}2$.
Calculer $P(A \cup B)$ dans chacun des cas suivants :

a. $P(A \cap B) = 0{,}1$.

b. A et B sont deux événements disjoints, c'est-à-dire sans issue commune.

11. Deux sélectionneurs, Alex et Ben, s'apprêtent à donner leur avis à propos d'un joueur pour le prochain match.
On note A l'événement : « Alex donne un avis favorable ». On note B l'événement : « Ben donne un avis favorable ». On donne :
$P(A) = 0{,}8$; $P(B) = 0{,}7$ et $P(A \cap B) = 0{,}6$.

a. Définir par une phrase en français les événements $\overline{A}$, $\overline{B}$, $A \cap B$, $A \cup B$.

b. Calculer $P(\overline{A})$, $P(\overline{B})$ et $P(A \cup B)$.

Problèmes

› Problème 1 ✱

Jackpot !

Une machine à sous comporte trois compteurs A, B, C, fonctionnant indépendamment, avec respectivement les trois instructions de tableur =ENT(ALEA()+0,05) ; ENT(ALEA()+0,03) et ENT(ALEA()+0,02).
On gagne le jackpot lorsque les trois compteurs affichent 1.

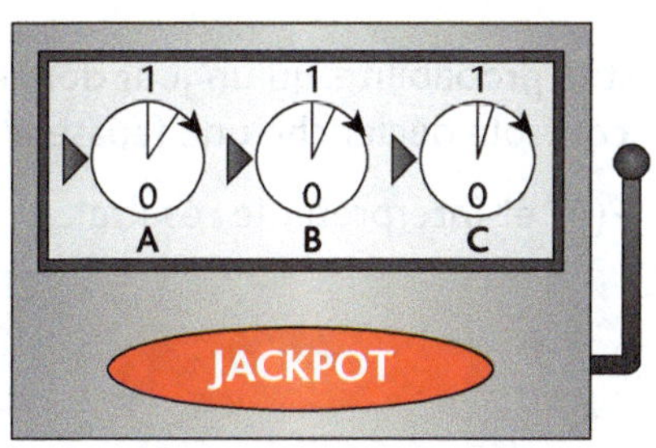

On actionne la machine à sous et on note A, B et C les événements correspondant respectivement à l'affichage 1 sur les compteurs A, B et C.

1. D'après l'énoncé, donner $P(A)$, $P(B)$ et $P(C)$.

2. On simule sur un tableur en A2, B2 et C2 l'affichage des compteurs A, B et C. La cellule D2 contient la formule =A2*B2*C2.

Lorsque l'événement $A \cap B \cap C$ se réalise, qu'affiche la cellule D2 ?

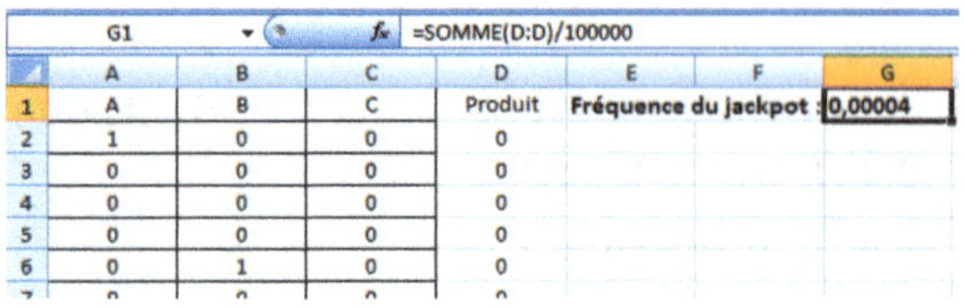

G1 — f_x =SOMME(D:D)/100000

	A	B	C	D	E	F	G
1	A	B	C	Produit	Fréquence du jackpot		0,00004
2	1	0	0	0			
3	0	0	0	0			
4	0	0	0	0			
5	0	0	0	0			
6	0	1	0	0			

3. Sur 100 000 simulations, la formule =SOMME(D:D)/100000 affiche la valeur 0,000 04 ; Combien de fois l'événement $A \cap B \cap C$ s'est-il réalisé ?

4. Calculer, à l'aide d'un arbre, la probabilité de toucher le jackpot.

› Problème 2 ✱✱

Vraie ou fausse alerte ?

Un système d'alerte protège une installation industrielle « sensible ». On suppose que, s'il y a danger, l'alerte est donnée avec 99 % de certitude. S'il n'y a pas danger, l'alarme peut se déclencher (voyant défectueux par exemple, faux contact dans le tableau de commande…) et donner lieu à une fausse alerte avec la probabilité 0,005.
La probabilité pour qu'un jour tiré au hasard, un danger se présente est 0,001.
Pour un jour au hasard, on note D l'événement : « Un danger se présente », et A l'événement : « L'alarme se déclenche ».

1. Reproduire et compléter l'arbre suivant, en indiquant sur chaque branche la probabilité correspondante.

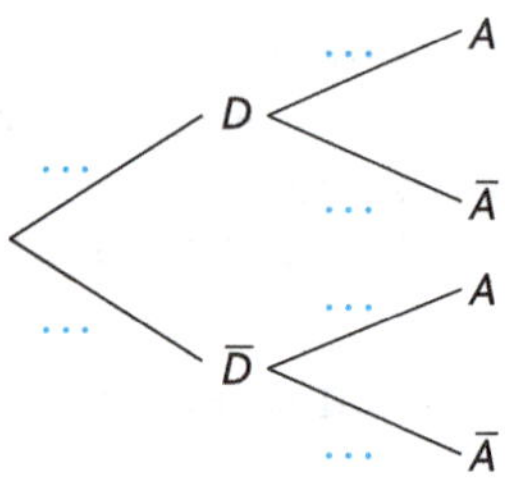

2. Quelle est la probabilité, qu'un jour donné, le système de contrôle déclenche une fausse alerte ?

3. Calculer $P(A)$ et interpréter le résultat.

› Problème 3 ✱

La planche de Galton

On considère une planche où chaque bille rencontre 6 clous avec, à chaque fois, autant de chances d'aller à droite ou à gauche. Chaque bille aboutit dans l'une des cases numérotées de 0 à 6.

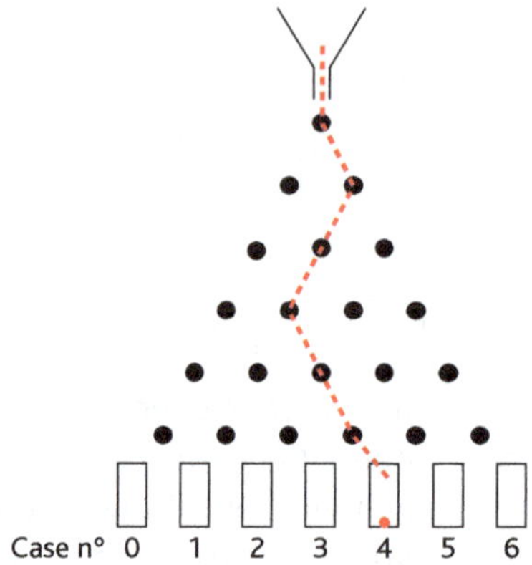

Trajet d'une bille

L'expérience aléatoire consiste à lâcher une bille. On a $\Omega = \{0, 1, 2, 3, 4, 5, 6\}$ et on recherche les probabilités p_i de chaque issue.

1. Estimation par simulation

Le graphique suivant correspond à la simulation de 1 000 lancers de billes.

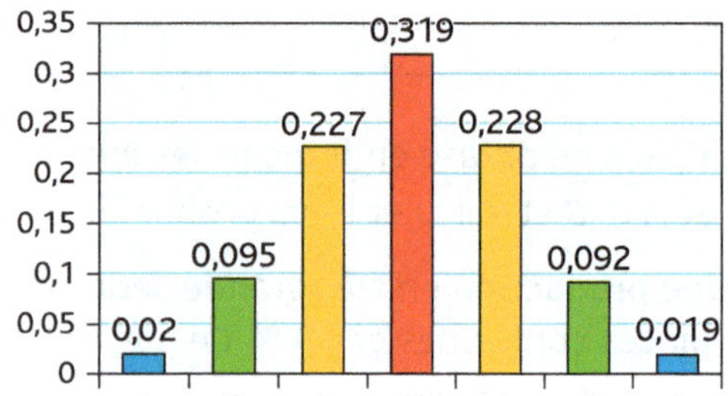

Fréquences d'arrivée des 1 000 billes dans chacune des cases

À combien estimez-vous la probabilité p_3 ? la probabilité p_6 ?

2. Calcul des cas

a. Indiquer, dans chaque cellule du schéma suivant, le nombre des chemins susceptibles d'y parvenir.

b. Quel est le total des chemins ?

c. En faisant le rapport des cas favorables aux cas possibles, calculer les probabilités p_i.

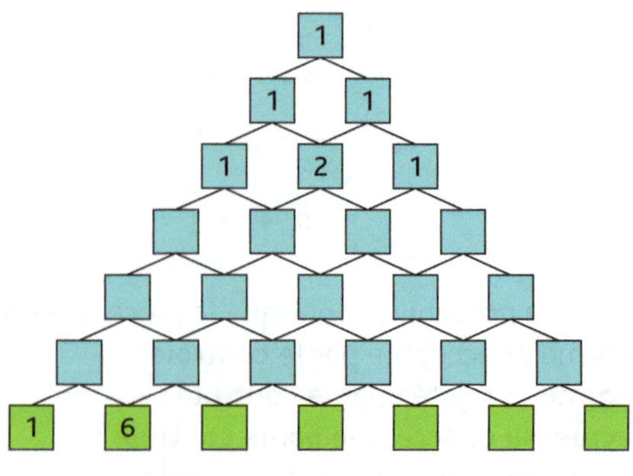

Je me teste

EXERCICE

Un couple désire deux enfants et, si possible, « au moins une fille ». On suppose qu'à chaque naissance, un enfant a une chance sur deux d'être un garçon ou une fille.

Partie A. Simulations

On a simulé la situation sur un tableur.
On a entré en B4 et en C4 la formule =ENT(ALEA()+0,5) puis en D4 la formule =OU(B4=1;C4=1) .
La ligne 4 a ensuite été recopiée vers le bas pour obtenir 10 000 simulations.

C1 | fx =NB.SI(D4:D10003;"VRAI")

	A	B	C	D	E
1	**Au moins une fille :**		7495	fois sur 10 000 simulations	
2					
3	Simulation n°	Enfant 1	Enfant 2	Au moins une fille	
4	1	0	1	VRAI	
5	2	1	1	VRAI	
6	3	0	0	FAUX	
7	4	0	0	FAUX	
8	5	0	0	FAUX	
9	6	1	1	VRAI	

1 À quoi correspondent les valeurs 0 et 1 affichées en colonnes B et C ?

....

....

....

2 À quoi correspond l'affichage VRAI ou FAUX en colonne D ?

....

3 La cellule C1 contient la formule =NB.SI(D4:D10003;"VRAI") .
Interpréter le nombre 7 495 affiché sur l'image d'écran.

....

....

4 En faisant F9, la cellule C1 affiche successivement : 7 495, 7 536, 7 521, 7 435, 7 445.
Proposer une estimation de la probabilité d'avoir au moins une fille lorsque l'on a deux enfants.

....

....

A **Appelez le professeur pour présenter votre proposition.**

Partie B. Calcul des probabilités

On note A l'événement : « Le premier enfant est une fille » et B l'événement : « Le second enfant est une fille ».

1 Écrire à l'aide de A et B l'événement : « L'un des deux enfants, au moins, est une fille ».

....

....

....

....

....

2 Compléter l'arbre suivant, en indiquant sur chaque branche la probabilité correspondante.

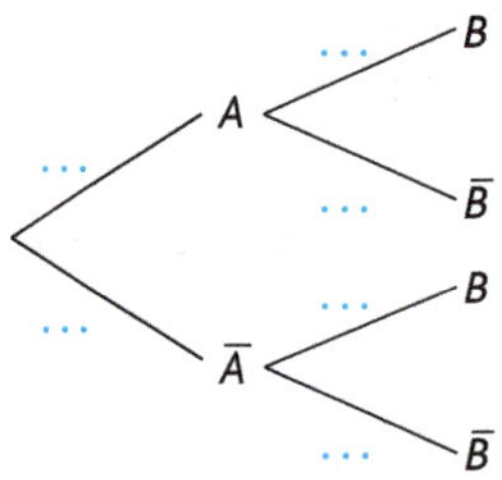

3 Calculer $P(A \cap B)$.

....

....

....

....

....

4 Calculer $P(A \cup B)$, puis comparer avec les simulations.

....

....

....

....

....

19 Fonction exponentielle de base e

Capacités
- Interpréter e^b comme la solution de l'équation $\ln x = b$
- Étudier les variations et représenter graphiquement la fonction $x \mapsto e^x$ sur un intervalle donné

1 Découvrir la fonction exponentielle de base e

1. Résolution graphique de l'équation $\ln x = 2$ pour $x > 0$

a. Tracer, sur la calculatrice, la courbe représentative de la fonction logarithme népérien.

Fenêtre graphique : x Min : 0, x Max : 20, pas : 2, y Min : – 4, y Max : 4, pas : 1.

b. Dans la même fenêtre, tracer la droite d'équation $y = 2$.

c. Donner, à l'aide des fonctionnalités graphiques de la calculatrice, une valeur approchée au centième de la solution de l'équation $\ln x = 2$: ....

Il a été vu au chapitre 5 qu'on appelle e le nombre tel que **ln e = 1** (e ≈ 2,718).

On note e^2 la solution de l'équation $\ln x = 2$. On a donc $\ln(e^2) = 2$.

2. Résolution graphique de l'équation $\ln x = b$ pour $x > 0$ (b constante donnée)

a. Compléter, par la même méthode graphique qu'au 1b. et c., le tableau suivant :

b	– 3	– 2	– 1	0	0,5	1	2	3
Valeur approchée au centième de e^b	....	....	....	....	....	....	7,39	....

Sur la calculatrice, remplacez $y = 2$ par $y = -3$, puis par $y = -2$, etc.

On admet que, pour $x > 0$, l'équation $\ln x = b$ admet une solution et une seule, notée e^b.

La fonction qui, à tout nombre b, associe e^b est appelée fonction exponentielle de base e.

En notant comme d'habitude la variable par x, on note cette fonction : $x \mapsto e^x$.

b. Donner une valeur approchée de e^3 en appuyant successivement sur les touches : [2nde] [ln] [3] [EXE].

$e^3 \approx$ ....

Comparer avec la valeur trouvée graphiquement en *a*. ....

Répondre aux mêmes questions pour les autres valeurs du nombre b données dans le tableau.

....

....

3. Sens de variation de la fonction exponentielle de base e

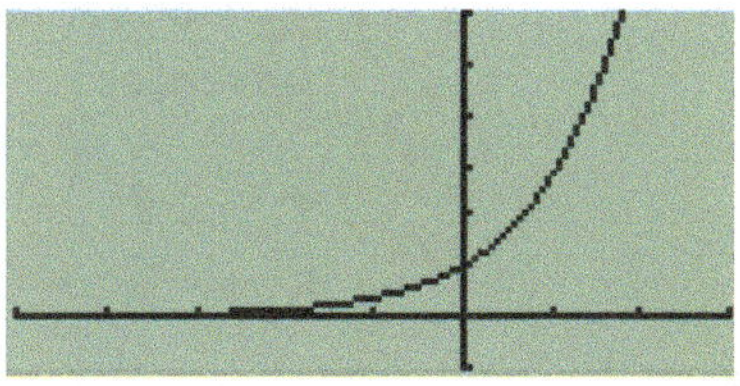

Voici la courbe représentative de la fonction f définie, quel que soit x, par $f(x) = e^x$.

a. D'après ce graphique, quel est le sens de variation de la fonction f ?

....

b. D'après ce graphique, de quel signe est e^x ? ....

c. On admet que la fonction dérivée de f est la fonction f' telle que, pour tout x, $f'(x) = e^x$.

On a donc $f = f'$. Vérifier, à l'aide du signe de la dérivée, le sens de variation de la fonction f.

....

2 Vérifier les propriétés opératoires de la fonction exponentielle

Pour chaque question 1., 2. et 3., une des deux propositions est correcte. Laquelle ?
Répondre en utilisant les valeurs approchées données par la calculatrice.

1. $e^5 \times e^3 = ?$ ❒ e^{5+3} ❒ $e^{5\times 3}$

Plus généralement, si x et y sont deux nombres quelconques, on a $e^x \times e^y = e^{x+y}$.

2. $\dfrac{e^5}{e^3} = ?$ ❒ $e^{5 \div 3}$ ❒ e^{5-3}

Plus généralement, si x et y sont deux nombres quelconques, on a $\dfrac{e^x}{e^y} = e^{x-y}$.

3. $(e^5)^3 = ?$ ❒ $e^{(5^3)}$ ❒ $e^{5\times 3}$

Plus généralement, si x est un nombre quelconque et n est un entier positif ou négatif, on a $\left(e^x\right)^n = e^{x\times n}$.

Comment dériver une fonction obtenue simplement à partir de $x \mapsto e^x$?

a. Déterminer la dérivée de la fonction f définie pour tout x par $f(x) = 5e^x$.

- Identifier la forme de la fonction.

  $f(x)$ est de la forme : $a \times u(x)$, donc $f'(x)$ est de la forme : ....

- Appliquer la formule précédente avec $a = 5$ et $u(x) = e^x$.

  $f'(x) =$ ....

b. Déterminer la dérivée de la fonction g définie pour tout x par $g(x) = 5 + e^x$.

- Identifier la forme de la fonction.

  $g(x)$ est de la forme : $u(x) + v(x)$, donc $g'(x)$ est de la forme : ....

- Appliquer la formule précédente avec $u(x) = 5$ et $v(x) = e^x$.

  $g'(x) =$ ....

Exercices

1 Calculer e^4 ; $e^{0,5}$; e^{-2} ; $e^{-0,5}$.
Arrondir au centième.

2 Donner une autre écriture des expressions suivantes :

a. $e^2 \times e^{-3}$; $(e^{-1})^{-4}$; $\dfrac{e^2}{e^{-2}}$.

b. e^{x+1} ; e^{10x} ; e^{x-2}.

3 Déterminer $f'(x)$ pour les fonctions f suivantes définies pour tout x.

a. $f(x) = 0,7\ e^x$.

b. $f(x) = e^x - 4$.

c. $f(x) = 2 - 6e^x$.

d. $f(x) = e^{x+3}$.

20 Autres fonctions exponentielles

Capacités

- Étudier les variations des fonctions $x \longmapsto e^{ax}$ (a réel non nul)
- Résoudre des équations du type $e^{ax} = b$ et des inéquations du type $e^{ax} \geq b$ (ou $\leq$)
- Résoudre des équations du type $\ln(ax) = b$ (avec $a > 0$) et des inéquations du type $\ln(ax) \geq b$ (ou $\leq$) avec $a > 0$

1 Croissance exponentielle

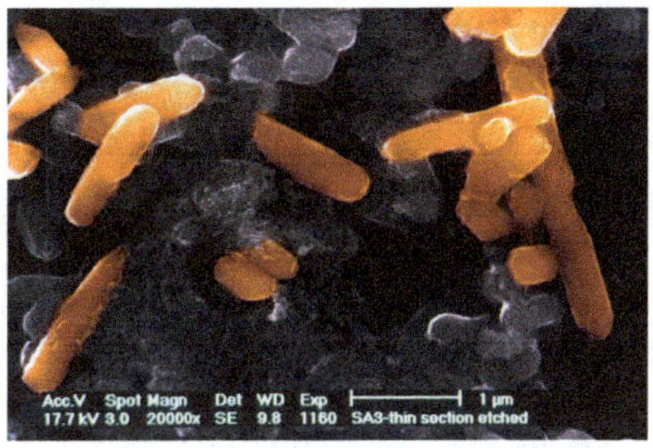

Des bactéries gloutonnes

Une population de 12 000 bactéries est placée en milieu renouvelé (accès non limité à la nourriture, à l'oxygène) au temps $t = 0$.
Le nombre de bactéries, en fonction du temps t exprimé en minutes, est donné par : $f(t) = 12\,000 \times e^{0{,}01t}$ pour t variant de 0 à 60.

1. Calculer le nombre de bactéries après 20 minutes.

Pour cela, taper sur la calculatrice : [1] [2] [0] [0] [0] [×] [2nde] [ln] [(] [,] [0] [1] [×] [2] [0] [)] [EXE].
Arrondir le résultat à l'unité.

....

2. Calculer, de même, le nombre de bactéries après 40 minutes, puis après 60 minutes.

....

Le nombre de bactéries augmente-t-il ou diminue-t-il ? ....

3. Calculer le pourcentage d'évolution du nombre de bactéries entre $t = 0$ et $t = 20$, puis entre $t = 20$ et $t = 40$, et finalement entre $t = 40$ et $t = 60$. ....

....

....

Que remarque-t-on ? ....

4. Tracer la courbe représentative de la fonction f sur la calculatrice.

5. Donner, à partir de ce graphique, le sens de variation de la fonction f.

....

2 Décroissance exponentielle

Antiseptique contre bactéries

Une population de 12 000 bactéries est soumise à un agent antiseptique au temps $t = 0$. Le nombre de bactéries, en fonction du temps t exprimé en minutes, est donné par : $g(t) = 12\,000 \times e^{-0{,}3t}$ pour t variant de 0 à 15.

1. Calculer le nombre de bactéries après 5 minutes. ....

Même question après 10 minutes, puis après 15 minutes. ....

....

Le nombre de bactéries augmente-t-il ou diminue-t-il ? ....

2. Calculer le pourcentage d'évolution du nombre de bactéries entre $t = 0$ et $t = 5$, puis entre $t = 5$ et $t = 10$, et finalement entre $t = 10$ et $t = 15$.

....

....

Que remarque-t-on ? ....

3. Tracer la courbe représentative de la fonction g sur la calculatrice.

4. Donner, à partir de ce graphique, le sens de variation de la fonction g.

....

Les fonctions f et g sont des fonctions exponentielles du type $x \mapsto e^{ax}$ où a est une constante non nulle. La fonction dérivée est de la forme $x \mapsto a \times e^{ax}$.

Comment résoudre des équations du type $e^{ax} = b$ et des inéquations du type $e^{ax} \geq b$?

a. Résoudre l'équation $e^{4x} = 3$.

- Utiliser la propriété suivante : si $e^a = b$ ($b > 0$), alors $a = \ln b$.

$4x =$ ....

- Terminer la résolution de l'équation.

$x =$ .... La solution de l'équation est : ....

b. Résoudre l'inéquation $e^{-0,5x} \geq 6$.

- Utiliser la propriété suivante : si $e^a \geq b$, alors $a \geq \ln b$.

$-0,5x \geq$ ....

- Terminer la résolution de l'inéquation. Changer le sens de l'inéquation lorsqu'on divise ses deux membres par un nombre négatif.

x .... Les solutions de l'inéquation sont les nombres

....

Diviser par $-0,5$, c'est multiplier par -2.

Comment résoudre des équations du type $\ln(ax) = b$ (avec $a > 0$) ?

Résoudre l'équation $\ln(4x) = 3$.

- Utiliser la propriété suivante du cours : si $\ln b = a$, alors $b = e^a$ ($b > 0$).

$4x =$ ....

- Terminer la résolution de l'équation.

$x =$ .... La solution de l'équation est : ....

Exercices

1 Résoudre :

a. $e^{8x} = 6$; $e^{-2x} = 7$.

b. $e^{2x} \geq 10$; $e^{-x} \leq 0,5$.

c. $\ln(5x) = 9$; $\ln(0,4x) \leq 2$.

2 Déterminer $f'(x)$ pour les fonctions f suivantes définies pour tout x.

a. $f(x) = e^{4x}$.

b. $f(x) = e^{-2x}$.

c. $f(x) = 5e^{2x}$.

21

J'utilise un logiciel (GeoGebra)

Donner l'équation réduite d'une tangente à la courbe représentative de la fonction exponentielle de base e

Ouvrir le fichier « **07_tangentes.ggb** ».
On a tracé la courbe représentative C de la fonction $f : x \mapsto e^x$ dans un repère orthogonal.
Le point M est un point quelconque de C.

Le logiciel a été paramétré pour donner des résultats arrondis au centième.

1. Tangente à la courbe C au point d'abscisse 3

a. Tracé de la tangente avec le logiciel

- Choisir 3 pour l'abscisse de M.
- Sélectionner l'outil *Tangente*.
- Cliquer successivement sur la courbe C et sur le point M.
- On obtient la droite tangente en M à la courbe C. La renommer et l'appeler T.

b. Équation de la tangente

L'équation réduite de la tangente à la courbe représentative d'une fonction f au point A d'abscisse x_A est donnée par la relation : $y = f'(x_A)\,(x - x_A) + f(x_A)$.

- Donner la fonction dérivée f' de la fonction $f : x \mapsto e^x$: ....
- Calculer $f'(3)$: ....
- Donner l'équation de T sous la forme $y = ax + b$. Arrondir a et b au centième.

....

- Comparer avec l'équation donnée par le logiciel dans la fenêtre de gauche : ....

....

2. Autres tangentes

Déplacer le point M après avoir cliqué sur l'outil *Sélection*.

a. Tangente au point d'abscisse 1

- Choisir 1 pour l'abscisse de M.
- Quelle particularité présente la tangente T ? ....
- Justifier en utilisant l'équation de T fournie par le logiciel : ....

....

b. Tangente au point d'abscisse 2

- Choisir 2 pour l'abscisse de M.
- Écrire l'équation de T donnée par le logiciel : ....
- Quelle particularité présente cette équation ? ....
- Justifier par un calcul : ....

....

J'utilise un logiciel (tableur)

Ajuster un nuage de points

Étude de la demande et de l'offre pour un produit

L'objectif de l'activité est l'étude de la demande et de l'offre pour un nouveau produit de grande consommation.
On désigne par x le prix unitaire du produit en euros, par d la demande en milliers d'unités et par r l'offre en milliers d'unités. Une étude statistique a donné les résultats suivants :

x_i en euros	0,5	1	1,5	2	2,5	3	3,5	4
d_i en milliers	7,8	6,1	4,7	3,7	3	2,5	2,2	2
r_i en milliers	0,9	1,4	1,7	1,9	2,1	2,3	2,4	2,6

Ouvrir le fichier « **07_ajustement.xls** » ou « **07_ajustement.ods** ».

1. Étude de la demande (graphique 1)

On pose $y = \ln d$.

a. Compléter la ligne de y dans le tableau 1 à l'aide de la fonction LN du tableur.

b. Sélectionner les lignes de x et y. Représenter le nuage de points correspondant.

c. Ajuster ce nuage par une droite dont on affichera l'équation.

d. Montrer, à l'aide de cette équation, que $d = 8{,}79\ e^{-0{,}40x}$ (coefficients arrondis au centième).

....

....

e. Utiliser la relation donnée au d. pour calculer la demande si le prix unitaire est de 5 euros.

....

2. Étude de l'offre (graphique 2)

On pose $z = e^r$.

a. Compléter la ligne de z dans le tableau 2 à l'aide de la fonction EXP du tableur.

b. Sélectionner les lignes de x et z. Représenter le nuage de points correspondant.

c. Ajuster ce nuage par une droite dont on affichera l'équation.

d. Montrer, à l'aide de cette équation, que $r = \ln(3{,}02x + 0{,}87)$.

....

e. Utiliser la relation donnée au d. pour calculer l'offre si le prix unitaire est de 5 euros.

....

3. Prix d'équilibre

Déterminer graphiquement (calculatrice ou tableur) une valeur arrondie à 10 centimes du prix de vente pour lequel la demande est égale à l'offre : ....

L'ESSENTIEL

1 Fonction exponentielle de base e

- Soit b un nombre quelconque. Le nombre noté e^b est la solution unique de l'équation $\ln x = b$.
- La fonction exponentielle de base e s'écrit : $x \mapsto e^x$. Elle est définie pour tout nombre x.

Valeurs particulières : $e^0 = 1$; $e^1 = e$.

e^x est un nombre positif quel que soit x.

- Propriété

Pour $x > 0$, si $\ln x = b$, alors $x = e^b$. Pour $b > 0$, si $e^x = b$, alors $x = \ln b$.

Exemple

Si $\ln x = 5$, alors $x = e^5$. Si $e^x = 3,5$, alors $x = \ln 3,5$.

- La dérivée de la fonction exponentielle de base e est la fonction exponentielle de base e.

Si $f(x) = e^x$, alors $f'(x) = e^x$.

La fonction exponentielle de base e est croissante sur $]-\infty ; +\infty[$.

- Courbe représentative

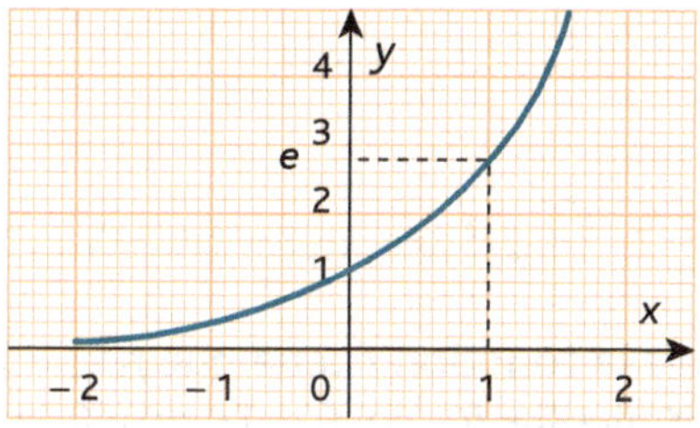

2 Fonctions exponentielles du type $x \mapsto e^{ax}$

- Soit f la fonction définie pour tout x par $f(x) = e^{ax}$ (a constante non nulle).

Sa dérivée est la fonction f' telle que, pour tout x, $f'(x) = a \times e^{ax}$.

- f est croissante si $a > 0$; f est décroissante si $a < 0$.

Exemples

$f(x) = e^{0,5x}$

$f'(x) = 0,5 \times e^{0,5x}$

La fonction f est croissante.

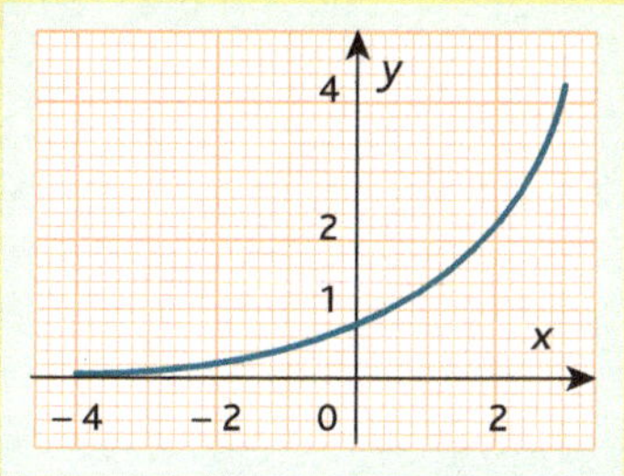

$g(x) = e^{-0,5x}$

$g'(x) = -0,5 \times e^{-0,5x}$

La fonction g est décroissante.

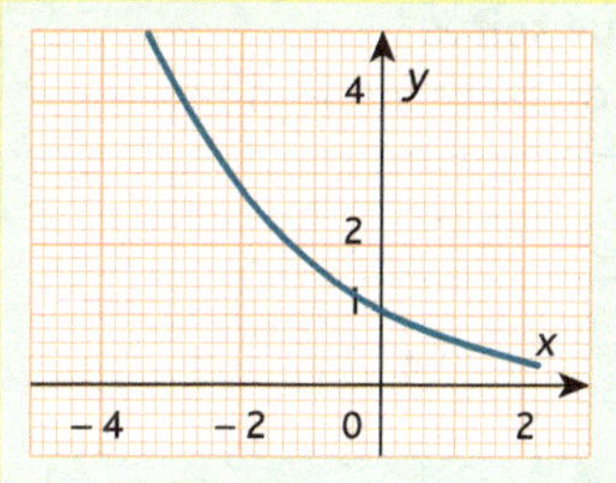

3 Propriétés opératoires des exponentielles

Pour x et y deux nombres quelconques et n un entier positif ou négatif :

$$e^x \times e^y = e^{x+y} \; ; \; \frac{e^x}{e^y} = e^{x-y} \; ; \; (e^x)^n = e^{x \times n}$$

Exemples

$$e^{1,2} \times e^{-3} = e^{-1,8} \; ; \; e^{2+x} = e^2 \times e^x \; ; \; \frac{e^5}{e^8} = e^{-3} \; ; \; (e^3)^4 = (e^4)^3 = e^{12}.$$

EXERCICES RÉSOLUS

1 › Appliquer les propriétés opératoires d'une exponentielle

Écrire, en fonction de e^x, les expressions suivantes : e^{x+3}, e^{2x}, e^{x-1}, e^{-x}.

Solution

$e^{x+3} = e^x \times e^3 \approx 20\ e^x$

$e^{2x} = (e^x)^2$

$e^{x-1} = \dfrac{e^x}{e} \approx 0{,}37\ e^x$

$e^{-x} = e^{0-x} = \dfrac{e^0}{e^x} = \dfrac{1}{e^x}$

Ces formules sont les mêmes que celles des puissances d'exposant entier d'un nombre.

Méthode

- Identifier la ou les formules à appliquer.
- Calculer lorsque c'est possible.

2 › Étudier une fonction *f* telle que $f(x) = k\ e^{ax}$ (*k* et *a* constantes données)

Soit la fonction *f* telle que $f(x) = 2\ e^{-0{,}4x}$, définie sur l'intervalle [– 4 ; 4].

a. Calculer $f(-4)$, $f(-1)$, $f(0)$, $f(1)$, $f(4)$. Arrondir au centième.
b. Calculer la fonction dérivée de *f*.
c. Dresser son tableau de variation.
d. Tracer sa courbe représentative sur la calculatrice.

Solution

a. $f(-4) \approx 9{,}91$; $f(-1) \approx 2{,}98$;
$f(0) \approx 2$; $f(1) \approx 1{,}34$; $f(4) \approx 0{,}40$

b. $f'(x) = 2 \times (-0{,}4 \times e^{-0{,}4x})$
$f'(x) = -0{,}8\ e^{-0{,}4x}$

c. $e^{-0{,}4x} > 0$ quel que soit *x*.
– 0,8 est négatif.
Donc $f'(x) < 0$ quel que soit *x*.
La fonction *f* est décroissante sur [– 4 ; 4].

x	– 4	4
f	9,91 ↘	0,4

d.

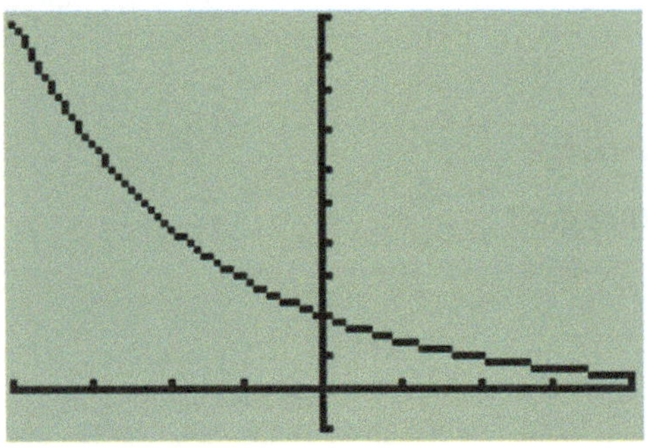

Méthode

- Utiliser la calculatrice. Pour $f(-4)$:
[2] [x] [SECONDE] [ln] [(] [–] [‚] [4] [x] [–] [4] [)] [EXE]

- Appliquer les formules du cours.
$(k \times f)' = k \times f'$
Si $f(x) = e^{ax}$, alors $f'(x) = a \times e^{ax}$.

Voir chapitre 2.

- Étudier le signe de la dérivée.
Une exponentielle est toujours positive.

- 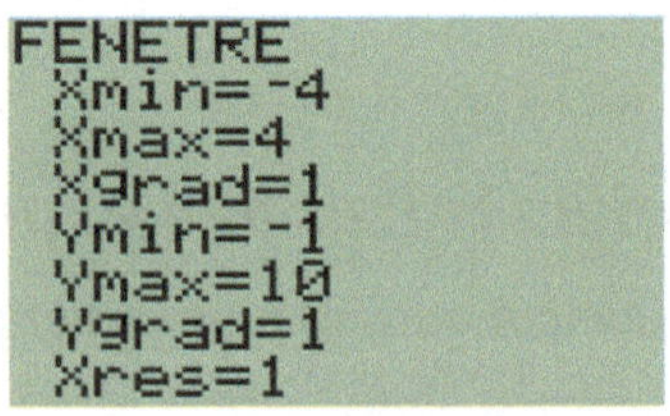

Exercices & Problèmes

R Exercices avec réponses en fin d'ouvrage. */** Exercices plus difficiles.

Exercices

1. QCM

Choisir la ou les bonne(s) réponse(s).

a. Une valeur approchée au millième de e^{-2} est :
- ❒ – 0,135
- ❒ 0,14
- ❒ 0,135

b. Le nombre e est le nombre tel que :
- ❒ $\ln e = 0$
- ❒ $\ln e = 1$
- ❒ $\log e = 1$

c. Si $f(x) = 5\,e^{3x}$, alors $f'(x) = ?$
- ❒ $15\,e^{3x}$
- ❒ $15\,e^{x}$
- ❒ $3\,e^{3x}$

d. La fonction définie quel que soit x par $f(x) = e^{-0,9x}$ est :
- ❒ décroissante
- ❒ croissante
- ❒ d'abord décroissante, puis croissante

2. Vrai – Faux

a. Si x est négatif, alors e^x est négatif.
❒ Vrai ❒ Faux

b. Si $\ln x = 5$, alors $x = e^5$.
❒ Vrai ❒ Faux

c. La fonction $x \mapsto e^x$ est décroissante sur $]-\infty\,;+\infty[$.
❒ Vrai ❒ Faux

d. Une valeur approchée au dixième du nombre e est 2,7.
❒ Vrai ❒ Faux

3. Textes à barrer

Barrer les textes encadrés incorrects dans les phrases suivantes.

a. Le nombre e^x est [toujours négatif] [toujours positif].

b. L'équation $e^x = -2$ [a pour solution ln 2] [n'a pas de solution].

c. L'équation $\ln x = -3$ [a pour solution e^{-3}] [n'a pas de solution].

d. Si $f(x) = e^x$, alors [$f'(x) = e^x$] [$f'(x) = -e^x$].

4. Associer

Relier par une flèche les expressions égales.

- $e^3 \times e^{-4} =$ •
- $\left(e^3\right)^2 =$ •
- $\dfrac{e^2}{e^{-3}} =$ •
- $\ln e^2 =$ •

- • e^5
- • 1
- • $\dfrac{1}{e}$
- • e^6
- • 2
- • e^2

› Calculer une exponentielle

5. Calculer les nombres suivants. Arrondir au centième.
e^5 ; e^{-1} ; $e^{0,1}$; $e^{-0,02}$; e^0 ; e^1 ; $e^{4,5}$.

6. R Soit f la fonction définie, pour tout nombre x, par $f(x) = 2\,e^{-0,1x}$.
Calculer $f(-2)$; $f(-1)$; $f(0)$; $f(1)$; $f(2)$.
Arrondir au centième.

› Appliquer les propriétés opératoires

7. R Écrire plus simplement :
$e^3 \times e^{2,5}$; $\dfrac{e^{1,3}}{e^{-2}}$; $e^{-4} \times e$; $\left(e^{-5}\right)^2$.

8. Exprimer en fonction de e^x les expressions suivantes : e^{x-4} ; e^{3-x} ; e^{2x-1}.

› Résoudre des équations et des inéquations

9. Résoudre les équations suivantes.
$\ln x = 2,5$; $\ln x = -4$; $2 \ln x = 10$; $4 \ln x - 1 = -11$.

10. Résoudre les équations suivantes.
$e^x = 12$; $e^x = 0,5$; $e^x = 1$; $e^x = 0$; $e^x = -3$.

11. Résoudre les équations suivantes.
$e^{2x} = 3,2$; $e^{-5x} = 14$; $4\,e^{0,1x} = 12$; $-5e^{-0,8x} = 10$.

12. R * Résoudre les inéquations suivantes.
$\ln x > 2$; $\ln x \leq 8$; $2 \ln x + 3 < 13$; $4 - \ln x \geq 12$.

13. * Résoudre les inéquations suivantes.
$e^x < 1,5$; $e^{2x} \geq 1$; $e^{-0,2x} < 0$; $e^{0,5x} - 1 > 2$; $3\,e^{4x} \geq 6$.

› Étudier une fonction comportant une exponentielle

14. a. Rappeler le sens de variation de la fonction exponentielle de base e.

b. En déduire le sens de variation des fonctions f_1, f_2, f_3, f_4 suivantes définies pour tout nombre x, sans calculer leur dérivée.
$f_1(x) = 3\ e^x$; $f_2(x) = -\ e^x$; $f_3(x) = e^x - 5$;
$f_4(x) = -\ 4\ e^x + 2{,}7$.

15. Dériver les fonctions suivantes définies pour tout x, puis étudier leur sens de variation.

a. $f(x) = e^{3{,}5x}$

b. $f(x) = e^{-\ 0{,}2x}$

c. $f(x) = -\ 4\ e^{5x}$

d. $f(x) = -\ 0{,}3\ e^{-\ 10x}$

16. R ✱ On considère la fonction f, définie pour tout nombre x, par $f(x) = e^{0{,}3x - 2}$.

a. Écrire $f(x)$ sous la forme $k \times e^{0{,}3x}$, où k est une constante.

b. Dériver la fonction f.

c. Donner le signe de la dérivée.

d. En déduire le sens de variation de la fonction f.

17. ✱ On définit, sur $]-\infty\ ; +\infty[$ les fonctions f, g, h, i, j, k, l telles que :
$f(x) = e^{2x}$; $g(x) = e^{-\ 3x}$; $h(x) = -\ e^x$; $i(x) = e^{0{,}1x}$;
$j(x) = -\ 2e^{-\ 0{,}6x}$; $k(x) = e^x - 5$; $l(x) = 1 - 3\ e^{0{,}1x}$.
Dire quelles sont les fonctions croissantes et quelles sont les fonctions décroissantes sur $]-\infty\ ; +\infty[$.

Problèmes

› Problème 1

Système de régulation de température d'un moteur thermique d'un groupe d'irrigation

Un agriculteur a équipé son domaine d'un groupe d'irrigation. Le moteur thermique de ce groupe est équipé d'un système de régulation de température. Au-dessus d'une valeur critique de température K, le moteur est arrêté. Le système de régulation de température s'enclenche automatiquement.
La température θ du moteur thermique chute alors grâce au système de régulation. On admet que cette température diminue en suivant la loi suivante :
$\theta(t) = K\ e^{-\ 0{,}02t}$.
θ est la température en degrés Celsius, t est la durée de l'arrêt du moteur en secondes, K est la valeur critique de température K en degrés Celsius.
Le moteur redémarre lorsque sa température atteint 100 °C.
Le but de ce problème est de calculer la durée d'arrêt du moteur thermique du groupe d'irrigation.

1. Détermination de la valeur critique de température K

a. Après 20 secondes, la température θ atteint 200 °C. Montrer que l'on a : $K = \dfrac{200}{e^{-0{,}4}}$.

b. Calculer la valeur de K. Arrondir au dixième.

2. Étude d'une fonction
On considère la fonction f définie par $f(x) = 298\ e^{-\ 0{,}02x}$ sur l'intervalle $[0\ ; 90]$.

a. Calculer la dérivée de la fonction f.

b. Étudier le signe de cette dérivée sur l'intervalle $[0\ ; 90]$.

c. Établir le tableau de variation de la fonction f sur l'intervalle $[0\ ; 90]$.

d. On note C la courbe représentative de la fonction f dans un repère orthogonal et D la droite d'équation $y = 100$.
– Tracer la courbe C et la droite D (support au choix).
– Déterminer graphiquement les coordonnées du point d'intersection de C et D.

e. Résoudre par le calcul l'équation :
$298\ e^{-\ 0{,}02x} = 100$.
Calculer la valeur de $-\ 50 \ln\left(\dfrac{100}{298}\right)$. Arrondir au dixième.

3. Application au système de régulation
Le moteur thermique redémarre lorsque sa température atteint 100 °C.
D'après l'étude précédente, indiquer la durée, arrondie à la seconde, de l'arrêt du moteur.

› Problème 2

Refroidisseur de boissons

1. Étude d'une suite
Dans un refroidisseur de boissons, la température baisse de 4,5 % de sa valeur toutes les secondes.
On note θ_0 la température d'entrée de la boisson.

a. Montrer que la température θ_1 de la boisson au bout de 1 seconde est $\theta_1 = 0{,}955\theta_0$.

b. Déterminer, en fonction de θ_0, la température θ_2 de la boisson au bout de 2 secondes et la température θ_3 au bout de 3 secondes.

c. On note θ_n la température de la boisson au bout de n secondes.
Exprimer, en fonction de θ_0, la température θ_n de la boisson au bout de n secondes.

d. Préciser la nature de la suite de terme général θ_n. On donnera la raison q de cette suite.

e. Calculer θ_{25} si la température d'entrée de la boisson est $\theta_0 = 22$ °C. Le résultat sera arrondi au dixième de degré Celsius.

2. Étude d'une fonction

a. Calculer la valeur de $e^{-0{,}046}$ arrondie au millième.

b. On considère la fonction f définie sur l'intervalle $[0 ; 30]$ par $f(x) = 22\,e^{-0{,}046x}$.
– Montrer que $f'(x) = -1{,}012\,e^{-0{,}046x}$ où f' désigne la dérivée de la fonction f.
– Étudier le signe de cette dérivée sur l'intervalle $[0 ; 30]$.

c. Construire le tableau de variation de la fonction f sur l'intervalle $[0 ; 30]$.

d. On note C la courbe représentative de la fonction f dans un repère orthogonal.
On désigne par T la tangente à la courbe C au point A d'abscisse 0.
– Donner l'ordonnée du point A et calculer le coefficient directeur de la droite T. Les résultats seront arrondis à l'unité.
– Tracer la courbe C et la tangente T (support au choix).

3. Application
Avec les notations précédentes, la température θ de la boisson à l'instant t est donnée par :
$\theta = f(t) = 22\,e^{-0{,}046t}$.
θ est en degrés Celsius et t en secondes.

a. Déterminer graphiquement le temps nécessaire pour amener la température de la boisson à 7 °C.

b. La longueur du tube constituant le réfrigérant de boisson étant de 7,2 m, déterminer la vitesse de circulation dans le serpentin pour qu'une boisson entrée à 22 °C ressorte à 7 °C.

› Problème 3

Évolution de la population d'une grande ville

Un institut de recherche démographique a étudié l'évolution de la population d'une grande ville. Les résultats de cette étude sont donnés dans le tableau suivant où t_i désigne le rang de l'année et où p_i désigne l'effectif de la population, en millions d'habitants au cours de la même année.

Rang de l'année : t_i	0	5	10	15	20	25
Effectif : p_i	5	5,6	6,1	6,8	7,6	8,4

1. Ajustement de la série
On renonce à un ajustement affine pour ce nuage de points. On pose $y_i = \ln p_i$.

a. Compléter, après l'avoir reproduit, le tableau suivant dans lequel les valeurs approchées sont à arrondir à 10^{-3}.

Rang de l'année : t_i	0	5	10	15	20	25
$y_i = \ln p_i$						

b. Entrer ces données dans les listes 1 et 2 de la calculatrice utilisée en mode statistique.

c. Utiliser les résultats affichés par la calculatrice pour donner l'équation d'une droite d'ajustement sous la forme $y = at + b$ où a et b sont à arrondir à 10^{-3} (voir chapitre 1 page 12).

d. En déduire une expression de p en fonction de t de la forme $p = k\,e^{at}$ où la constante k sera arrondie à 10^{-1} et la constante a à 10^{-2}.

e. Sachant que $p = 5\,e^{0{,}02t}$, donner une estimation de l'effectif de la population l'année de rang 35, en supposant que la tendance ne change pas.

2. Étude d'une fonction
Soit la fonction f définie pour tout t de l'intervalle $[-25 ; 35]$ par $f(t) = 5\,e^{0{,}02t}$.
On note C la courbe représentative de f dans un repère orthogonal.

a. Déterminer la dérivée de la fonction f.

b. Étudier le signe de cette dérivée sur l'intervalle $[-25 ; 35]$.

c. Dresser le tableau de variation de f sur l'intervalle $[-25 ; 35]$.

d. Construire la courbe C sur la calculatrice.

e Résoudre par le calcul l'équation $5\,e^{0{,}02t} = 9$.
Vérifier graphiquement.

3. Application
On admet que, lorsque $0 \leq t \leq 30$, l'effectif de la population étudiée dans la partie 1. est donné, en millions d'habitants, par $f(t) = 5\,e^{0{,}02t}$.

a. Déterminer l'effectif, en millions d'habitants, de la population l'année de rang 28. Arrondir à 10^{-1}.

b. Déterminer le rang de l'année au cours de laquelle l'effectif de la population dépassera 9 millions d'habitants.

› Problème 4

La radioactivité du césium 137

En curiethérapie, on utilise le césium 137 dans le traitement de certains cancers.
La constante de radioactivité λ des noyaux de césium est 0,023 en année^{-1}.
L'activité initiale A_0 d'un échantillon de cet élément est 3×10^5 becquerels (Bq).
L'objet de cet exercice est de calculer l'activité d'une source radioactive de césium 137 à chaque instant.

1. Calcul de l'activité radioactive

L'activité radioactive $A(t)$ de la source est donnée en fonction du temps t par la loi suivante :
$A(t) = 3 \times 10^5\ \mathrm{e}^{-0{,}023t}$.
Le temps t est en années et l'activité $A(t)$ en becquerels.

a. Calculer l'activité de la source après 100 ans. Donner le résultat sous la forme $a \times 10^p$ où p est un entier et a un décimal arrondi au centième vérifiant $1 \leq a < 10$.

b. Pour une activité de $1{,}5 \times 10^5$ Bq, montrer que $t = \dfrac{\ln 0{,}5}{-0{,}023}$.

Calculer cette valeur de t qui est la demi-vie de l'atome de césium 137. Le résultat sera arrondi à l'unité.

2. Étude d'une fonction

Pour une source de césium 137, le rapport entre l'activité à la date t et l'activité initiale est $f(t) = \dfrac{A(t)}{A_0} = \mathrm{e}^{-0{,}023t}$, t appartenant à l'intervalle $[0 ; 180]$.

a. Compléter le tableau de valeurs suivant.

t	0	40	80	100	140	180
$f(t)$						

Les résultats seront arrondis au centième.

b. Déterminer la dérivée de la fonction f sur l'intervalle $[0 ; 180]$.

c. Étudier le signe de cette dérivée.

d. En déduire le sens de variation de la fonction f sur l'intervalle $[0 ; 180]$.

e. Résoudre l'équation $\mathrm{e}^{-0{,}023t} = 0{,}2$. Le résultat sera arrondi à l'unité.

f. Tracer la représentation graphique de la fonction f (support au choix).

g. Retrouver graphiquement le résultat de la question e.

3. Application à l'activité radioactive du césium

Au bout de combien d'années l'activité radioactive n'est plus que de 20 % de sa valeur initiale ?

› Problème 5

Charge d'un condensateur

Pendant sa phase de charge, un condensateur est traversé par un courant électrique dont l'intensité i décroît en fonction du temps t suivant une loi exponentielle. Pour un montage donné, l'expression de i s'écrit : $i = 30\ \mathrm{e}^{-0{,}05t}$.
Dans cette expression, i est l'intensité du courant électrique en mA (milliampère) et t est le temps en ms (milliseconde).

1. Utilisation de la formule

a. Calculer, en mA, la valeur initiale du courant au moment où le condensateur commence à se charger, c'est-à-dire à l'instant $t = 0$.

b. Calculer, en ms, la valeur de t pour laquelle l'intensité du courant est 3 mA. Arrondir à l'unité.

2. Étude d'une fonction

On considère la fonction f définie sur l'intervalle $[0 ; 68]$ par $f(t) = 30\ \mathrm{e}^{-0{,}05t}$.

a. Compléter le tableau de valeurs suivant.

t	0	10	20	30	40	50	68
$f(t)$							

Les résultats seront arrondis au dixième.

b. Déterminer la dérivée de la fonction f sur l'intervalle $[0 ; 68]$.

c. Étudier le signe de cette dérivée.

d. En déduire le sens de variation de la fonction f sur $[0 ; 68]$.

e. Tracer la représentation graphique de la fonction f (support au choix).

3. Application à la charge du condensateur

On utilise le tableau de valeurs de la question 2. a.

a. Calculer la variation de l'intensité, notée Δi_1, entre 10 et 20 ms.

b. Calculer la variation de l'intensité, notée Δi_2, entre 20 et 30 ms.

c. La variation de l'intensité est-elle proportionnelle à la variation de temps Δt ? Justifier la réponse.

Je me teste

EXERCICE Pas de panne !

Une entreprise a mis au point un circuit électronique formé essentiellement de deux composants distincts C_1 et C_2. Le service qualité de l'entreprise, chargé de tester le temps de fonctionnement de ce circuit électronique, vérifie d'abord le nombre d'heures de fonctionnement de chacun des composants C_1 et C_2.

Les probabilités pour que des composants du type C_1 et C_2 fonctionnent sans panne au bout de t milliers d'heures d'utilisation, sont données, respectivement, par :

$f_1(t) = e^{-0,25t}$ et $f_2(t) = e^{-0,5t}$

où f_1 et f_2 sont des fonctions définies sur $[0 ; +\infty[$.

On prélève au hasard un composant C_1 et un composant C_2.

1 Étude des fonctions

a. Calculer la probabilité pour que le composant C_1 fonctionne sans panne au bout de 1 000 heures, puis au bout de 3 000 heures.

b. Même question pour le composant C_2.

c. Étudier le sens de variation de chacune des fonctions f_1 et f_2.

d. Comment peut-on interpréter ces résultats pour les composants C_1 et C_2 ?

A

Appelez le professeur pour expliquer votre interprétation.

e. Résoudre l'équation $e^{-0,25t} = 0,4$ et l'inéquation $e^{-0,5t} \geq 0,3$.

VERS LE CCF

f. Traduire ces résultats par deux phrases relatives aux composants C_1 et C_2.

....

....

2 Représentation graphique

a. On demande de tracer sur la calculatrice les courbes représentatives des fonctions f_1 et f_2 pour t variant de 0 à 10.

– Puisque $f_1(t)$ et $f_2(t)$ sont des probabilités, quelles valeurs faut-il donner au minimum et au maximum de y dans la fenêtre graphique ?

....

– Relever le paramétrage de la fenêtre graphique utilisée.

....

....

– Tracer, sur la calculatrice, les courbes demandées.

– Esquisser ci-dessous l'allure des courbes obtenues.

b. Vérifier graphiquement la réponse donnée en 1. c.

....

....

c. Vérifier graphiquement les résultats de la question 1. e.

....

....

d. Par lecture graphique, dire lequel des deux composants a la plus grande probabilité de fonctionner sans panne au bout de 6 000 heures.

....

....

A

Appelez le professeur pour présenter votre argumentation.

22 Formules des angles associés

Capacités
- Placer sur le cercle trigonométrique les points « images » des réels $-x$, $\pi - x$, $\frac{\pi}{2} - x$ et $\pi + x$, connaissant l'« image » du réel x
- Puis écrire les cosinus et sinus des réels $-x$, $\pi - x$, $\frac{\pi}{2} - x$ et $\pi + x$ en fonction des cosinus et sinus du réel x

Établir les formules des angles associés

Soit x un réel et M le point du cercle trigonométrique tel que le nombre x soit une mesure de l'angle $\widehat{AOM}$.
Ouvrir le fichier « **08_angles_associes.ggb** ».

1. Angles opposés

Soit M' le point du cercle trigonométrique tel que le nombre $-x$ soit une mesure de l'angle $\widehat{AOM'}$.

a. ▪ Faire apparaître le point M' à l'écran en cochant la case $-x$.

Comment se situe le point M' par rapport au point M ? ....

....

Pensez à utiliser les symétries.

▪ Déplacer le point M. Observer les valeurs de cos (x), sin (x), cos $(-x)$ et sin $(-x)$.

b. En déduire, pour tout réel x, les valeurs de cos $(-x)$ et sin $(-x)$ en fonction de cos (x) et sin (x).

cos $(-x)$ = ... et sin $(-x)$ = ...

2. Angles supplémentaires

Soit M'_1 le point du cercle trigonométrique tel que le nombre $\pi - x$ soit une mesure de $\widehat{AOM_1'}$.

a. ▪ Faire apparaître le point M'_1 à l'écran en cochant la case $\pi - x$.

Comment se situe le point M'_1 par rapport au point M ? ....

....

▪ Déplacer le point M. Observer les valeurs de cos (x), sin (x), cos $(\pi - x)$ et sin $(\pi - x)$.

b. En déduire, pour tout réel x, les valeurs de cos $(\pi - x)$ et sin $(\pi - x)$ en fonction de cos (x) et sin (x).

cos $(\pi - x)$ = ... et sin $(\pi - x)$ = ...

3. Angles dont la différence des mesures est π

Soit M'_2 le point du cercle trigonométrique tel que le nombre $x + \pi$ soit une mesure de $\widehat{AOM_2'}$.

a. ▪ Faire apparaître le point M'_2 à l'écran en cochant la case $x + \pi$.

Comment se situe le point M'_2 par rapport au point M ? ....

....

▪ Déplacer le point M. Observer les valeurs de cos (x), sin (x), cos $(x + \pi)$ et sin $(x + \pi)$.

b. En déduire, pour tout réel x, les valeurs de cos $(x + \pi)$ et sin $(x + \pi)$ en fonction de cos (x) et sin (x).

cos $(x + \pi)$ = ... et sin $(x + \pi)$ = ...

4. Angles complémentaires

Soit M'_3 le point du cercle trigonométrique tel que le nombre $\frac{\pi}{2} - x$ soit une mesure de $\widehat{AOM_3'}$.

a. ▪ Faire apparaître le point M'_3 à l'écran en cochant la case $\frac{\pi}{2} - x$.

Comment se situe le point M'_3 par rapport au point M ? ....

....

▪ Déplacer le point M. Observer les valeurs de $\cos(x)$, $\sin(x)$, $\cos\left(\frac{\pi}{2} - x\right)$ et $\sin\left(\frac{\pi}{2} - x\right)$.

b. En déduire, pour tout réel x, les valeurs de $\cos\left(\frac{\pi}{2} - x\right)$ et $\sin\left(\frac{\pi}{2} - x\right)$ en fonction de $\cos(x)$ et $\sin(x)$.

$\cos\left(\frac{\pi}{2} - x\right) =$ .... et $\sin\left(\frac{\pi}{2} - x\right) =$ ....

Comment placer sur le cercle trigonométrique les points images des réels $-x$, $\pi - x$, $\frac{\pi}{2} - x$ et $\pi + x$?

Soit M le point image du nombre $x = \frac{\pi}{8}$ tel que $\widehat{AOM} = \frac{\pi}{8}$ rad.

a. Placer sur le cercle trigonométrique les points M_1, M_2, M_3 images des nombres $-x$, $\pi - x$, $\pi + x$.

▪ Pour les nombres $-x$, $\pi - x$, $\pi + x$, utiliser la configuration du rectangle.

Pour cela, tracer le rectangle $MM_2M_3M_1$ ayant pour axes de symétrie l'axe des abscisses et l'axe des ordonnées.

– Pour $-x$, M et M_1 sont symétriques par rapport à ....

– Pour $\pi - x$, M et M_2 sont symétriques par rapport à ....

– Pour $\pi + x$, M et M_3 sont symétriques par rapport à ....

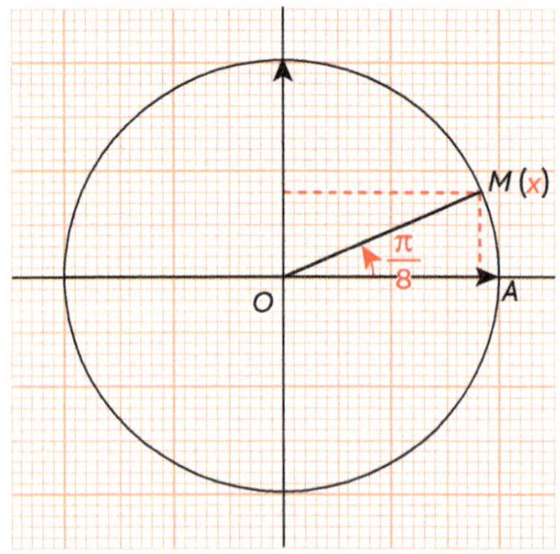

b. Placer sur le cercle trigonométrique le point M_4 image du nombre $\frac{\pi}{2} - x$.

▪ Pour le nombre $\frac{\pi}{2} - x$, utiliser la configuration des « angles complémentaires ».

– M et M_4 sont symétriques par rapport à la première bissectrice (droite en pointillés violets).

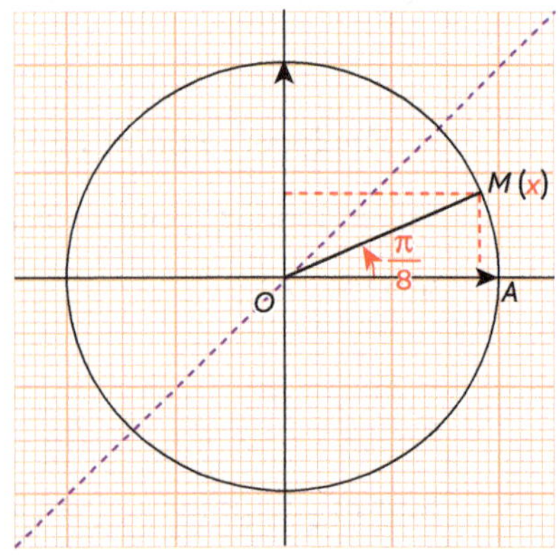

Exercice

■ Soit M le point image du nombre $x = \frac{\pi}{3}$.

Placer sur le cercle trigonométrique les points M_1, M_2, M_3 et M_4 images des nombres $-x$, $\pi - x$, $\pi + x$ et $\frac{\pi}{2} - x$.

23 Formules d'addition – Fonction cosinus

Capacités
- Mettre en œuvre les formules exprimant $\cos(a+b)$ et $\sin(a+b)$ en fonction de $\cos a$, $\cos b$, $\sin a$, $\sin b$
- Obtenir la courbe représentative de la fonction cosinus à partir de la relation $\cos x = \sin\left(x+\frac{\pi}{2}\right)$

1 Utiliser les formules d'addition

Les trois carrés

On considère trois carrés de côté 1 disposés comme dans la figure ci-contre. L'objectif est de comparer $a + b$ et α.

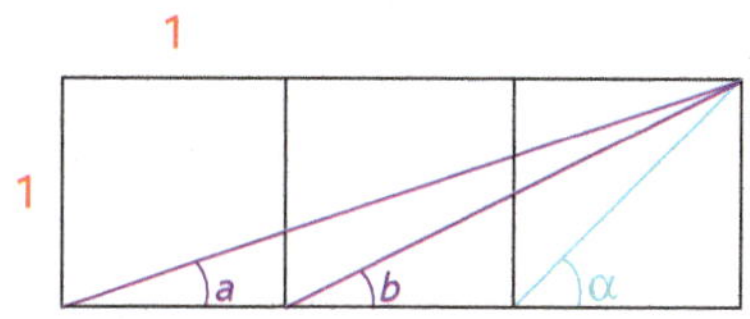

1. Donner sans calcul la valeur de α : ....

2. Déterminer, à l'aide de rapports trigonométriques dans un triangle rectangle, les valeurs de : $\cos\alpha$; $\cos a$; $\cos b$; $\sin\alpha$; $\sin a$; $\sin b$.

Pensez à utiliser le théorème de Pythagore.

....

....

....

....

$\cos\alpha =$ .... ; $\cos a =$ .... ; $\cos b =$ .... ; $\sin\alpha =$ .... ; $\sin a =$ .... ; $\sin b =$ ....

3. Sachant que $\cos(a+b) = \cos a \cos b - \sin a \sin b$, vérifier que $\cos(a+b) = \frac{\sqrt{2}}{2}$ ou $\frac{1}{\sqrt{2}}$.

....

....

....

4. En déduire la valeur de $a + b$, puis la comparer avec la réponse du 1. ....

On a montré que $\alpha = a + b$.

5. Connaissant maintenant $a + b$, vérifier que $\sin(a+b) = \sin a \cos b + \sin b \cos a$.

....

....

....

On admettra que, pour tous les réels a et b, les formules $\cos(a+b) = \cos a \cos b - \sin a \sin b$ et $\sin(a+b) = \sin a \cos b + \sin b \cos a$ sont vraies.

2 Découvrir la fonction cosinus

On a vu dans la fiche 22 page 104, que pour tout x, $\sin\left(x+\frac{\pi}{2}\right) = \cos x$.

1. À l'aide de GeoGebra ou de la calculatrice, représenter dans un même repère les fonctions sinus et cosinus.

2. Comparer la courbe de la fonction cosinus à la courbe de la fonction sinus.

....

La période de la fonction cosinus vaut ....

3. Quel nom peut-on donner à la courbe représentative de la fonction cosinus ?

....

4. Dresser le tableau de variation de la fonction cosinus sur l'intervalle $[0 ; 2\pi]$.

x	0	$\frac{\pi}{2}$	π	$\frac{3\pi}{2}$	2π
$\cos(x)$	1				1

Comment représenter la fonction cosinus sur un intervalle donné ?

a. Étudier le sens de variation de la fonction cosinus sur l'intervalle $\left[\frac{\pi}{2} ; \frac{5\pi}{2}\right]$.

Si nécessaire, se servir du cercle trigonométrique.

- Déterminer, sur l'intervalle donné $\left[\frac{\pi}{2} ; \frac{5\pi}{2}\right]$, les valeurs pour lesquelles $\cos x$ vaut -1, 0 et 1.

Sur l'intervalle $\left[\frac{\pi}{2} ; \frac{5\pi}{2}\right]$, les valeurs pour lesquelles $\cos x$ vaut -1, 0 et 1 sont ....

- Mettre ces valeurs dans la première ligne du tableau de variation ci-dessous.
- Construire le tableau de variation.

x	$\frac{\pi}{2}$	....	....	....	$\frac{5\pi}{2}$
$\cos(x)$	1				1

b. Représenter graphiquement la fonction sur cet intervalle

- Placer les points caractéristiques du tableau de variation.
- Tracer la courbe sur l'intervalle donné.

Vous pouvez placer d'autres points en vous aidant des valeurs particulières de $\cos x$.

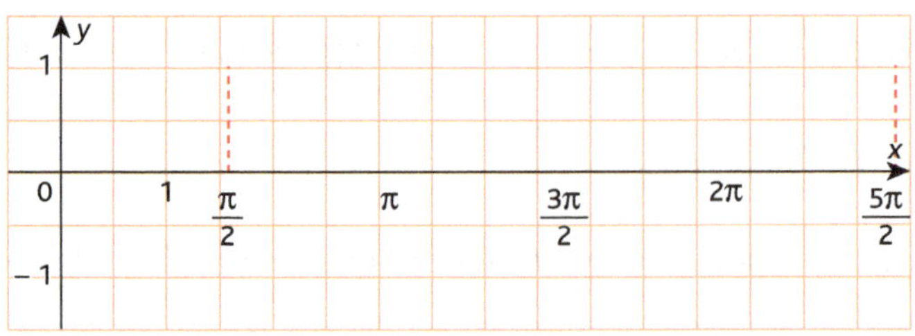

Exercices

1 En utilisant l'égalité $\frac{\pi}{4} + \frac{5\pi}{6} = \frac{13\pi}{12}$, calculer $\cos \frac{13\pi}{12}$ et $\sin \frac{13\pi}{12}$.

2 Exprimer en fonction de $\cos x$ et $\sin x$: $\cos\left(x + \frac{\pi}{4}\right)$; $\sin\left(x + \frac{\pi}{4}\right)$.

3 Construire dans un repère orthonormal la sinusoïde représentant la fonction cosinus sur l'intervalle $[-2\pi ; 2\pi]$.

4 Compléter le tableau de variation de la fonction cosinus sur $[-\pi ; \pi]$:

x	$-\pi$	....	0	$\frac{\pi}{2}$	π
$\cos(x)$			1 ↘	0	

24 Vecteur de Fresnel

Capacités

- Établir des liens entre le vecteur de Fresnel d'une tension ou d'une intensité sinusoïdale de la forme $a \sin(\omega t + \varphi)$ et la courbe représentative de la fonction qui à t associe $a \sin(\omega t + \varphi)$

1 Établir des liens entre le vecteur de Fresnel et une grandeur sinusoïdale

Soit une tension U d'expression $u(t) = a\sin(\omega t + \varphi)$.

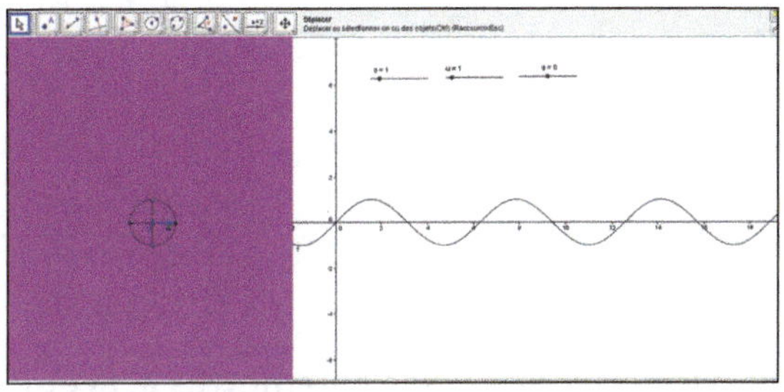

Ouvrir le fichier « **08_fresnel.ggb** ».

Le vecteur de Fresnel est représenté à gauche de l'écran et la représentation graphique de la tension est à droite de l'écran.

1. ▪ Déplacer le curseur « a ».

Indiquer l'influence du paramètre a sur la représentation graphique de la tension et sur le vecteur de Fresnel.

....

Vous pouvez tracer la courbe de la fonction sinus pour avoir un élément de comparaison.

2. ▪ Déplacer le curseur « ω ».

Indiquer l'influence du paramètre ω sur la représentation graphique de la tension et sur le vecteur de Fresnel.

....

3. ▪ Déplacer le curseur « φ ».

Indiquer l'influence du paramètre φ sur la représentation graphique de la tension et sur le vecteur de Fresnel.

....

La représentation de Fresnel de la tension U est une « photographie instantanée » du vecteur $\overrightarrow{OM}$, prise à l'instant $t = 0$ lorsque $\overrightarrow{OM}$ fait avec l'origine des phases un angle de φ rad. La norme de $\|\overrightarrow{OM}\|$ est proportionnelle à l'amplitude de U.

2 Représenter une tension par un vecteur de Fresnel

On veut représenter la tension U aux bornes d'un moteur par un vecteur de Fresnel.

Elle a pour expression $u(t) = 64\sin\left(100\pi t + \dfrac{\pi}{4}\right)$.

- L'amplitude a du signal vaut ....,

  et la phase à l'origine φ vaut .... rad.
- On choisit une échelle de 1 cm pour .... volts.
- Tracer le vecteur $\overrightarrow{OM}$ tel que $\|\overrightarrow{OM}\| = a$ et la phase à l'origine égale φ.

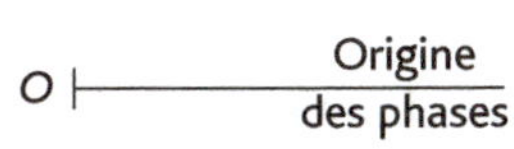

Comment construire la représentation de Fresnel à partir de la représentation graphique d'une fonction sinusoïdale f définie pour tout t par $f(t) = a\sin(\omega t + \varphi)$?

Construire la représentation de Fresnel de la fonction f définie pour tout t à partir de sa courbe représentative C_f donnée sur l'intervalle $[0 ; 2\pi]$ ci-dessous.

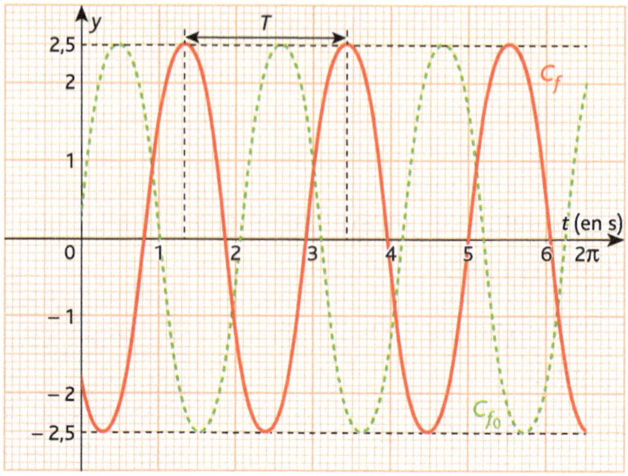

On peut vérifier l'ordre de grandeur de la pulsation en comptant le nombre de périodes sur l'intervalle $[0 ; 2\pi]$.

a. Détermination des paramètres a, ω et φ

- Déterminer graphiquement a et T : $a =$ .... et $T =$ ....
- Calculer la pulsation ω : $\omega = \dfrac{2\pi}{T} \approx \dfrac{\dots\dots}{\dots\dots} \approx$ .... rad/s. Arrondie à l'unité, $\omega =$ .... rad/s.

  Pour déterminer la phase à l'origine, on trace en pointillés verts la représentation graphique de la fonction $f_0(t) = 2{,}5\sin(3t)$.
- Déterminer graphiquement la valeur Δt du décalage entre les deux courbes. Si $f(0) > 0$ alors $\Delta t > 0$, sinon $\Delta t < 0$. Donc, $\Delta t =$ ....
- Calculer la phase φ à l'aide de la relation :

  $\varphi = \Delta t \times \omega$: .... $\varphi =$ .... rad.

On peut remarquer que $-2{,}4 \text{ rad} \approx -\dfrac{3\pi}{4}$ rad.

b. Représentation du signal par un vecteur de Fresnel

- Choisir une échelle.

  Comme $a = 2{,}5$, on choisit 1 cm pour une unité.
- Tracer le vecteur $\overrightarrow{OM}$ tel que $\|\overrightarrow{OM}\| = 2{,}5$

  et la phase à l'origine égale $\varphi = -\dfrac{3\pi}{4}$.

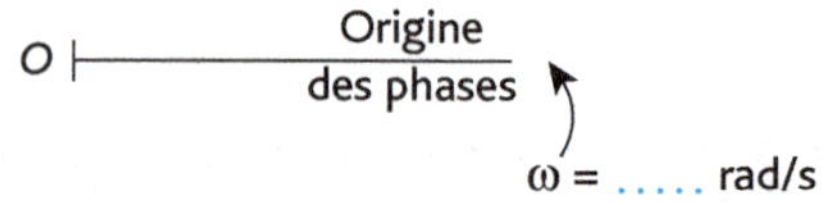

Exercices

1 Soient les tensions u_1 et u_2 d'expressions $u_1(t) = 7\sin\left(100\pi t + \dfrac{\pi}{4}\right)$ et $u_2(t) = 12\sin\left(50\pi t + \dfrac{\pi}{3}\right)$.

Pour chaque tension :

a. Indiquer les éléments (amplitude, pulsation, période, fréquence, phase à l'origine).

b. Construire la représentation de Fresnel.

2 Construire les représentations de Fresnel des fonctions définies par $i_1(t) = 6\sin\left(314t + \dfrac{2\pi}{3}\right)$ et $i_2(t) = 4{,}5\sin(3t)$.

25 Équations trigonométriques

Capacité

- Résoudre les équations de la forme $\cos x = a$, $\sin x = b$ et $\sin(\omega t + \varphi) = c$.

Soit le cercle trigonométrique et le repère d'axes (*OA*), (*OB*). L'unité est le radian.

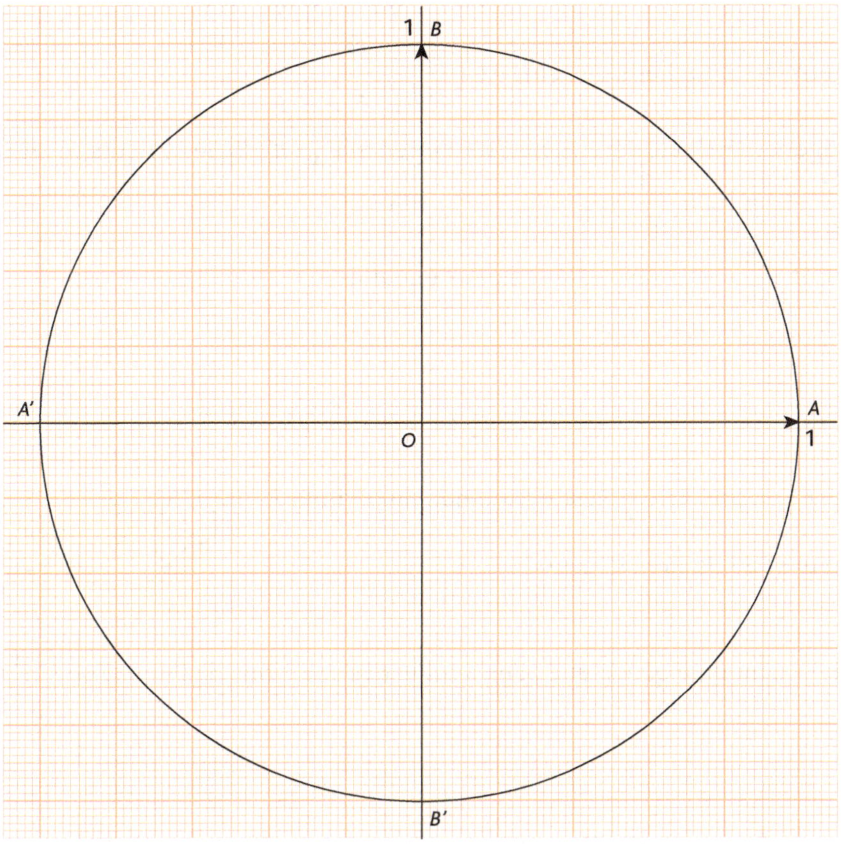

1 Résoudre l'équation $\cos x = a$ $(-1 \leq a \leq 1)$

On se propose de déterminer *x* sachant que $\cos x = \frac{\sqrt{2}}{2}$.

1. Au nombre $\frac{\sqrt{2}}{2}$ correspond un unique réel α de l'intervalle $[0\,;\pi]$ tel que $\cos \alpha = \frac{\sqrt{2}}{2}$: $\alpha =$ ....

2. L'équation $\cos x = \frac{\sqrt{2}}{2}$ admet une deuxième solution sur l'intervalle $[-\pi\,;\pi]$. La déterminer à l'aide du cercle trigonométrique : .... Donner son expression à l'aide de α ....

Comme la fonction cosinus est une fonction périodique de période 2π, les solutions de l'équation $\cos x = \frac{\sqrt{2}}{2}$ sont les réels *x* tels que $x = \frac{\pi}{4} + k \times 2\pi$ et $x = -\frac{\pi}{4} + k \times 2\pi$ (*k* entier relatif).

Soit pour $k = -1$, $k = 0$ et $k = 1$: $x = \frac{\pi}{4} - 1 \times 2\pi$; $x = \frac{\pi}{4}$; $x = \frac{\pi}{4} + 1 \times 2\pi$;

$x = -\frac{\pi}{4} - 1 \times 2\pi$; $x = -\frac{\pi}{4}$; $x = -\frac{\pi}{4} + 1 \times 2\pi$, etc.

Le terme $k \times 2\pi$ indique que l'on passe d'un terme à un autre en ajoutant un multiple de 2π.

2 Résoudre l'équation $\sin x = b$ $(-1 \leq b \leq 1)$

On se propose de déterminer x sachant que $\sin x = 0{,}5$.

1. Au nombre 0,5 correspond un unique réel α de l'intervalle $\left[-\frac{\pi}{2} ; \frac{\pi}{2}\right]$ tel que $\sin \alpha = 0{,}5$: $\alpha =$ ………… .

2. L'équation $\sin x = 0{,}5$ admet une deuxième solution sur l'intervalle $[-\pi ; \pi]$. La déterminer à l'aide du cercle trigonométrique : ………… . Donner son expression à l'aide de α ………… .

3. La fonction sinus est une fonction périodique de période 2π. En déduire l'ensemble des solutions de l'équation $\sin x = 0{,}5$. …………………………………………

…………………………………………

3 Résoudre l'équation $\sin(\omega t + \varphi) = c$ $(-1 \leq c \leq 1)$

On se propose de déterminer t sachant que $\sin\left(4t + \frac{\pi}{6}\right) = \frac{\sqrt{3}}{2}$.

1. À l'aide du cercle trigonométrique, déterminer, sur l'intervalle $[-\pi ; \pi]$, les valeurs α_1 et α_2 tels que $\sin \alpha_1 = \frac{\sqrt{3}}{2}$ et $\sin \alpha_2 = \frac{\sqrt{3}}{2}$: $\alpha_1 =$ ………… et $\alpha_2 =$ ………… .

2. On a $4t + \frac{\pi}{6} = \alpha_1$ et $4t + \frac{\pi}{6} = \alpha_2$. Résoudre ces deux équations.

…………………………………………

…………………………………………

…………………………………………

3. La fonction f tel que $f(t) = \sin\left(4t + \frac{\pi}{6}\right)$ est périodique de période T.

Donner la pulsation ω et en déduire la période T.

$\omega =$ ………… et $T =$ ………… $=$ ………… .

> On rappelle que $T = \frac{2\pi}{\omega}$.

4. En déduire, sur le même modèle que 1. et 2., l'ensemble des solutions de l'équation $\sin\left(4t + \frac{\pi}{6}\right) = \frac{\sqrt{3}}{2}$.

…………………………………………

…………………………………………

Comment résoudre une équation du type $\cos x = a$?

Résoudre sur $[0 ; 4\pi]$ l'équation $\cos x = 0{,}250$.

- Déterminer, à l'aide de la calculatrice la solution unique α de l'intervalle $[0 ; \pi]$: $\alpha \approx$ ………… .
- Écrire les solutions de l'équation.
  Les solutions sont les réels définis par $x \approx$ ………… $+ k \times 2\pi$ et $x \approx$ ………… $+ k \times 2\pi$.
- Donner différentes valeurs à k afin d'obtenir toutes les solutions dans l'intervalle $[0 ; 4\pi]$.
  Pour $k = 0$: $x \approx$ ………… $+$ …… $\times 2\pi \approx$ ………… et $x \approx$ ………… $+$ …… $\times 2\pi \approx$ ………… ;
  pour $k = 1$: $x \approx$ ………… $+$ …… $\times 2\pi \approx$ ………… et $x \approx$ ………… $+$ …… $\times 2\pi \approx$ ………… ;
  pour $k = 2$: $x \approx$ ………… $+$ …… $\times 2\pi \approx$ ………… et $x \approx$ ………… $+$ …… $\times 2\pi \approx$ ………… .
- Ordonner les solutions appartenant à l'intervalle $[0 ; 4\pi]$: ………… ; ………… ; ………… ; ………… .

Exercice

Résoudre les équations suivantes dans l'intervalle $[0 ; 4\pi]$ (arrondir les résultats au millième) :
a. $\cos x = 0{,}412$; **b.** $\cos x = -0{,}729$.

26 J'utilise un logiciel (GeoGebra ou calculatrice)

Déterminer la somme de deux fonctions sinusoïdales de même fréquence

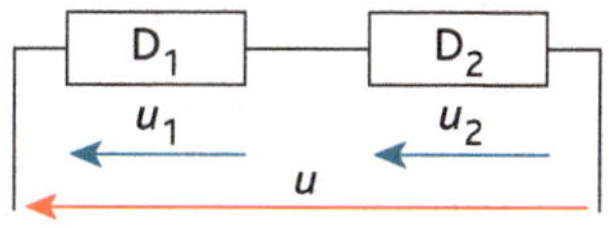

Soient D_1 et D_2 deux dipôles montés en séries.

Dans ce circuit la loi d'additivité des tensions est vérifiée à chaque instant.

Pour tout t, $u_1(t) = 48\sin\left(100\pi t + \dfrac{\pi}{4}\right)$ et $u_2(t) = 30\sin\left(100\pi t - \dfrac{\pi}{6}\right)$.

Déterminons les caractéristiques de la tension u aux bornes de cette association sachant que $u(t) = u_1(t) + u_2(t)$.

1. Détermination à l'aide des représentations graphiques

a. Calculer la période T des deux tensions et leur tension maximale.

$T_1 =$ .... ; $a_1 =$ .... ; $T_2 =$ .... ; $a_2 =$ ....

b. ▪ Régler l'affichage de la calculatrice ou de GeoGebra afin de pouvoir afficher en abscisses environ trois périodes et en ordonnées un peu plus que la somme des tensions maximales pour les ordonnées positives et négatives.

▪ Tracer les courbes représentatives de chacune des tensions.

▪ Tracer la courbe représentative de la tension somme u.

c. Pour la tension somme, déterminer graphiquement : $T =$ ...., $a =$ .... et $\varphi =$ ....

d. Donner l'expression de $u(t)$: $u(t) =$ ....

e. Les caractéristiques de la tension somme u sont-elles les sommes des caractéristiques des tensions u_1 et u_2 ? ....

f. Que peut-on dire de la pulsation de la tension somme ? ....

2. Détermination à l'aide des vecteurs de Fresnel

Les deux tensions ont la même pulsation, donc il est possible de construire une représentation de Fresnel.

À chaque tension précédente u_1 et u_2, correspond un vecteur de Fresnel : $\overrightarrow{U_1}$ et $\overrightarrow{U_2}$.

La grandeur somme : $u(t) = u_1(t) + u_2(t)$ correspond à $\vec{U} = \overrightarrow{U_1} + \overrightarrow{U_2}$.

a. ▪ Tracer les vecteurs de Fresnel $\overrightarrow{U_1}$ et $\overrightarrow{U_2}$.

Échelle : 1 cm pour 10 V.

▪ Construire le vecteur $\vec{U}$ tel que $\vec{U} = \overrightarrow{U_1} + \overrightarrow{U_2}$.

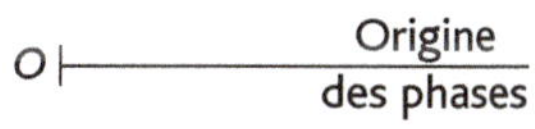

b. Déterminer graphiquement l'amplitude et la phase de la tension u : $a =$ .... ; $\varphi =$ .... rad.

c. Comparer avec la réponse obtenue en 1.d. ....

....

La même étude pour les intensités donnerait les mêmes résultats.

J'utilise un logiciel (GeoGebra)

Déterminer l'allure d'un signal de sortie

Écrêtage d'un signal

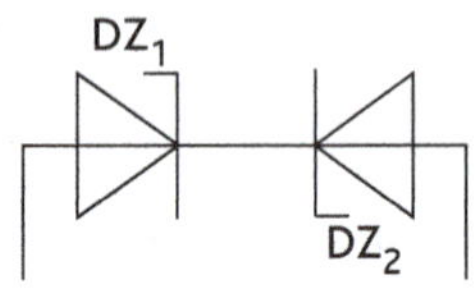

On veut écrêter en double polarité un signal d'entrée (en tension) sans modifier les autres caractéristiques du signal afin d'obtenir une tension de sortie comprise entre – 5 V et 5 V.

Pour cela, on met deux diodes Zener identiques en série, tête-bêche de 4,3 V (+ 0,6 V de tension de Zener). On n'oubliera pas de mettre également un résistor en série pour limiter le courant.

1. Étude du signal d'entrée

Soit une tension d'entrée U_e ayant pour expression $u_e(t) = 8\sin(100\pi t)$. Nous allons chercher l'allure de la tension de sortie U_s et déterminer quel pourcentage du signal d'entrée est écrêté.

a. Donner la pulsation du signal d'entrée et en déduire sa période T : ....

b. Donner l'amplitude du signal d'entrée : ....

c. ▪ Régler les axes, sous GeoGebra, pour permettre de visualiser environ deux périodes.

d. ▪ Tracer la représentation graphique du signal d'entrée.

e. On souhaite modéliser l'écrêtage de la tension à + 5 V et à – 5 V.

Quelles sont les équations de droites à éditer ? ....

▪ Les tracer dans la même fenêtre sous GeoGebra.

2. Allure du signal de sortie

Pour déterminer l'allure du signal de sortie, il faut connaître les abscisses des points d'intersection.

a. ▪ Déterminer, sur deux périodes, les intersections entre le signal et chacune des droites. Pour cela, il est possible d'utiliser le bouton .

Lire graphiquement les abscisses des points d'intersection. ....

b. Tracer, sur [0 ; 0,02], l'allure du signal de sortie dans le repère suivant :

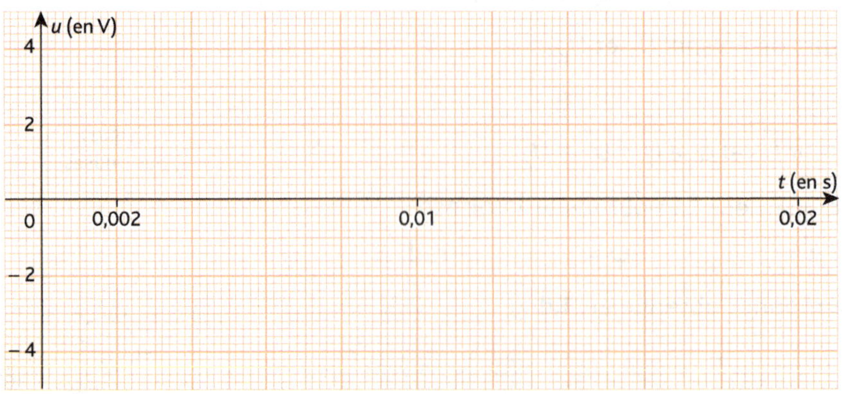

L'ESSENTIEL

1 Angles associés

Angles opposés

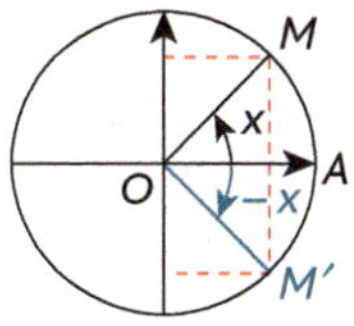

$\cos(-x) = \cos x$
$\sin(-x) = -\sin x$

M et *M'* sont symétriques par rapport à (*Ox*).

Angles supplémentaires

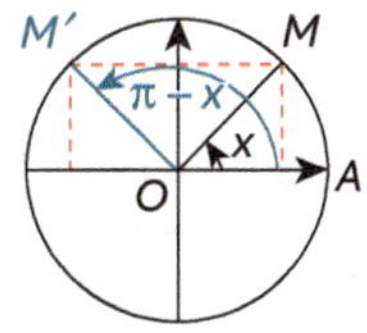

$\cos(\pi - x) = -\cos x$
$\sin(\pi - x) = \sin x$

M et *M'* sont symétriques par rapport à (*Oy*).

Angles dont la différence des mesures est π

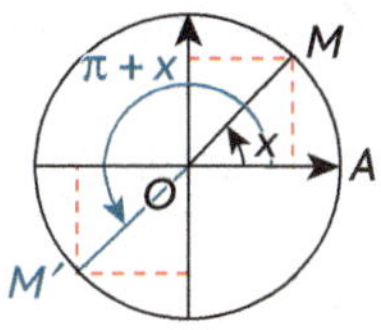

$\cos(x + \pi) = -\cos x$

$\sin(x + \pi) = -\sin x$

M et *M'* sont symétriques par rapport à *O*.

Angles complémentaires

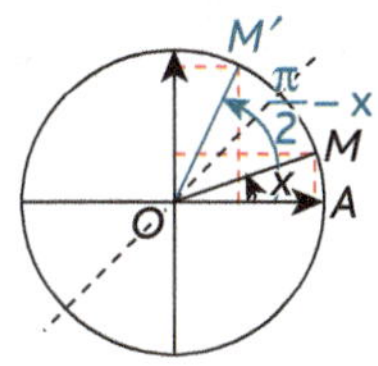

$\cos\left(\frac{\pi}{2} - x\right) = \sin x$

$\sin\left(\frac{\pi}{2} - x\right) = \cos x$

M et *M'* sont symétriques par rapport à la première bissectrice.

2 Formules d'addition

Pour tous réels *a* et *b* :

- $\cos(a + b) = \cos a \cos b - \sin a \sin b$
- $\sin(a + b) = \sin a \cos b + \sin b \cos a$

Exemples

$$\cos\left(\frac{\pi}{4} + \frac{\pi}{3}\right) = \cos\frac{\pi}{4}\cos\frac{\pi}{3} - \sin\frac{\pi}{4}\sin\frac{\pi}{3}\ ;\ \sin\left(\frac{\pi}{4} + \frac{\pi}{3}\right) = \sin\frac{\pi}{4}\cos\frac{\pi}{3} + \sin\frac{\pi}{3}\cos\frac{\pi}{4}.$$

3 Fonction cosinus

La **fonction cosinus**, définie pour tout nombre réel *x*, associe au nombre *x* le nombre cos *x*.

- Tableau de variation sur $[0\ ;\ 2\pi]$:

x	0	$\frac{\pi}{2}$	π	$\frac{3\pi}{2}$	2π
$\cos(x)$	1 ↘	0 ↘	-1 ↗	0 ↗	1

- La fonction cosinus est une fonction **périodique** de **période 2π**.
- Courbe représentative :

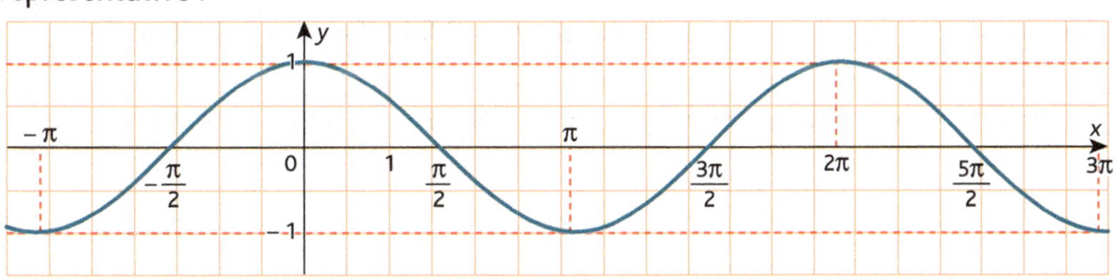

- La courbe représentative de la fonction cosinus est une **sinusoïde**.

L'ESSENTIEL

4 Vecteur de Fresnel

La **représentation de Fresnel** d'une intensité ou d'une tension sinusoïdale de la forme $a\sin(\omega t + \varphi)$ est :

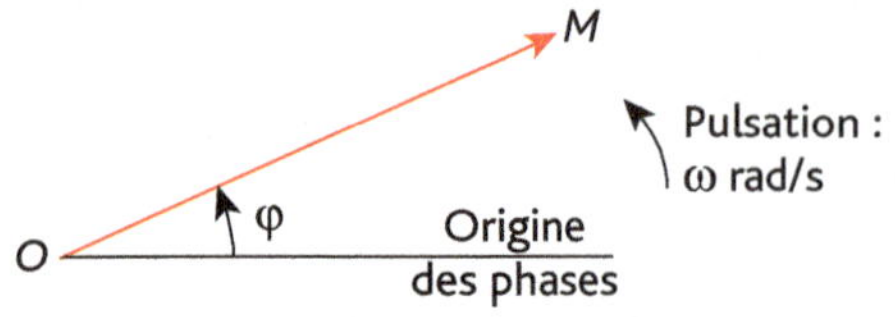

L'échelle étant fixée :

$a = \|\overrightarrow{OM}\|$ est l'**amplitude** ;

l'angle φ est la **phase à l'origine**.

Exemples

Le signal $u(t) = 2\sin\left(100\pi t + \frac{\pi}{3}\right)$ est représenté par le vecteur de Fresnel suivant :

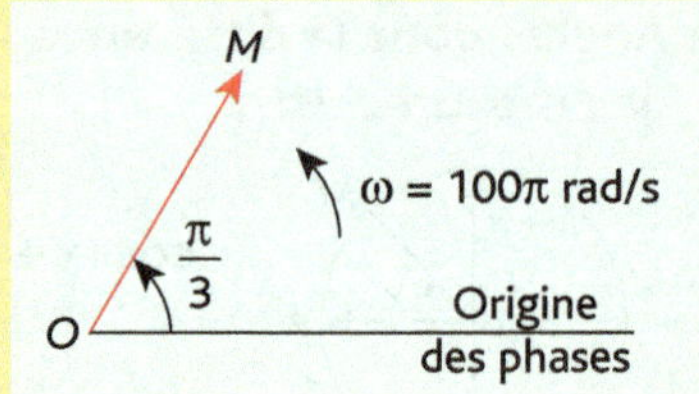

5 Équations trigonométriques

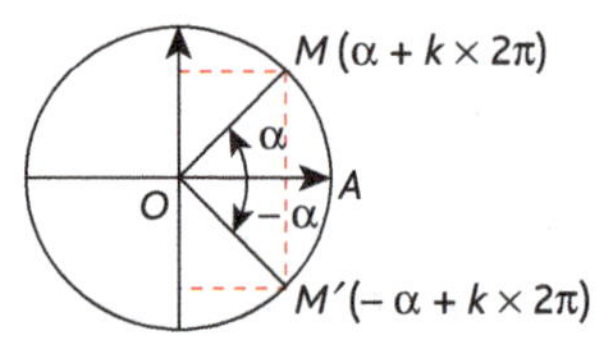

- **L'équation $\cos x = a$** $(-1 \leq a \leq 1)$ admet une solution α appartenant à $[0\,;\pi]$ tel que $\cos\alpha = a$.
Les solutions sont les réels $x = \alpha + k \times 2\pi$ et $x = -\alpha + k \times 2\pi$ (k entier relatif).

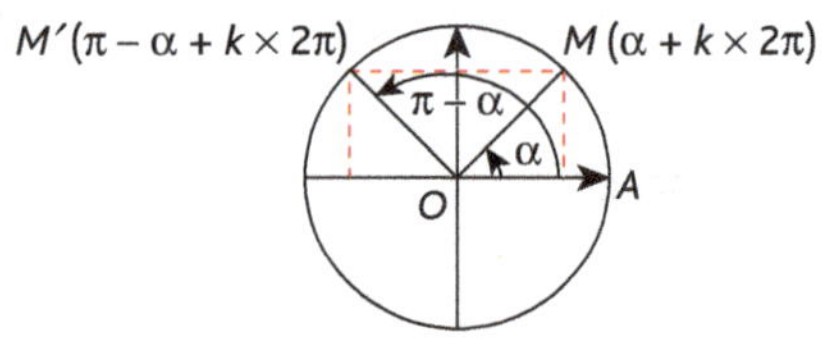

- **L'équation $\sin x = b$** $(-1 \leq b \leq 1)$ admet une solution α appartenant à $\left[-\frac{\pi}{2};\frac{\pi}{2}\right]$ tel que $\sin\alpha = b$.
Les solutions sont les réels $x = \alpha + k \times 2\pi$ et $x = \pi - \alpha + k \times 2\pi$ (k entier relatif).

- **L'équation $\sin(\omega t + \varphi) = c$** $(-1 \leq c \leq 1)$ se résout en cherchant le nombre α appartenant à $\left[-\frac{\pi}{2};\frac{\pi}{2}\right]$ tel que $\sin\alpha = c$.

Exemples

- L'équation $\cos x = 0{,}6$: on obtient $\alpha = 0{,}927$.

Les solutions sont les réels définis par $x = 0{,}927 + k \times 2\pi$ et $x = -0{,}927 + k \times 2\pi$.

- L'équation $\sin x = -0{,}4$: on obtient $\alpha = -0{,}412$.

Les solutions sont les réels définis par $x = -0{,}412 + k \times 2\pi$ et $x = 3{,}554 + k \times 2\pi$.

- L'équation $\sin(3t + 0{,}5) = 0{,}6$: on obtient $\alpha = 0{,}644$. On a $\omega = 3$, donc $T = \frac{2\pi}{3}$.

Les solutions sont les réels définis par $t = 0{,}048 + k \times \frac{2\pi}{3}$ et $t = -0{,}666 + k \times \frac{2\pi}{3}$.

EXERCICES RÉSOLUS

1 › Utiliser le cercle trigonométrique pour écrire les cosinus et sinus des réels $-x$, $\pi - x$, $\frac{\pi}{2} - x$ et $\pi + x$

Connaissant $\cos \frac{\pi}{6} = \frac{\sqrt{3}}{2}$ et $\sin \frac{\pi}{6} = 0{,}5$, déterminer le cosinus et le sinus des nombres $-x$, $\pi - x$, $\pi + x$ et $\frac{\pi}{2} - x$ où $x = \frac{\pi}{6}$.

Solution

$\cos(-x) = \cos\left(-\frac{\pi}{6}\right) = \frac{\sqrt{3}}{2}$; $\sin(-x) = \sin\left(-\frac{\pi}{6}\right) = -0{,}5$.

$\cos(\pi - x) = \cos\left(\frac{5\pi}{6}\right) = -\frac{\sqrt{3}}{2}$; $\sin(\pi - x) = \sin\left(\frac{5\pi}{6}\right) = 0{,}5$.

$\cos(\pi + x) = \cos\left(\frac{7\pi}{6}\right) = -\frac{\sqrt{3}}{2}$; $\sin(\pi + x) = \sin\left(\frac{7\pi}{6}\right) = -0{,}5$.

$\cos\left(\frac{\pi}{2} - x\right) = \cos\left(\frac{\pi}{3}\right) = 0{,}5$; $\sin\left(\frac{\pi}{2} - x\right) = \sin\left(\frac{\pi}{3}\right) = \frac{\sqrt{3}}{2}$.

Méthode

- Retrouver et utiliser les relations liées aux angles associés à l'aide des configurations sur le cercle trigonométrique.
- Pour les nombres $-x$, $\pi - x$, $\pi + x$, utiliser la configuration du rectangle.
- Pour le nombre $\frac{\pi}{2} - x$, utiliser la configuration des « angles complémentaires ».

2 › Résoudre une équation du type $\sin x = b$ et $\sin(\omega t + \varphi) = c$

a. Résoudre sur $[0 ; 4\pi]$ l'équation $\sin x = 0{,}485$.

Solution

La calculatrice donne $\alpha \approx 0{,}506$ rad.
Les solutions sont les réels définis par :
$x \approx 0{,}506 + k \times 2\pi$ et $x \approx (\pi - 0{,}506) + k \times 2\pi$
soit $x \approx 2{,}635 + k \times 2\pi$ (k entier relatif) qui appartiennent à l'intervalle $[0 ; 4\pi]$.
Ce sont les nombres : pour $k = 0$; 0,506 et 2,635 ; pour $k = 1$:
$0{,}506 + 2\pi \approx 6{,}789$ et $2{,}635 + 2\pi \approx 8{,}918$.
Soit les solutions appartenant à l'intervalle $[0 ; 4\pi]$:
0,506 ; 2,635 ; 6,789 ; 8,918.

Méthode

- Déterminer à l'aide de la calculatrice la solution unique α de l'intervalle $\left[-\frac{\pi}{2} ; \frac{\pi}{2}\right]$.
- Écrire les solutions de l'équation.
- Donner différentes valeurs à k afin d'obtenir toutes les solutions dans l'intervalle demandé.
- Ordonner les solutions.

b. Résoudre l'équation $\sin\left(2x + \frac{\pi}{3}\right) = \frac{1}{2}$.

Solution

On a : $\omega = 2$, donc $T = \pi$, et $\alpha = \frac{\pi}{6}$ rad.

Les solutions sont les réels définis par :

$t = \dfrac{\frac{\pi}{6} - \frac{\pi}{3}}{2} + k \times \pi$ et $t = \dfrac{\pi - \frac{\pi}{6} - \frac{\pi}{3}}{2} + k \times \pi$ (k entier relatif).

Soit $t = -\frac{\pi}{12} + k \times \pi$ et $t = \frac{\pi}{4} + k \times \pi$ (k entier relatif).

Méthode

- Déterminer, si nécessaire à l'aide de la calculatrice, le nombre α tel que $\sin \alpha = c$.
- Écrire les solutions de l'équation.
- Simplifier les expressions des solutions de l'équation.

Exercices & Problèmes

Ⓡ *Exercices avec réponses en fin d'ouvrage.* ✱/✱✱ *Exercices plus difficiles.*

Exercices

1. QCM

Choisir la ou les bonne(s) réponse(s).

a. La mesure du supplément de $\frac{5\pi}{6}$ est :

❒ $-\frac{5\pi}{6}$ ❒ $\frac{\pi}{6}$ ❒ $\frac{7\pi}{6}$

b. La mesure du complément de $\frac{3\pi}{8}$ est :

❒ $\frac{5\pi}{8}$ ❒ $\frac{\pi}{8}$ ❒ $-\frac{3\pi}{8}$

c. L'angle opposé à $\frac{2\pi}{3}$ est :

❒ $-\frac{2\pi}{3}$ ❒ $-\frac{\pi}{3}$ ❒ $\frac{\pi}{3}$

d. La fonction cosinus est liée à la fonction sinus par la relation :

❒ $\cos x = \sin\left(x - \frac{\pi}{2}\right)$

❒ $\cos x = \sin\left(x + \frac{\pi}{2}\right)$

❒ $\cos x = \sin\left(\frac{\pi}{2} - x\right)$

e. $\sin\left(\frac{\pi}{3} + \frac{\pi}{4}\right)$ est égal à :

❒ $\cos\frac{\pi}{3}\sin\frac{\pi}{4} - \sin\frac{\pi}{3}\cos\frac{\pi}{4}$

❒ $\cos\frac{\pi}{3}\cos\frac{\pi}{4} + \sin\frac{\pi}{3}\sin\frac{\pi}{4}$

❒ $\cos\frac{\pi}{3}\sin\frac{\pi}{4} + \sin\frac{\pi}{3}\cos\frac{\pi}{4}$

2. Phrases et schémas à compléter

Compléter les phrases et schémas suivants par :
$u(t) = 2{,}5\sin\left(3\pi t - \frac{3\pi}{4}\right)$; $u(t) = 2{,}5\sin\left(20\pi t + \frac{2\pi}{3}\right)$.
$-\frac{3\pi}{4}$; $\frac{\pi}{3}$; 20π ; 3π ; 2 ; 2,5.

a. Le signal $u(t) = 2\sin\left(50\pi t + \frac{\pi}{3}\right)$ est représenté par le vecteur de Fresnel suivant :

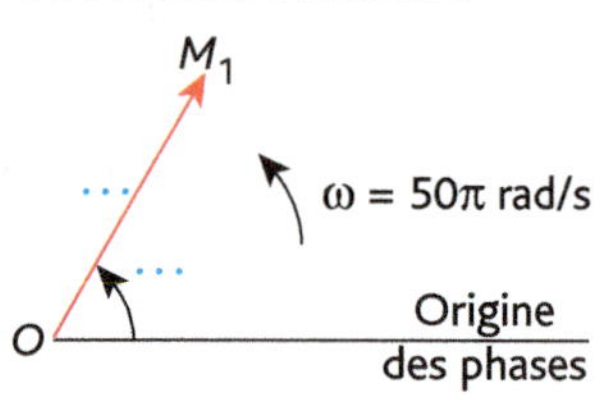

b. Le signal .... est représenté par le vecteur de Fresnel suivant :

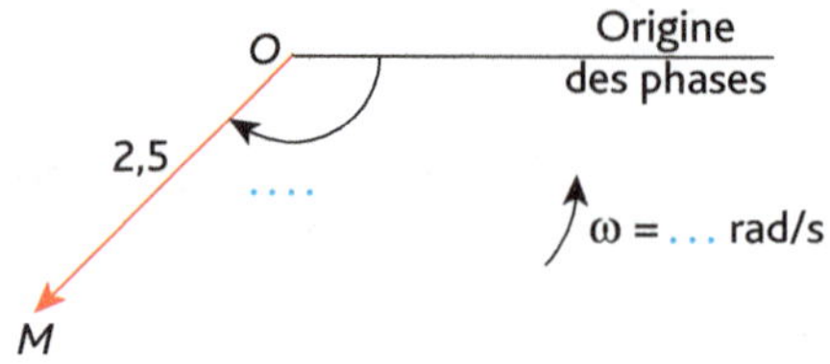

c. Le signal .... est représenté par le vecteur de Fresnel suivant :

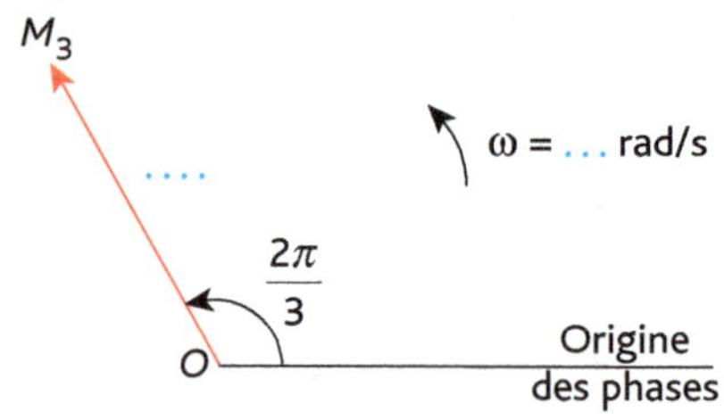

3. Associer

Relier par une flèche chaque équation à ses solutions.

$\cos x = \frac{\sqrt{2}}{2}$ •	• $\frac{\pi}{4} + k \times 2\pi$ et $\frac{3\pi}{4} + k \times 2\pi$ (k entier relatif)
$\sin x = \frac{\sqrt{2}}{2}$ •	• $0 + k \times \frac{\pi}{2}$ et $\frac{\pi}{12} + k \times \frac{\pi}{2}$ (k entier relatif)
$\cos x = 0{,}5$ •	• $\frac{\pi}{4} + k \times 2\pi$ et $-\frac{\pi}{4} + k \times 2\pi$ (k entier relatif)
$\sin\left(4t + \frac{\pi}{3}\right) = \frac{\sqrt{3}}{2}$ •	• $\frac{\pi}{3} + k \times 2\pi$ et $-\frac{\pi}{3} + k \times 2\pi$ (k entier relatif)

4. QCM

Un signal $u(t)$ est représenté par le vecteur de Fresnel suivant :

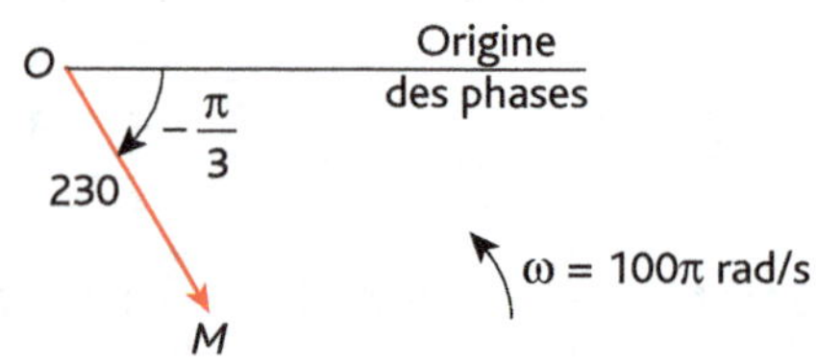

Choisir la ou les bonne(s) réponse(s).

a. L'amplitude du signal vaut :

❒ 100π ❒ $-\frac{\pi}{3}$ ❒ 230

b. La phase à l'origine du signal vaut :

❒ 100π ❒ $-\frac{\pi}{3}$ ❒ 230

c. La pulsation du signal vaut :

❒ 100π ❒ $-\frac{\pi}{3}$ ❒ 230

d. Le signal $u(t)$ a pour expression :

❒ $230\sin\left(100\pi t-\frac{\pi}{3}\right)$

❒ $100\pi\sin\left(230t-\frac{\pi}{3}\right)$

❒ $230\sin\left(100\pi t+\frac{\pi}{3}\right)$

› Angles associés

5. Les sinus et cosinus des angles 30°, 45° et 60° sont déjà connus.
Remplir, sans calculatrice, les tableaux suivants :

a.

Angles (°)	30	45	60	120	135	150
Sinus						
Cosinus						

b.

Angles (°)	– 30	– 45	– 60	– 120	– 135	– 150
Sinus						
Cosinus						

6. Ⓡ Sans table, ni calculatrice, donner le sinus et le cosinus des angles, en radians, suivants :

a. $\frac{\pi}{6}$; $\frac{5\pi}{6}$; $\frac{7\pi}{6}$; $\frac{9\pi}{6}$.

b. $\frac{\pi}{3}$; $\frac{4\pi}{3}$; $-\frac{2\pi}{3}$; $-\frac{\pi}{3}$.

c. $\frac{\pi}{4}$; $\frac{3\pi}{4}$; $-\frac{3\pi}{4}$; $-\frac{5\pi}{4}$.

7. Soit M le point image du nombre $x=\frac{2\pi}{3}$.

a. Placer sur le cercle trigonométrique les points M_1, M_2, M_3 et M_4 images des nombres $-x$, $\pi-x$, $\pi+x$ et $\frac{\pi}{2}-x$.

b. Sachant que $\cos\frac{2\pi}{3}=-0,5$ et $\sin\frac{2\pi}{3}=\frac{\sqrt{3}}{2}$, en déduire le cosinus et le sinus des nombres $-x$, $\pi-x$, $\pi+x$ et $\frac{\pi}{2}-x$.

› Fonction cosinus

8. Ⓡ Dans le repère ci-dessous est tracée la courbe représentative de la fonction cosinus sur l'intervalle $\left[-\frac{3\pi}{2};\frac{5\pi}{2}\right]$.

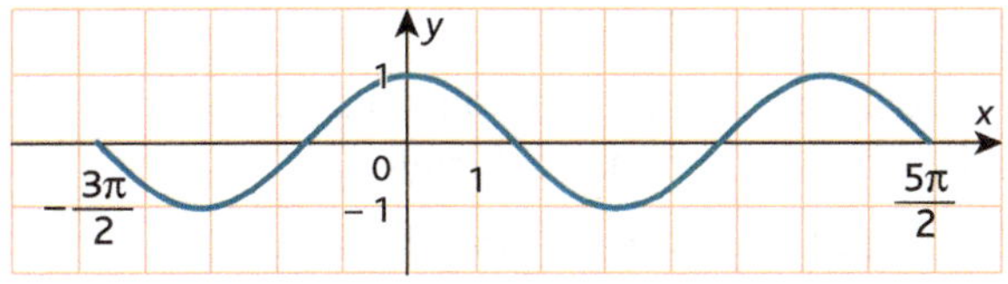

a. Comment s'appelle cette courbe ?

b. Combien de périodes de la fonction cosinus cela représente-t-il ?

9. Ⓡ Construire dans un repère orthornormal la sinusoïde représentant la fonction cosinus sur l'intervalle $[0\,;\pi]$.

10. Construire dans un repère orthornormal la sinusoïde représentant la fonction cosinus sur l'intervalle $\left[-\frac{\pi}{2};\frac{\pi}{2}\right]$.

11. Compléter le tableau de variation de la fonction cosinus sur $[0:\pi]$:

x	0	....	π
$\cos(x)$	1		– 1

12. Compléter le tableau de variation de la fonction cosinus sur $\left[-\frac{\pi}{2};\frac{\pi}{2}\right]$:

x	$-\frac{\pi}{2}$	....	$\frac{\pi}{2}$
$\cos(x)$	0		0

› Formules d'addition

13. Ⓡ En utilisant l'égalité $\frac{\pi}{4}+\frac{\pi}{3}=\frac{7\pi}{12}$, calculer $\cos\frac{7\pi}{12}$ et $\sin\frac{7\pi}{12}$.

14. Exprimer en fonction de $\cos x$ et $\sin x$:

a. $\cos\left(x+\frac{\pi}{3}\right)$; $\sin\left(x+\frac{\pi}{3}\right)$.

b. $\cos\left(x+\frac{2\pi}{3}\right)$; $\sin\left(x+\frac{2\pi}{3}\right)$.

15. Montrer, que pour tout réel x, on a :

a. $\cos x+\cos\left(x+\frac{2\pi}{3}\right)+\cos\left(x+\frac{4\pi}{3}\right)=0$.

b. $\sin x+\sin\left(x+\frac{2\pi}{3}\right)+\sin\left(x+\frac{4\pi}{3}\right)=0$.

16. Montrer que $\sin 2x=2\sin x\cos x$.

› Vecteur de Fresnel

17. R ✱ Soient les courants d'intensité i_1 et i_2 d'expressions $i_1(t) = 4\sqrt{2}\sin\left(120\pi t + \frac{2\pi}{3}\right)$ et $i_2(t) = 15\sin(2t - 2{,}8)$.

Pour chaque courant :

a. Indiquer les éléments (amplitude, pulsation, période, fréquence, phase à l'origine).

b. Construire la représentation de Fresnel.

18. R ✱ Construire les représentations de Fresnel des fonctions définies par :

a. $u_1(t) = 4\sin\left(3t - \frac{7\pi}{13}\right)$

b. $u_2(t) = 6\sin\left(3t + \frac{5\pi}{8}\right)$

19. À partir de la représentation de Fresnel ci-dessous, écrire les expressions des fonctions f et g.

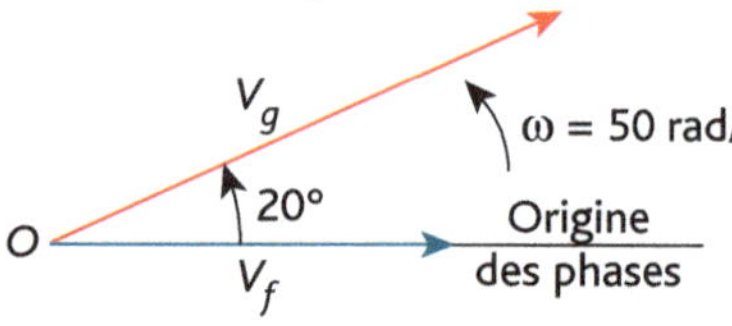

Unité graphique : 1 cm pour 1 unité.

20. À partir de la représentation de Fresnel ci-dessous, écrire les expressions des fonctions V_1, V_2 et V_3.

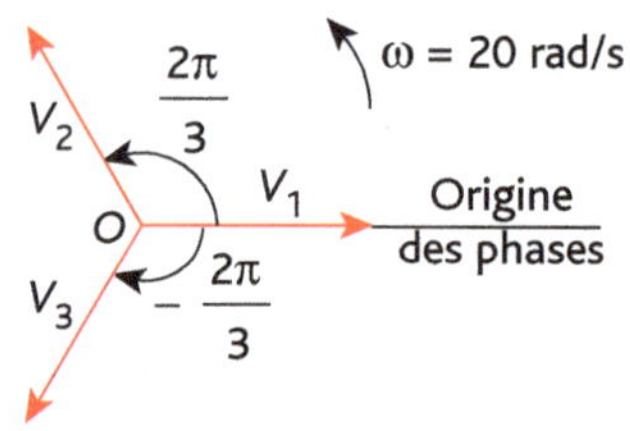

Unité graphique : 1 cm pour 1 unité.

21. Voici trois sinusoïdes. Donner les représentations de Fresnel des fonctions correspondantes à chacune des courbes.

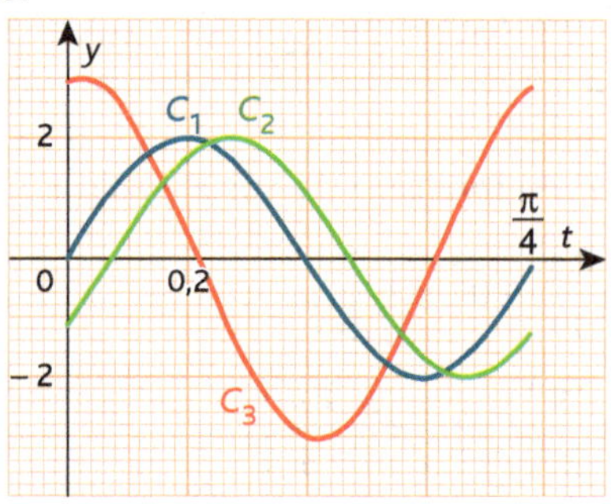

22. On considère la tension U d'expression $u(t) = 4\cos\left(\omega t + \frac{\pi}{6}\right)$.

a. Montrer qu'elle peut s'exprimer sous la forme $u(t) = 4\sin\left(\omega t + \frac{2\pi}{3}\right)$.

b. Donner sa représentation de Fresnel.

23. R On considère l'intensité I d'expression $i(t) = 3{,}5\cos\left(\omega t + \frac{2\pi}{3}\right)$.

a. Montrer qu'elle peut s'exprimer sous la forme $i(t) = 3{,}5\sin\left(\omega t - \frac{5\pi}{6}\right)$.

b. Donner sa représentation de Fresnel.

24. Effectuer, en s'aidant éventuellement d'une représentation de Fresnel, la somme : $s(t) = 2\sin\left(\pi t - \frac{\pi}{3}\right) + \sin\left(\pi t + \frac{\pi}{6}\right)$.

25. R Effectuer, en s'aidant éventuellement d'une représentation de Fresnel, la somme : $s(t) = 2\sin(\omega t) + \sin(\omega t + 2\pi)$.

26. ✱ En utilisant la représentation de Fresnel, calculer b et θ dans l'égalité suivante :

$$\sin\left(\omega t + \frac{\pi}{6}\right) + 3\sin\left(\omega t - \frac{5\pi}{12}\right) = b\sin(\omega t + \theta).$$

› Équations trigonométriques

27. Résoudre les équations suivantes (arrondir les résultats au millième de radian) :

a. $\sin x = 0{,}79$.

b. $\sin x = -0{,}20$.

28. R Résoudre les équations suivantes dans l'intervalle $\left[-\frac{5\pi}{2} ; \frac{3\pi}{2}\right]$ (arrondir les résultats au millième de radian) :

a. $\sin x = 0{,}350$.

b. $\sin x = -0{,}487$.

29. Résoudre les équations suivantes dans l'intervalle $[-2\pi ; 3\pi]$ (arrondir les résultats au millième de radian) :

a. $\sin x = -0{,}276$.

b. $\sin x = 0{,}744$.

30. R Résoudre les équations suivantes (arrondir les résultats au millième de radian) :

a. $\cos x = -0{,}51$.

b. $\cos x = 0{,}54$.

Attention ! Lorsque l'on résout une équation trigonométrique…

… Il ne faut pas hésiter à utiliser le cercle trigonométrique.

31. Résoudre les équations suivantes dans l'intervalle $[-3\pi ; 3\pi]$ (arrondir les résultats au millième de radian) :

a. $\cos x = -0{,}142$.

b. $\cos x = -0{,}997$.

32. (R) Résoudre les équations suivantes dans l'intervalle $\left[-\dfrac{5\pi}{2} ; \dfrac{3\pi}{2}\right]$ (donner les valeurs exactes) :

a. $\sin x = \dfrac{\sqrt{3}}{2}$.

b. $\sin x = -0{,}5$.

c. $\sin x = \dfrac{\sqrt{2}}{2}$.

33. Résoudre les équations suivantes dans l'intervalle $[-\pi ; 4\pi]$ (donner les valeurs exactes) :

a. $\cos x = 0{,}5$.

b. $\cos x = -\dfrac{\sqrt{3}}{2}$.

c. $\cos x = \dfrac{\sqrt{2}}{2}$.

34. ✱ Résoudre les équations suivantes puis donner les solutions appartenant à l'intervalle $[0 ; 2\pi]$:

a. $\sin\left(2t + \dfrac{\pi}{3}\right) = \dfrac{1}{2}$.

b. $\sin\left(4t - \dfrac{\pi}{8}\right) = -\dfrac{1}{2}$.

c. $\sin\left(2t + \dfrac{\pi}{4}\right) = \dfrac{\sqrt{3}}{2}$.

35. (R) ✱ Résoudre les équations suivantes puis donner les solutions appartenant à l'intervalle $[-\pi ; \pi]$:

a. $\sin\left(3t + \dfrac{\pi}{3}\right) = \dfrac{1}{2}$.

b. $\sin\left(4t - \dfrac{\pi}{8}\right) = 1$.

c. $\sin\left(3t + \dfrac{\pi}{4}\right) = 0$.

Problèmes

› Problème 1

Sous un chapiteau, un projecteur est placé à 6 m au-dessus d'une scène.

Celui-ci ne peut se déplacer que selon un plan comme sur le schéma suivant :

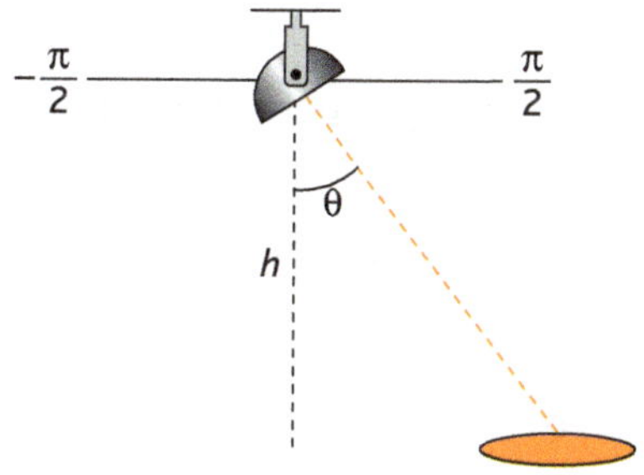

L'intensité lumineuse I sur la surface éclairée de la scène est donnée par la relation $I(\theta) = E.h^2\cos\theta$ où E est l'intensité d'éclairement, h la hauteur et θ l'angle indiqué sur la figure. E et h sont constants.

1. À partir des variations de la fonction cosinus sur l'intervalle $\left[-\dfrac{\pi}{2} ; \dfrac{\pi}{2}\right]$, déterminer la valeur de θ pour que l'éclairement soit maximal.

2. En déduire où doit se situer un personnage par rapport au projecteur pour avoir un éclairement maximal.

› Problème 2

Natures des triangles

1. Que peut-on dire d'un triangle ABC tel que : $\cos\widehat{B}\sin\widehat{C} + \cos\widehat{B}\sin\widehat{C} = 1$?

2. Que peut-on dire d'un triangle ABC tel que : $\cos\widehat{B}\cos\widehat{C} - \sin\widehat{B}\sin\widehat{C} = 1$?

3. Que peut-on dire d'un triangle ABC tel que : $\cos\widehat{B}\sin\widehat{C} + \sin\widehat{B}\cos\widehat{C} = \dfrac{\sqrt{3}}{2}$?

› Problème 3

Montrer que $\cos\dfrac{\pi}{12}\cos\dfrac{5\pi}{12} = \sin\dfrac{\pi}{12}\sin\dfrac{5\pi}{12}$.

› Problème 4

Déterminer la tension somme des deux tensions sinusoïdales u_1 et u_2 de même fréquence, de valeurs efficaces $U_1 = 30$ V et $U_2 = 50$ V sachant que u_2 est en retard sur u_1 de $\dfrac{\pi}{6}$.

› Problème 5

On considère deux courants sinusoïdaux i_1 et i_2 tels que :

$$i_1(t) = 5\sqrt{2}\sin\left(100\pi t + \frac{\pi}{6}\right),$$

$$i_2(t) = 3\sqrt{2}\sin\left(100\pi t - \frac{\pi}{4}\right).$$

1. Construire la représentation de Fresnel de i_1, i_2 et $i = i_1 + i_2$.
Unité graphique : 2 cm pour 1 A.

2. Par lecture graphique, déterminer la valeur efficace du courant somme.

3. Donner l'expression $i(t)$ du courant somme.

› Problème 6

Le transformateur

En Amérique du Nord, la fréquence des tensions du réseau est de 60 Hz.
On applique aux bornes du primaire d'un transformateur à vide une tension u_1 d'amplitude 10 V ; cette tension est prise comme origine des phases. Le rapport de transformation est 5.
La tension u_2 mesurée aux bornes du secondaire a même fréquence que u_1 et est en opposition de phase avec u_1.

1. Calculer la période et la pulsation du réseau en Amérique du Nord.

2. a. Écrire les expressions, en fonction de t, de u_1 et u_2.

b. Construire les représentations de Fresnel des tensions. Unité graphique au choix.

› Problème 7

Association de dipôles

Un générateur délivre une tension sinusoïdale $u(t) = 8\sqrt{2}\sin(100\pi t)$ aux bornes de l'association des trois dipôles ci-dessous.

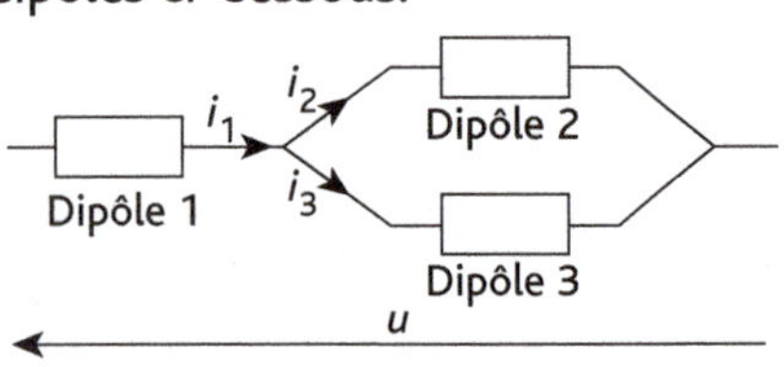

Les intensités (en A) traversant les dipôles 1 et 2 ont pour expressions :

$$i_1(t) = 0{,}35\sqrt{2}\sin\left(100\pi t - \frac{\pi}{4}\right),$$

$$i_2(t) = 0{,}2\sqrt{2}\sin\left(100\pi t + \frac{\pi}{6}\right).$$

Trouver, à l'aide d'une représentation de Fresnel, l'expression de l'intensité du courant traversant le dipôle 3 en fonction du temps.

› Problème 8

Une tension sinusoïdale de fréquence 50 Hz est définie par une expression de la forme $u(t) = A\sin(\omega t + \varphi)$. Elle est maximale à l'instant initial, sa valeur est alors 20 V.
Déterminer l'expression de la tension.

› Problème 9

On considère la tension sinusoïdale

$$u(t) = 220\sqrt{2}\sin\left(100\pi t - \frac{\pi}{3}\right).$$

1. Quel est le plus petit nombre positif T tel que $u(t + T) = u(t)$.

2. Résoudre l'équation $u(t) = 220\sqrt{2}$.

› Problème 10

A. Diagramme de Fresnel des tensions simples
Dans une alimentation triphasée, les tensions simples ont même valeur efficace V et sont déphasées entre elles de $\frac{2\pi}{3}$ rad.
v_1 a pour expression $v_1(t) = \sqrt{2}\sin(\omega t)$.

1. Donner les expressions de v_2 et de v_3.

2. Construire le diagramme de Fresnel des tensions simples.

B. Montage étoile
Trois lampes sont montées en étoile sur une alimentation triphasée 230/400 V.
L'intensité maximale du courant dans chaque ligne est de 0,45 A.

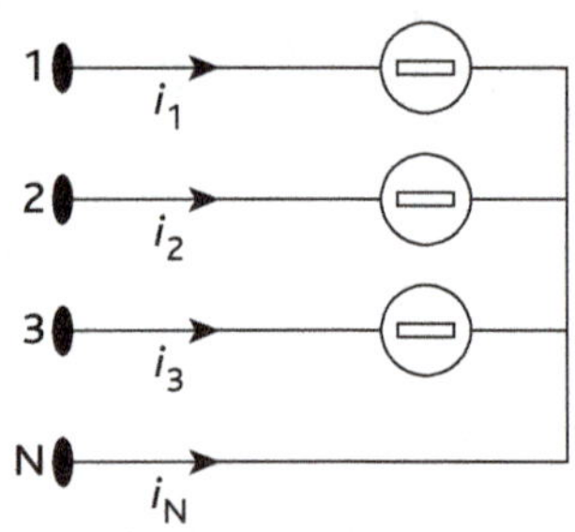

La lampe est un dipôle résistif. Donc, chaque lampe est en phase avec la tension simple à laquelle elle est soumise.
On note i_1 l'intensité du courant dans la ligne n° 1 (respectivement i_2 et i_3 pour les lignes n° 2 et n° 3) et i_N l'intensité du courant dans la ligne de neutre.

1. Construire le diagramme de Fresnel des intensités de ligne. Unité graphique : 1 cm pour 0,1 A.

2. Déterminer l'intensité du courant dans la ligne de neutre, sachant que $i_N(t) = i_1(t) + i_2(t) + i_3(t)$.

Je me teste

EXERCICE 1 Le spot sur rail

Une source lumineuse se déplace le long d'un rail semi-circulaire comme sur la figure ci-dessous. L'intensité d'éclairement E sur la surface éclairée du centre de la scène est donnée par la relation $E(\theta) = \frac{I}{d^2}\cos\theta$ où I est l'intensité lumineuse, d la distance OP et θ l'angle indiqué sur la figure. I et d sont constants.

À chaque réel θ compris entre $-\frac{\pi}{2}$ et $\frac{\pi}{2}$ correspond un point P du rail semi-circulaire tel que $\widehat{AOP} = \theta$ rad.

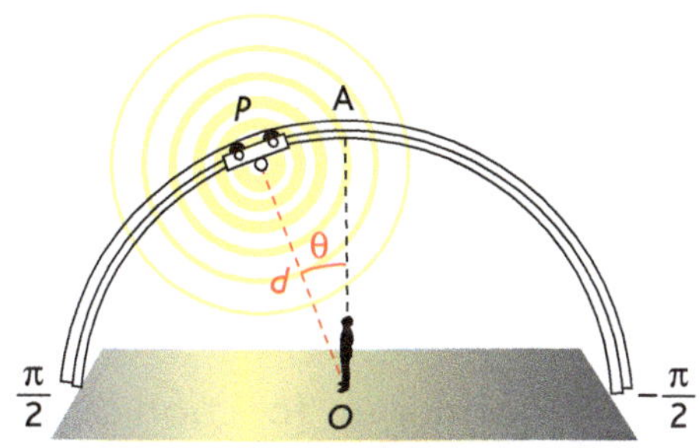

1 À partir du tableau de variation de la fonction cosinus pour x compris entre $-\frac{\pi}{2}$ et $\frac{\pi}{2}$, dresser le tableau de variation de $E(\theta)$ pour θ compris entre $-\frac{\pi}{2}$ et $\frac{\pi}{2}$.

θ	$-\frac{\pi}{2}$ .... $\frac{\pi}{2}$
$E(\theta)$	

2 Pour quelle valeur de θ l'éclairement théorique E est-il maximal ? ....

Est-il nul ? ....

3 Comment est l'éclairement E lorsque $\widehat{AOP} = -\theta$? ....

....

Appelez le professeur pour expliquer votre proposition.

EXERCICE 2 Nature d'un triangle

Que peut-on dire d'un triangle ABC tel que $\cos\widehat{B}\cos\widehat{C} - \sin\widehat{B}\sin\widehat{C} = 0$?

....

....

....

VERS LE CCF

EXERCICE 3 Association de dipôles

Soit l'association de trois dipôles comme ci-contre.

Les intensités, exprimées en ampères, et la tension sont sinusoïdales. La tension u est prise comme origine des phases.

Un oscilloscope a permis de relever le graphique ci-dessous.

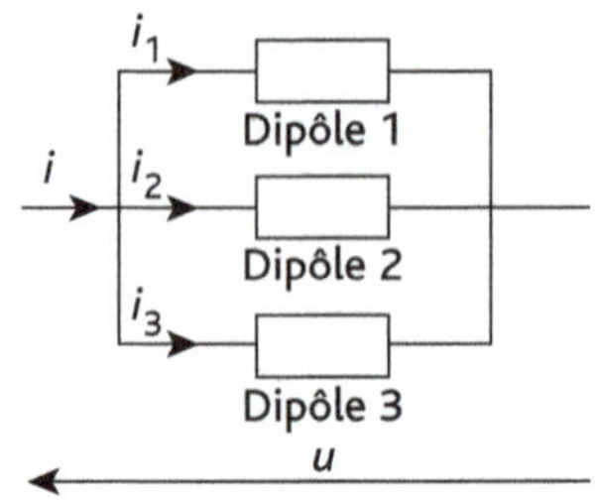

1 Exploitation de l'oscillogramme

a. Donner les caractéristiques (amplitude, pulsation, phase à l'origine) de chaque intensité.

....

....

....

....

....

....

....

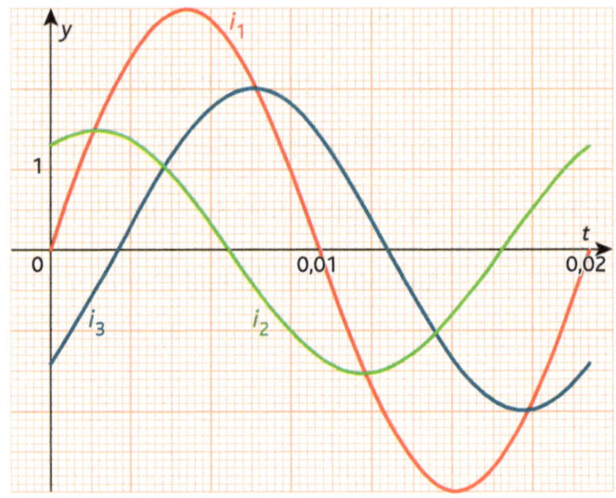

b. Donner en fonction du temps, l'expression de chaque intensité.

$i_1(t)$ = ... ; $i_2(t)$ = ... ; $i_3(t)$ = ...

Appelez le professeur pour expliquer vos résultats.

2 Représentation de Fresnel

a. Construire la représentation de Fresnel de chacune de ces intensités sur l'origine des phases ci-dessous.

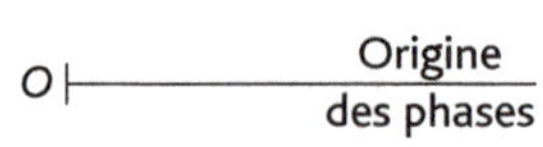

b. En déduire la représentation de Fresnel du courant principal $i = i_1 + i_2 + i_3$.

c. Donner en fonction du temps, l'expression du courant principal i :

$i(t)$ = ...

Appelez le professeur pour présenter votre résultat.

27 Expressions du produit scalaire

Capacité
- Utiliser les trois expressions du produit scalaire de deux vecteurs pour déterminer des longueurs et des angles

1 Première approche du produit scalaire

1. Définition

On donne les vecteurs $\overrightarrow{AB}$ et $\overrightarrow{AC}$ tels que $||\overrightarrow{AB}|| = 5$; $||\overrightarrow{AC}|| = 6$ et $\cos \widehat{BAC} = 0{,}8$.

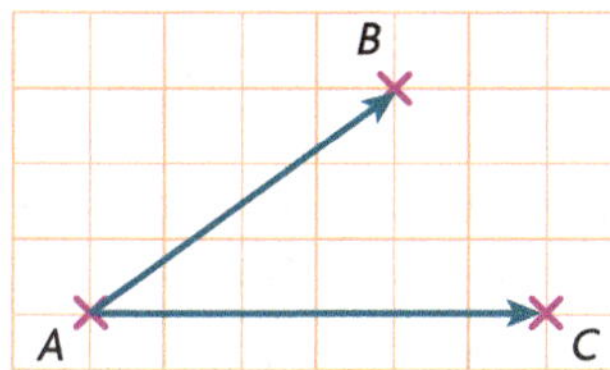

a. Calculer le produit $||\overrightarrow{AB}|| \times ||\overrightarrow{AC}|| \times \cos \widehat{BAC}$. ....

b. Le résultat est-il un nombre ou un vecteur ? ....

Le produit $||\overrightarrow{AB}|| \times ||\overrightarrow{AC}|| \times \cos \widehat{BAC}$ est le nombre appelé **produit scalaire** des vecteurs $\overrightarrow{AB}$ et $\overrightarrow{AC}$. On le note $\overrightarrow{AB} . \overrightarrow{AC}$ et on lit « vecteur AB scalaire vecteur AC ».

2. Signe du produit scalaire

Ouvrir le fichier « 09_scalaire1.ggb ».

a. Déplacer successivement le point B sur la demi-droite bleue et le point C sur la demi-droite verte. Faire varier la mesure de l'angle α à l'aide du curseur rouge.

b. Relever une dizaine de valeurs du produit scalaire $\overrightarrow{AB} . \overrightarrow{AC}$ calculées par le logiciel.

....

Le signe du produit scalaire est-il toujours le même ? ....

c. De quelle(s) variable(s) semble dépendre le signe du produit scalaire : la longueur AB, la longueur AC ou la mesure α de l'angle $\widehat{BAC}$? ....

d. Faire une conjecture sur le signe de $\overrightarrow{AB} . \overrightarrow{AC}$ et la vérifier en utilisant la définition du produit scalaire.

....

....

e. Que se passe-t-il si les points A et B, ou A et C, sont confondus ? ....

2 Expression analytique du produit scalaire (avec les coordonnées)

On admet la propriété suivante : dans un repère orthonormal, si les vecteurs $\vec{u}$ et $\vec{v}$ ont pour coordonnées respectives $(x\,;x')$ et $(y\,;y')$, alors on a : $\vec{u} . \vec{v} = xx' + yy'$.

Dans un repère orthonormal, soient les vecteurs $\vec{u}(-2\,;3)$ et $\vec{v}(1\,;5)$.

- Calculer leur produit scalaire $\vec{u} . \vec{v}$ à l'aide de la relation précédente.

$\vec{u} . \vec{v} =$ .... $\times$ .... $+$ .... $\times$ .... $=$ ....

3 Troisième expression du produit scalaire

On admet la propriété suivante : $\vec{u} \cdot \vec{v} = \frac{1}{2}\left(||\vec{u} + \vec{v}||^2 - ||\vec{u}||^2 - ||\vec{v}||^2\right)$.

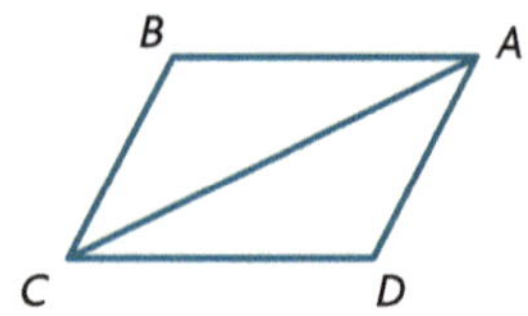

Soit $ABCD$ un parallélogramme tel que $AB = 4$, $AC = 6$ et $AD = 3$. On se propose de calculer le produit scalaire $\overrightarrow{AB} \cdot \overrightarrow{AD}$ à l'aide de la relation précédente.

- Déterminer le vecteur égal à $\overrightarrow{AB} + \overrightarrow{AD}$. ....
- Donner $||\overrightarrow{AB}||$; $||\overrightarrow{AD}||$; $||\overrightarrow{AC}||$. ....
- Calculer $\overrightarrow{AB} \cdot \overrightarrow{AD}$ à l'aide de la relation donnée. ....

....

Comment calculer un angle à l'aide du produit scalaire ?

Dans un repère orthonormal, on donne les points $A(3 ; 1)$, $B(-2 ; 2)$ et $C(1 ; -1)$.
Calculer la mesure de l'angle $\widehat{ABC}$ en radians.
Arrondir au millième.

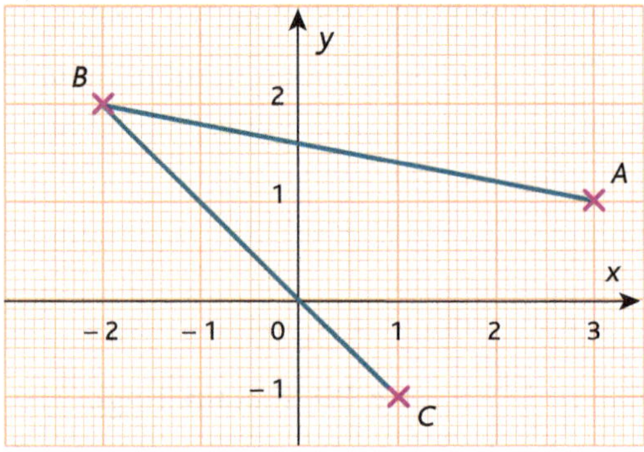

- Calculer les coordonnées des vecteurs correspondant aux côtés de l'angle cherché. Prendre pour origine le sommet de l'angle.
  $\overrightarrow{BA}$(.......... ; ....) ; $\overrightarrow{BC}$(.......... ; ....)
- Calculer le produit scalaire de ces deux vecteurs en utilisant l'expression analytique.
  $\overrightarrow{BA} \cdot \overrightarrow{BC} =$ .... × .... + ... × .... = ...
- Calculer la norme de chacun des deux vecteurs
  $||\overrightarrow{BA}|| =$ .... ; $||\overrightarrow{BC}|| =$ ....
- Écrire le produit scalaire de ces deux vecteurs en utilisant la définition.
  $\overrightarrow{BA} \cdot \overrightarrow{BC} =$ .... × .... × ....
- Écrire que les deux résultats obtenus pour le produit scalaire sont égaux.
  .... = ...
- Calculer $\cos \widehat{ABC}$: ....
- Donner la mesure de l'angle $\widehat{ABC}$: ....

Exercices

1 Dans un triangle DEF, on donne $DE = 5$; $DF = 8$; $\widehat{EDF} = 50°$. Calculer $\overrightarrow{DE} \cdot \overrightarrow{DF}$.

2 Dans un triangle PLM, on donne $LP = 13$; $LM = 10$; $\widehat{PLM} = 50°$. Calculer $\overrightarrow{LP} \cdot \overrightarrow{LM}$.

3 Dans un repère orthonormal, on donne les vecteurs $\vec{u}(-2 ; 6)$, $\vec{v}(1 ; -1)$, $\vec{w}(3 ; 4)$.

a. Calculer $\vec{u} \cdot \vec{v}$; $\vec{u} \cdot \vec{w}$; $\vec{v} \cdot \vec{w}$.

b. Calculer $\vec{u} \cdot \vec{u}$; $\vec{v} \cdot \vec{v}$; $\vec{w}^2$.

28 Vecteurs orthogonaux

Capacité

- Reconnaître des vecteurs orthogonaux, à l'aide de leurs coordonnées dans un repère orthonormal

1 Vérifier deux propriétés du produit scalaire

1. Vérification sur un exemple d'une propriété du produit scalaire

$k(\vec{u}\,.\,\vec{v}) = (k\vec{u})\,.\,\vec{v}$ où k est une constante et $\vec{u}$ et $\vec{v}$ sont deux vecteurs non nuls.

On donne, dans un repère orthonormal, $\vec{u}(-2\,;5)$ et $\vec{v}(3\,;4)$. On prend $k = 3$.

- Calculer le nombre $\vec{u}\,.\,\vec{v}$ en utilisant l'expression analytique du produit scalaire.

  ……………………………………………………………………………………
- Calculer le nombre $3(\vec{u}\,.\,\vec{v})$: ……………………………………………
- Calculer les coordonnées du vecteur $3\vec{u}$: ……………………………………………
- Calculer le nombre $(3\vec{u})\,.\,\vec{v}$: ……………………………………………
- Vérifier que $3(\vec{u}\,.\,\vec{v}) = (3\vec{u})\,.\,\vec{v}$: ……………………………………………

2. Vérification sur un exemple d'une autre propriété du produit scalaire

On remarque une ressemblance avec la multiplication des nombres.

$\vec{u}\,.\,(\vec{v} + \vec{w}) = \vec{u}\,.\,\vec{v} + \vec{u}\,.\,\vec{w}$ où $\vec{u}$, $\vec{v}$ et $\vec{w}$ sont des vecteurs non nuls.

On donne, dans un repère orthonormal, $\vec{u}(2\,;3)$, $\vec{v}(-1\,;5)$ et $\vec{w}(4\,;-2)$.

- Calculer les coordonnées du vecteur $\vec{v} + \vec{w}$: ……………………………………………
- Calculer le nombre $\vec{u}\,.\,(\vec{v} + \vec{w})$: ……………………………………………
- Calculer le nombre $\vec{u}\,.\,\vec{v}$: ……………………………………………
- Calculer le nombre $\vec{u}\,.\,\vec{w}$: ……………………………………………
- Calculer le nombre $\vec{u}\,.\,\vec{v} + \vec{u}\,.\,\vec{w}$: ……………………………………………
- Vérifier que $\vec{u}\,.\,(\vec{v} + \vec{w}) = \vec{u}\,.\,\vec{v} + \vec{u}\,.\,\vec{w}$: ……………………………………………

2 Reconnaître des vecteurs orthogonaux

Deux vecteurs **orthogonaux** sont deux vecteurs dont les directions sont **perpendiculaires**.

1. Quand le produit scalaire de deux vecteurs non nuls est-il égal à 0 ?

Ouvrir le fichier « 09_scalaire2.ggb ».

Placer les points A, B et C pour qu'ils soient distincts.

- Déplacer les points jusqu'à obtenir $\overrightarrow{AB}\,.\,\overrightarrow{AC} = 0$.

  Quelle est alors la valeur de α ?

- Faire d'autres essais. Trouve-t-on toujours la même valeur pour α ?

- Que peut-on dire de la direction des vecteurs $\overrightarrow{AB}$ et $\overrightarrow{AC}$ si $\overrightarrow{AB}\,.\,\overrightarrow{AC} = 0$?

2. Produit scalaire de deux vecteurs orthogonaux

Ouvrir le fichier « 09_scalaire3.ggb ».
Le point C se déplace sur la droite D perpendiculaire en A à la droite (AB).

- Comment sont les vecteurs $\overrightarrow{AB}$ et $\overrightarrow{AC}$?

- Déplacer les différents points. Lire la ou les valeurs obtenues pour $\overrightarrow{AB}\,.\,\overrightarrow{AC}$.

- Justifier ce résultat en utilisant la première expression du produit scalaire.

Comment montrer que deux vecteurs sont orthogonaux ?

Dans un repère orthonormal, on donne les points $D(-3\,;-2)$, $E(1\,;2)$ et $F(4\,;-1)$.
Les vecteurs $\overrightarrow{ED}$ et $\overrightarrow{EF}$ sont-ils orthogonaux ?

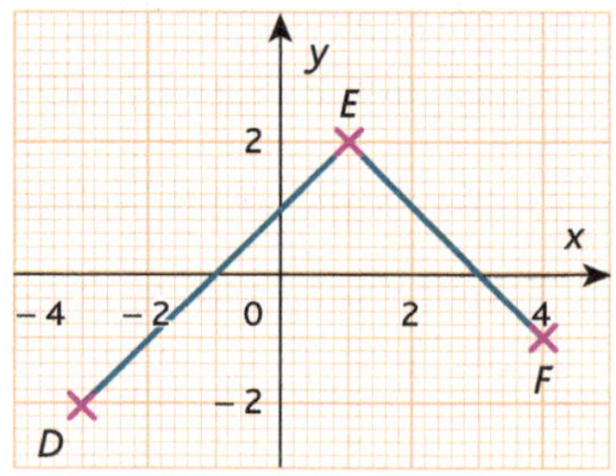

- Calculer les coordonnées des vecteurs.

- Calculer le produit scalaire des deux vecteurs en utilisant l'expression analytique.

- Conclure si les vecteurs sont orthogonaux ou non :

On choisit cette expression du produit scalaire car on connaît les coordonnées des vecteurs.

Exercices

1 On donne $\|\vec{u}\| = 4$, $\|\vec{v}\| = 6$, $\vec{u}\,.\,\vec{v} = 8$.
Calculer $(2\vec{u})\,.\,(-4\vec{v})$; $2\vec{u}\,.\,(\vec{u}-\vec{v})$; $(\vec{u}+\vec{v})^2$.

2 **a.** Les vecteurs $\vec{u}(-5\,;2)$ et $\vec{v}(4\,;-10)$ sont-ils orthogonaux ? Justifier par un calcul.
b. Les vecteurs $\vec{u}(0{,}5\,;-3)$ et $\vec{v}(6\,;1)$ sont-ils orthogonaux ? Justifier par un calcul.

3 On considère les points $A(-4\,;1)$, $B(-1\,;2)$ et $C(1\,;-4)$.
a. Montrer, en calculant le produit scalaire $\overrightarrow{BA}\,.\,\overrightarrow{BC}$, que le triangle ABC est rectangle.
b. Le triangle ABC est-il isocèle ? Justifier par un calcul.

L'ESSENTIEL

1 Produit scalaire de deux vecteurs

• Définition

Soit O un point du plan, et $\vec{u}$ et $\vec{v}$ deux vecteurs de représentant respectif $\overrightarrow{OA}$ et $\overrightarrow{OB}$.

Le produit scalaire des deux vecteurs $\vec{u}$ et $\vec{v}$ est le nombre $\vec{u}\,.\,\vec{v}$, tel que :

– si $\vec{u} \neq \vec{0}$ et $\vec{v} \neq \vec{0}$, alors $\vec{u}\,.\,\vec{v} = ||\vec{u}|| \times ||\vec{v}|| \times \cos \widehat{AOB}$;

– si $\vec{u} = \vec{0}$ ou $\vec{v} = \vec{0}$, alors $\vec{u}\,.\,\vec{v} = 0$.

Cas particulier : $\vec{u}\,.\,\vec{u} = \vec{u}^2 = ||\vec{u}||^2$; $\overrightarrow{AB}\,.\,\overrightarrow{AB} = \overrightarrow{AB}^2 = ||\overrightarrow{AB}||^2 = AB^2$

Exemple

Deux vecteurs $\vec{u}$ et $\vec{v}$, de représentant respectif $\overrightarrow{OA}$ et $\overrightarrow{OB}$, sont tels que $||\vec{u}|| = 5$, $||\vec{v}|| = 8$ et $\widehat{AOB} = \frac{\pi}{4}$ radian. Le produit scalaire $\vec{u}\,.\,\vec{v}$ est égal à : $5 \times 8 \times \cos \frac{\pi}{4} = 40 \times \frac{\sqrt{2}}{2} = 20\sqrt{2}$.

• Expression analytique

Dans un repère orthonormal, si les vecteurs $\vec{u}$ et $\vec{v}$ ont pour coordonnées respectives $(x\,;y)$ et $(x'\,;y')$, alors on a : $\vec{u}\,.\,\vec{v} = xx' + yy'$.

• Expression en fonction des normes des vecteurs

$\vec{u}\,.\,\vec{v} = \frac{1}{2}\left(||\vec{u}+\vec{v}||^2 - ||\vec{u}||^2 - ||\vec{v}||^2\right)$.

2 Vecteurs orthogonaux

Deux vecteurs **orthogonaux** sont deux vecteurs dont les directions sont **perpendiculaires**.

- Si le produit scalaire de deux vecteurs non nuls est égal à 0, alors les vecteurs sont orthogonaux.
- Si deux vecteurs sont orthogonaux, alors leur produit scalaire est égal à 0.

Exemple

Dans un repère orthonormal, on a $\vec{u}(2\,;-3)$ et $\vec{v}(6\,;4)$.

Alors $\vec{u}\,.\,\vec{v} = 2 \times 6 + (-3) \times 4 = 12 - 12 = 0$. Donc les vecteurs $\vec{u}$ et $\vec{v}$ sont orthogonaux.

3 Propriétés du produit scalaire

Soient $\vec{u}$, $\vec{v}$ et $\vec{w}$ trois vecteurs, et k un nombre.

- $\vec{u}\,.\,\vec{v} = \vec{v}\,.\,\vec{u}$
- $k(\vec{u}\,.\,\vec{v}) = (k\vec{u})\,.\,\vec{v}$
- $\vec{u}\,.(\vec{v} + \vec{w}) = \vec{u}\,.\,\vec{v} + \vec{u}\,.\,\vec{w}$

Exemple

$(-3\vec{u}).(5\vec{v}) = -15(\vec{u}\,.\,\vec{v})$; $3\vec{u}\,.\,(\vec{u} - 2\vec{v}) = 3||\vec{u}||^2 - 6(\vec{u}\,.\,\vec{v})$.

Si $\overrightarrow{AB}\,.\,\overrightarrow{AC} = 6$, alors $\overrightarrow{BA}\,.\,\overrightarrow{AC} = (-\overrightarrow{AB})\,.\,\overrightarrow{AC} = -(\overrightarrow{AB}\,.\,\overrightarrow{AC}) = -6$.

EXERCICE RÉSOLU

Démontrer une formule trigonométrique avec le produit scalaire

Soient a et b deux nombres réels.
Montrer, à l'aide du produit scalaire, que $\cos(a+b) = \cos a \cos b - \sin a \sin b$.

Solution

On commence par calculer $\cos(a-b)$.

Méthode
▸ Se placer sur le cercle trigonométrique.

On a $\widehat{AOM} = a$ et $\widehat{AON} = b$.
Le nombre $a-b$ est la mesure de l'angle géométrique $\widehat{NOM}$.
Les coordonnées du point M sont $(\cos a\,;\,\sin a)$ et celles du point $N(\cos b\,;\,\sin b)$.

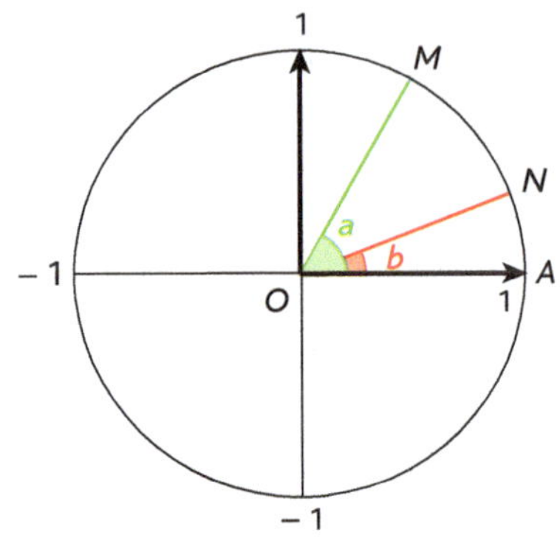

D'après la première expression du produit scalaire, on a :
$\overrightarrow{ON}.\overrightarrow{OM} = \|\overrightarrow{ON}\| \times \|\overrightarrow{OM}\| \times \cos \widehat{NOM}$
$\overrightarrow{ON}.\overrightarrow{OM} = 1 \times 1 \times \cos(a-b)$
$\overrightarrow{ON}.\overrightarrow{OM} = \cos(a-b)$

▸ Écrire le produit scalaire $\overrightarrow{ON}.\overrightarrow{OM}$ de deux façons différentes.

▸ Le rayon du cercle trigonométrique est égal à 1.

Le repère est orthonormal. D'après l'expression analytique du produit scalaire, on a :
$\overrightarrow{ON}.\overrightarrow{OM} = xx' + yy' = \cos a \cos b + \sin a \sin b$
D'où l'égalité :
$\cos(a-b) = \cos a \cos b + \sin a \sin b$.

On calcule $\cos(a+b)$.
$\cos(a-(-b)) = \cos a \cos(-b) + \sin a \sin(-b)$.
Or $\cos(-b) = \cos b$ et $\sin(-b) = -\sin b$.
D'où : $\cos(a+b) = \cos a \cos b - \sin a \sin b$.

▸ Remplacer b par $-b$ dans l'égalité obtenue précédemment.

Exercices & Problèmes

R *Exercices avec réponses en fin d'ouvrage.* **✱/✱✱** *Exercices plus difficiles.*

Exercices

1. QCM

Choisir la ou les bonne(s) réponse(s).

a. Le produit scalaire de deux vecteurs est :

❒ un vecteur
❒ un nombre
❒ un segment

b. $(2\vec{u}).(-3\vec{v}) = ?$

❒ $-5\vec{u}.\vec{v}$
❒ $2\vec{u}-3\vec{v}$
❒ $-6\vec{u}.\vec{v}$

c. Si, dans un repère orthonormal, deux vecteurs $\vec{u}(x\,;y)$ et $\vec{v}(x'\,;y')$ sont orthogonaux, alors $xx' + yy' = ?$

❒ -1
❒ 0
❒ 1

d. Si A, B et C sont trois points alignés dans cet ordre, alors :

❒ $\overrightarrow{BC}.\overrightarrow{BA}$ est négatif.
❒ $\overrightarrow{BC}.\overrightarrow{BA}$ est positif.
❒ on ne connaît pas le signe de $\overrightarrow{BC}.\overrightarrow{BA}$.

2. Vrai – Faux

a. Le produit scalaire de deux vecteurs est toujours positif.
❒ Vrai ❒ Faux

b. Si $\vec{u} = 3\vec{v}$, alors $\vec{u}.\vec{v} = 3\|\vec{v}\|^2$.
❒ Vrai ❒ Faux

c. Si $D(-2\,;3)$, $E(1\,;1)$, $F(-1\,;-2)$, alors les vecteurs $\overrightarrow{DE}$ et $\overrightarrow{EF}$ sont orthogonaux.
❒ Vrai ❒ Faux

d. Si $\vec{u}(-2\,;3)$, alors $\vec{u}.\vec{u} = \sqrt{13}$.
❒ Vrai ❒ Faux

3. Phrases à compléter

Dans les phrases ci-dessous, remplacer les pointillés par une des expressions suivantes :
– un nombre,
– un vecteur,
– une écriture incorrecte.

a. $2\vec{u} + \vec{v}$ est ....
b. $\vec{u} - 0{,}5$ est ....
c. $\vec{u}.(-0{,}5\vec{v})$ est ....
d. $2\vec{u}.\vec{v}$ est ....
e. $2\vec{u}.\vec{v} + 3\vec{u}$ est ....
f. $\vec{u} - 0{,}5\vec{v}$ est ....
g. $(-\vec{u}).(4\vec{u})$ est ....

4. Associer

Dans un repère orthonormal du plan, on donne les vecteurs $\vec{u}(2\,;-5)$, $\vec{v}(2\,;5)$, $\vec{w}(-5\,;2)$, $\vec{z}(5\,;2)$ et $\vec{t}(-5\,;-2)$.

Relier par une flèche les vecteurs orthogonaux.

$\vec{u}$ ●	● $\vec{u}$
$\vec{v}$ ●	● $\vec{v}$
$\vec{w}$ ●	● $\vec{w}$
$\vec{z}$ ●	● $\vec{z}$
$\vec{t}$ ●	● $\vec{t}$

5. Associer

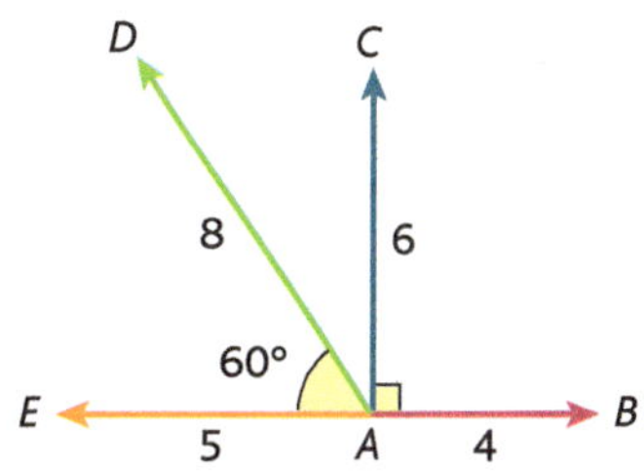

Le dessin n'est pas à l'échelle.

Relier par une flèche chaque produit scalaire à sa valeur, en tenant compte des mesures données par le dessin.

$\overrightarrow{AB}.\overrightarrow{AB}$ ●
$\overrightarrow{AB}.\overrightarrow{AC}$ ●
$\overrightarrow{AB}.\overrightarrow{AD}$ ●
$\overrightarrow{AB}.\overrightarrow{AE}$ ●

● – 24
● – 20
● – 16
● 0
● 16
● 20
● 24

› Appliquer la définition du produit scalaire

6. Calculer le produit scalaire $\overrightarrow{AB}.\overrightarrow{AC}$ dans les deux cas suivants :

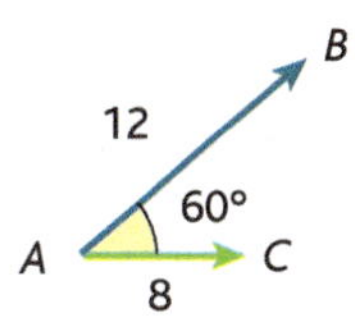

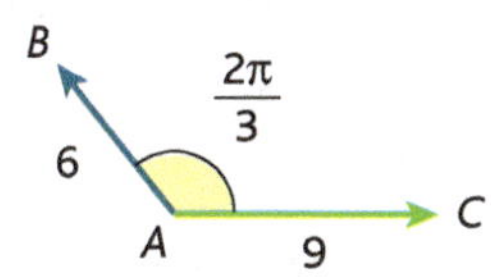

7. Ⓡ *ABCD* est un carré de 3 cm de côté.

a. Rappeler la valeur de l'angle $\widehat{BAC}$.

b. Calculer la longueur *AC*.

c. Calculer les produits scalaires $\overrightarrow{AD} \cdot \overrightarrow{AB}$; $\overrightarrow{AB} \cdot \overrightarrow{AC}$ et $\overrightarrow{AC} \cdot \overrightarrow{BD}$.

8. ✱ Soit un triangle équilatéral *ABC* de 8 cm de côté. On note *H* le pied de la hauteur issue de *A*.

a. Calculer les longueurs *AH* et *BH*.

b. Donner la mesure de l'angle $\widehat{BAH}$.

c. Calculer les produits scalaires suivants :
$\overrightarrow{AB} \cdot \overrightarrow{AC}$; $\overrightarrow{AB}^2$; $\overrightarrow{AB} \cdot \overrightarrow{AH}$; $\overrightarrow{BA} \cdot \overrightarrow{BH}$; $\overrightarrow{AH} \cdot \overrightarrow{BC}$.

9. Ⓡ On donne le triangle *DEF* tel que $DE = 3$ cm, $EF = 5$ cm, $DF = 4$ cm.

a. Quelle est la nature du triangle *DEF* ?

b. Calculer $\cos \widehat{DFE}$ et $\cos \widehat{DEF}$.

c. Calculer $\overrightarrow{DE} \cdot \overrightarrow{DF}$; $\overrightarrow{FE} \cdot \overrightarrow{FD}$; $\overrightarrow{ED} \cdot \overrightarrow{EF}$.

10. Soient quatre points *A*, *B*, *C* et *D* alignés dans cet ordre tels que $AB = 2$ cm ; $BC = 3$ cm ; $CD = 1$ cm.

a. Donner cos 0° et cos 180°.

b. Calculer $\overrightarrow{AB} \cdot \overrightarrow{AC}$; $\overrightarrow{BA} \cdot \overrightarrow{BC}$; $\overrightarrow{DC} \cdot \overrightarrow{DB}$; $\overrightarrow{CB} \cdot \overrightarrow{CD}$.

11.

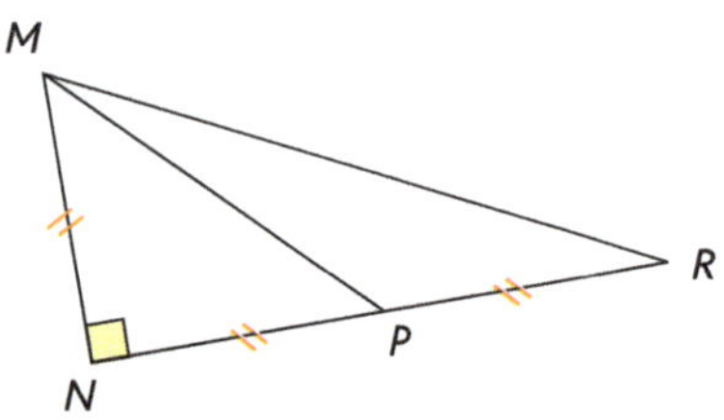

Le triangle *MNP* est rectangle et isocèle en *N*. Le point *P* est le milieu du segment [*NR*].
On donne $MN = 3$ cm.

a. Calculer la mesure des angles $\widehat{MPN}$ et $\widehat{MPR}$ ainsi que la longueur *MP*.

b. Calculer les produits scalaires $\overrightarrow{NM} \cdot \overrightarrow{NR}$; $\overrightarrow{PN} \cdot \overrightarrow{PR}$; $\overrightarrow{NP} \cdot \overrightarrow{NR}$.

c. Calculer les produits scalaires $\overrightarrow{MN} \cdot \overrightarrow{MP}$ et $\overrightarrow{PM} \cdot \overrightarrow{PR}$.

› Utiliser l'expression analytique du produit scalaire

Dans les exercices 12 à 15, le plan est muni d'un repère orthonormal d'origine *O*.

12. Ⓡ Soient les vecteurs $\vec{u}$ et $\vec{v}$ tels que $\vec{u}\,(-7\,;2)$ et $\vec{v}(-4\,;-5)$.
Calculer $\vec{u} \cdot \vec{v}$; $\vec{u}^2$; $\|\vec{v}\|^2$.

13. On donne les points $A(3\,;8)$, $B(-1\,;4)$ et $C(6\,;-3)$.

a. Calculer les coordonnées des vecteurs $\overrightarrow{AB}$, $\overrightarrow{BA}$, $\overrightarrow{CB}$ et $\overrightarrow{CA}$.

b. Calculer le produit scalaire $\overrightarrow{AB} \cdot \overrightarrow{AC}$.

c. Calculer le produit scalaire $\overrightarrow{BA} \cdot \overrightarrow{BC}$. En déduire $\overrightarrow{AB} \cdot \overrightarrow{BC}$.

d. Calculer le produit scalaire $\overrightarrow{CB} \cdot \overrightarrow{CA}$. En déduire $\overrightarrow{BC} \cdot \overrightarrow{AC}$.

e. Calculer $\|\overrightarrow{AB}\|$ et *BC*.

14. Ⓡ On considère les vecteurs $\vec{u}(-4\,;3)$ et $\vec{v}\,(5\,;-3)$.

a. Calculer le produit scalaire $\vec{u} \cdot \vec{v}$.

b. Calculer la norme du vecteur $\vec{u}$ et la norme du vecteur $\vec{v}$.

c. Soit *A* le point tel que $\overrightarrow{OA} = \vec{u}$ et *B* le point tel que $\overrightarrow{OB} = \vec{v}$.

Calculer la mesure de l'angle $\widehat{AOB}$ en radians. Arrondir au centième.

15. Soient les points $A(1\,;-2)$, $B(5\,;8)$ et $C(-2\,;0)$.

a. Calculer les coordonnées des vecteurs $\overrightarrow{AB}$ et $\overrightarrow{AC}$.

b. Calculer la norme de ces vecteurs.

c. Calculer $\overrightarrow{AB} \cdot \overrightarrow{AC}$.

d. En déduire la mesure de l'angle $\widehat{BAC}$, en degrés. Arrondir à l'unité.

› Utiliser l'expression du produit scalaire avec les normes

16. *ABCD* est un parallélogramme tel que $AB = 12$ cm, $AD = 8$ cm et $\widehat{ADC} = 70°$.

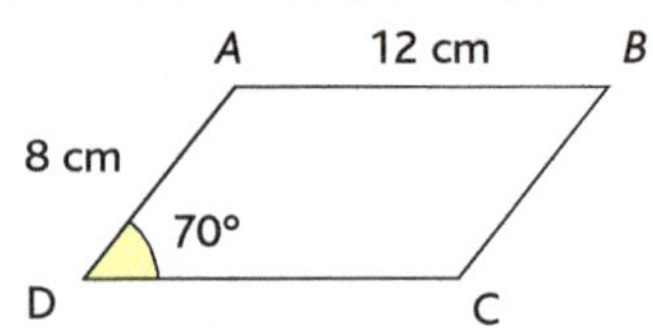

a. Calculer $\overrightarrow{DA} \cdot \overrightarrow{DC}$ en appliquant la définition du produit scalaire.

b. Si $\vec{u} = \overrightarrow{DA}$ et $\vec{v} = \overrightarrow{DC}$, quel est le vecteur $\vec{u} + \vec{v}$?

c. Calculer $\overrightarrow{DA} \cdot \overrightarrow{DC}$ en appliquant la relation
$\vec{u} \cdot \vec{v} = \frac{1}{2}\left(\|\vec{u} + \vec{v}\|^2 - \|\vec{u}\|^2 - \|\vec{v}\|^2\right)$.

d. En déduire la longueur *DB*.

e. Calculer de même la longueur *AC*.

› Appliquer les propriétés du produit scalaire

17. On donne $\vec{u}\,.\,\vec{v} = -8$; $||\vec{u}||^2 = 10$; $\vec{v}^2 = 16$.

a. Calculer $(2\vec{u})\,.\,\vec{v}$; $(-\vec{u})\,.\,(5\vec{v})$.

b. Calculer $\vec{u}\,.\,(2\vec{u} + \vec{v})$; $(4\vec{u} + 3\vec{v})\,.\,(\vec{u} - \vec{v})$.

18. a. ✱✱ Montrer que
$(\vec{u} + \vec{v})^2 = ||\vec{u}||^2 + ||\vec{v}||^2 + 2(\vec{u}\,.\,\vec{v})$.
Coup de pouce : $\vec{u}\,.\,\vec{v} + \vec{u}\,.\,\vec{v} = 2(\vec{u}\,.\,\vec{v})$.

b. Montrer que $(\vec{u} + \vec{v})^2 + (\vec{u} - \vec{v})^2 = 2\left(||\vec{u}||^2 + ||\vec{v}||^2\right)$.

› Reconnaître des vecteurs orthogonaux

Dans les exercices 19 à 22, le plan est muni d'un repère orthonormal d'origine O.

19. Ⓡ Soient les vecteurs $\vec{u}$ et $\vec{v}$ tels que $\vec{u}(5\,;2)$ et $\vec{v}(-1\,;2{,}5)$.
Montrer que les vecteurs $\vec{u}$ et $\vec{v}$ sont orthogonaux.

20. Soient les points $A(1\,;-1)$, $B(2\,;1)$ et $C(3\,;-2)$.
Montrer que les vecteurs $\overrightarrow{AB}$ et $\overrightarrow{AC}$ sont orthogonaux.

21. Soient les vecteurs $\vec{u}(-2\,;3)$, $\vec{v}(2\,;3)$, $\vec{w}(3\,;2)$, $\vec{t}(3\,;-2)$, $\vec{y}(-3\,;-2)$, $\vec{z}(-2\,;-3)$.
À l'aide de leur produit scalaire, trouver tous les couples de vecteurs orthogonaux.

22. ✱ Les règles de la multiplication des nombres et celles du produit scalaire des vecteurs présentent de grandes analogies. Attention cependant !
Voici des phrases vraies quels que soient les nombres a, b et c.
① $a \times b = b \times a$
② $3a \times 5b = 15a \times b$
③ $a \times (b + c) = a \times b + a \times c$
④ Si $a \times b = 0$, alors $a = 0$ ou $b = 0$
⑤ $(a + b)^2 = a^2 + 2a \times b + b^2$
Si on remplace a, b, c et 0 respectivement par $\vec{a}$, $\vec{b}$, $\vec{c}$ et $\vec{0}$, et la multiplication par le produit scalaire, une des cinq phrases devient fausse. Laquelle ? Pourquoi ?

› Utiliser le produit scalaire en physique

23. Deux forces $\vec{F}$ et $\vec{F}'$ sont appliquées au point A.
L'angle des deux forces est de 35° ; $F = 30$ N ; $F' = 10$ N.

a. Calculer le produit scalaire $\vec{F}\,.\,\vec{F}'$.

b. Soit $\vec{R} = \vec{F} + \vec{F}'$. Montrer que :
$\vec{R}^2 = \vec{F}^2 + \vec{F}'^2 + 2\vec{F}\,.\,\vec{F}'$.

c. En déduire la valeur de R.

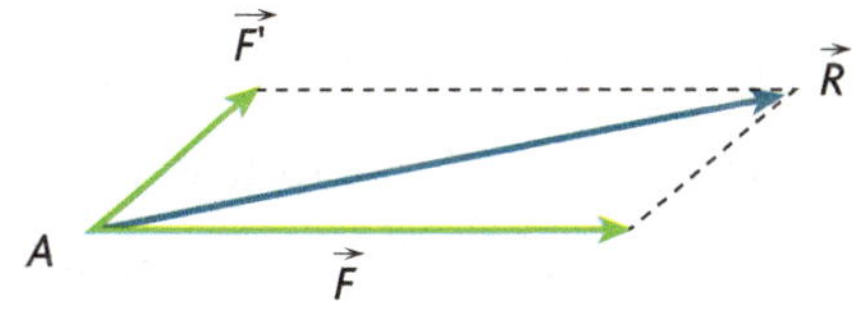

24. Un solide S de poids $P = 25$ N se déplace sur un plan incliné rectiligne d'extrémités A et B, distantes de 10 m. L'angle du plan incliné avec l'horizontale est $\alpha = 20°$.

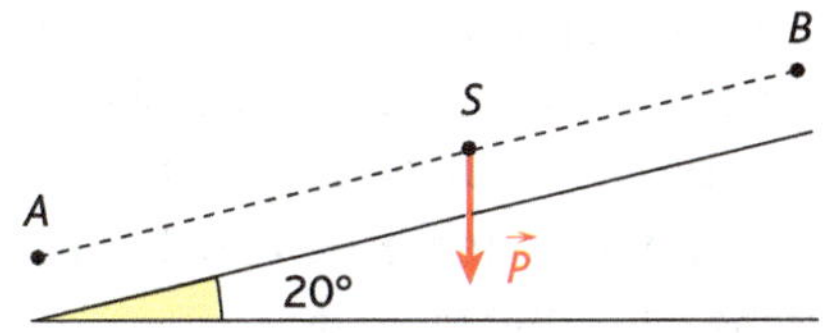

a. Calculer, en joules, le travail du poids à la descente : le solide se déplace de B en A.
Le travail est-il moteur ou résistant ?

b. Calculer, en joules, le travail du poids à la montée : le solide se déplace de A en B.
Le travail est-il moteur ou résistant ?
Coup de pouce : le travail d'une force constante dont le point d'application se déplace est égal au produit scalaire de la force par le vecteur déplacement.
Si le travail est positif, le travail est moteur. S'il est négatif, il est résistant.

Problèmes

› Problème 1
Au théâtre ce soir

Le rectangle $OSCE$ ci-dessous représente la scène d'un théâtre vue de dessus.

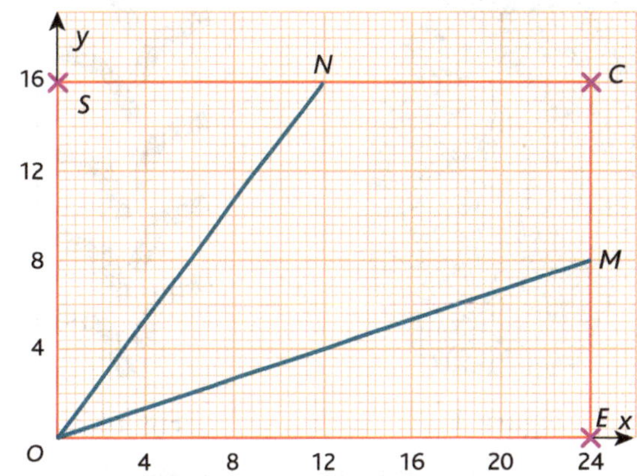

Les dimensions de la scène sont $OE = 24$ mètres et $OS = 16$ mètres. On note M le milieu de $[EC]$ et N le milieu de $[SC]$.
Au point O, on place un spot permettant d'éclairer la zone limitée par les segments de droite $[OM]$ et $[ON]$.
Le plan est muni du repère orthonormal donné sur la figure d'origine O.

1. Écrire, sans justification, les coordonnées des points M et N.

En déduire les coordonnées des vecteurs $\overrightarrow{OM}$ et $\overrightarrow{ON}$.

2. Montrer, en donnant le détail des calculs, que le produit scalaire $\overrightarrow{OM}\cdot\overrightarrow{ON}$ est égal à 416.

3. Calculer la norme $\|\overrightarrow{OM}\| = OM$ du vecteur $\overrightarrow{OM}$. Arrondir le résultat au centième.

4. Calculer la norme $\|\overrightarrow{ON}\| = ON$ du vecteur $\overrightarrow{ON}$.

5. Dans la suite, on prend $OM = 25{,}3$ et $ON = 20$.
En utilisant l'expression du produit scalaire de deux vecteurs où intervient l'angle des vecteurs, calculer la mesure, arrondie au degré, de l'angle $\widehat{MON}$ correspondant à la zone éclairée.

› Problème 2
Glissement interdit en tracteur

Un fabriquant de pneumatiques a réalisé une étude sur le terrain afin de minimiser le glissement d'un tracteur. Cette étude a montré que le glissement varie en fonction de l'angle α des barrettes du pneu schématisées sur la figure 2. Ce glissement est minimal pour un angle α compris entre 154° et 158° :

$$154° < \alpha < 158°.$$

Figure 1

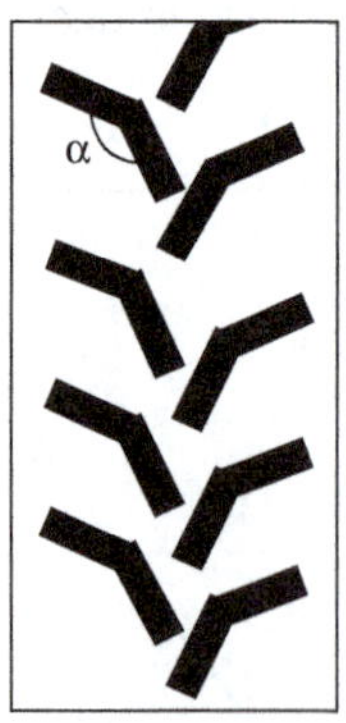

Figure 2

On se propose de valider la valeur de l'angle α des barrettes du pneu considéré.

1. On modélise la barrette en vue de dessus.

a. Dans un repère orthonormal d'unités graphiques le centimètre, placer les points A, B, C, D, E, F de coordonnées respectives : $(0 ; 6)$, $(8 ; 5)$, $(15 ; 1)$, $(16 ; 3)$, $(9 ; 7)$, $(0 ; 8)$ et tracer le polygone $ABCDEF$.

b. Calculer les coordonnées des vecteurs $\overrightarrow{BA}$ et $\overrightarrow{BC}$.

c. Calculer le produit scalaire $\overrightarrow{BA}\cdot\overrightarrow{BC}$.

d. Calculer les normes des vecteurs $\overrightarrow{BA}$ et $\overrightarrow{BC}$.
On donnera la valeur exacte, puis la valeur arrondie au centième.

e. Montrer que $\cos\widehat{ABC} = -0{,}923$ et en déduire la mesure de l'angle $\widehat{ABC}$ arrondie au degré.

2. Indiquer si la valeur trouvée pour l'angle correspond à la condition d'un glissement minimal.

› Problème 3

Au cours d'une prise de vue, un photographe cadre un objet.
On schématise dans un repère orthonormal du plan la position de l'objectif en A et les extrémités de l'objet en B et C.
On donne les coordonnées des points A, B et C :
$A(1 ; 2)$, $B(3 ; 5)$, $C(5 ; 1)$.
Unités graphiques : 1 cm.

1. Placer les points A, B et C dans le repère et tracer les vecteurs $\overrightarrow{AB}$ et $\overrightarrow{AC}$.

2. Déterminer les coordonnées des vecteurs $\overrightarrow{AB}$, $\overrightarrow{AC}$ et $\overrightarrow{BC}$.

3. Calculer le produit scalaire $\overrightarrow{AB}\cdot\overrightarrow{AC}$.

4. Calculer les normes $\|\overrightarrow{AB}\|$, $\|\overrightarrow{AC}\|$ et $\|\overrightarrow{BC}\|$.

5. Déduire des questions précédentes la valeur de l'angle $\widehat{BAC}$ au degré près.

6. L'échelle de la représentation est 1/50.
Déduire des données précédentes les distances réelles, en mètres, AB, AC et BC. Arrondir les résultats au centième.

› Problème 4
Découpe d'une pièce

Pour pouvoir programmer la machine de découpe d'une pièce, on doit entrer les données suivantes : coordonnées des points, fonction associée à la représentation de la courbe et mesure d'un angle.
La figure ci-dessous représente le profil de découpe de la pièce.
Le profil est constitué de trois parties :
– $[AB]$ est un segment de droite,
– $\overset{\frown}{BC}$ est un arc de parabole,
– $[AC]$ est un segment de droite.

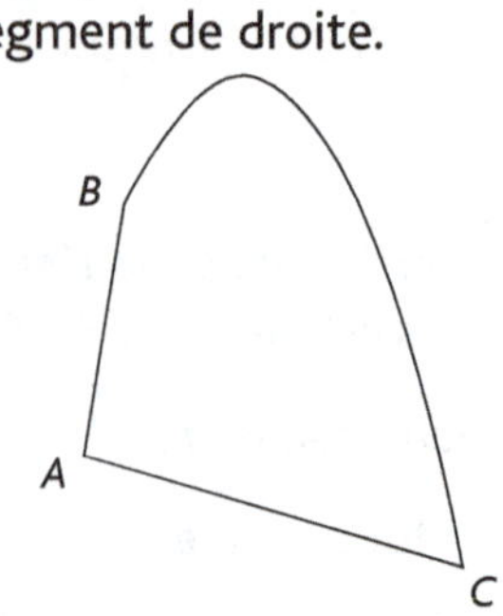

On se propose de construire sa représentation dans un repère orthonormal et de calculer la mesure de l'angle $\widehat{BAC}$.

1. Tracé des segments [AB] et [AC]
Les coordonnées des points A, B et C sont : A(3 ; 4), B(4 ; 12) et C(16 ; 0).

a. Placer les points A, B et C dans un repère orthonormal. Unités graphiques : 1 cm.

b. Tracer les segments [AB] et [AC].

2. Tracé de l'arc de parabole $\overset{\frown}{BC}$
L'arc $\overset{\frown}{BC}$ est la représentation graphique de la fonction f définie sur l'intervalle [4 ; 16] par :
$f(x) = -0,25x^2 + 4x$.

a. Calculer $f'(x)$.

b. Déterminer le signe de $f'(x)$ sur l'intervalle [4 ; 16].

c. Dresser le tableau de variation de la fonction f.

d. Calculer $f'(4)$.
Que représente ce nombre pour la tangente T à la courbe $\overset{\frown}{BC}$ au point B d'abscisse 4 ?

e. Dans le même repère, tracer l'arc $\overset{\frown}{BC}$, représentation graphique de la fonction f sur l'intervalle [4 ; 6], ainsi que la tangente T.

3. Calcul de la mesure de l'angle $\widehat{BAC}$ arrondie au degré
On rappelle que les coordonnées des points A, B et C sont : A(3 ; 4), B(4 ; 12) et C(16 ; 0).

a. Calculer les coordonnées des vecteurs $\overrightarrow{AB}$ et $\overrightarrow{AC}$.

b. Calculer les normes des vecteurs $\overrightarrow{AB}$ et $\overrightarrow{AC}$ arrondies au dixième.

c. Calculer le produit scalaire $\overrightarrow{AB} \cdot \overrightarrow{AC}$.

d. En déduire la mesure de l'angle $\widehat{BAC}$ arrondie au degré.

› Problème 5
Théorème d'Al-Kashi (ou théorème de Pythagore généralisé)

On va démontrer, à l'aide du produit scalaire, une relation entre les mesures des trois côtés d'un triangle quelconque ABC :
$BC^2 = AB^2 + AC^2 - 2 \times AB \times AC \times \cos \widehat{BAC}$
(relation (1)).

1. On sait, d'après la relation de Chasles, que $\overrightarrow{BC} = \overrightarrow{BA} + \overrightarrow{AC}$.
En développant $(\overrightarrow{BA} + \overrightarrow{AC})^2$, montrer que
$\overrightarrow{BC}^2 = \overrightarrow{BA}^2 + \overrightarrow{AC}^2 + 2(\overrightarrow{BA} \cdot \overrightarrow{AC})$.
Rappel : $\overrightarrow{BC}^2 = \|\overrightarrow{BC}\|^2 = BC^2$.

2. Justifier pourquoi $2(\overrightarrow{BA} \cdot \overrightarrow{AC}) = -2(\overrightarrow{AB} \cdot \overrightarrow{AC})$.

3. Écrire $\overrightarrow{AB} \cdot \overrightarrow{AC}$ à l'aide de la définition du produit scalaire.

4. Établir la relation (1).

5. Vérifier que, si le triangle ABC est rectangle en A, on retrouve le théorème de Pythagore.

6. Appliquer ce théorème à l'exercice 16 pour calculer DB et AC et comparer les résultats.

› Problème 6
Tracer sa « route »... en avion

La vitesse $\vec{v}$ d'un avion par rapport au sol est la somme vectorielle de sa vitesse propre $\vec{v}_1$ par rapport à l'air et de la vitesse $\vec{v}_2$ de l'air (du vent). Le cap est l'angle formé par l'axe de l'avion et la direction du nord. La « route » est l'angle formé par la trajectoire réelle de l'avion et la direction du nord.

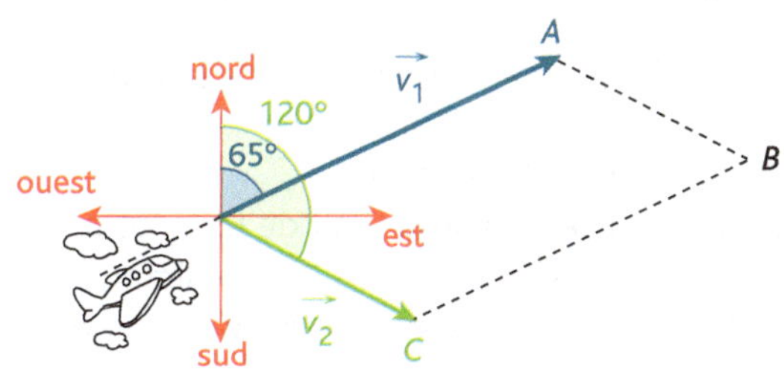

Ce schéma n'est pas à l'échelle.
Un avion se déplace à la vitesse $\vec{v}_1 = 80$ m/s en affichant un cap de 65°. La météo annonce un vent de vitesse $\vec{v}_2 = 20$ m/s soufflant dans la direction 120° (voir schéma ci-dessus).

1. Par quel vecteur la vitesse $\vec{v}$ de l'avion par rapport au sol est-elle représentée sur le schéma ?

2. a. Calculer la mesure de l'angle $\widehat{AOC}$.
b. En déduire celle de l'angle $\widehat{OAB}$.

3. a. Calculer le produit scalaire $\overrightarrow{OA} \cdot \overrightarrow{OC}$ en appliquant la définition.
b. Utiliser la relation $(\vec{u} + \vec{v})^2 = \|\vec{u}\|^2 + \|\vec{v}\|^2 + 2(\vec{u} \cdot \vec{v})$ pour déduire de la question 3. a. la longueur OB. Arrondir à l'unité.

4. Montrer que $\widehat{AOB} = 10°$ (valeur arrondie au degré) en appliquant le théorème d'Al-Kashi (voir problème 5) au triangle AOB.

5. Déduire des questions précédentes :

a. la vitesse de l'avion par rapport au sol ;

b. la « route » de l'avion.

› Problème 7
Au ski

Un skieur utilise un remonte-pente pour parcourir les 500 mètres qui le séparent du sommet de la piste. La piste, représentée par le segment [AB], est rectiligne et fait un angle de 35° avec l'horizontale. La perche à laquelle le skieur est accroché fait un angle de 20° par rapport à la direction de la piste.
Parmi les forces qui s'appliquent sur le skieur, on note $\vec{F}$ celle exercée par la perche et $\vec{P}$ le poids du skieur.
On donne $F = 400$ N et $P = 750$ N.

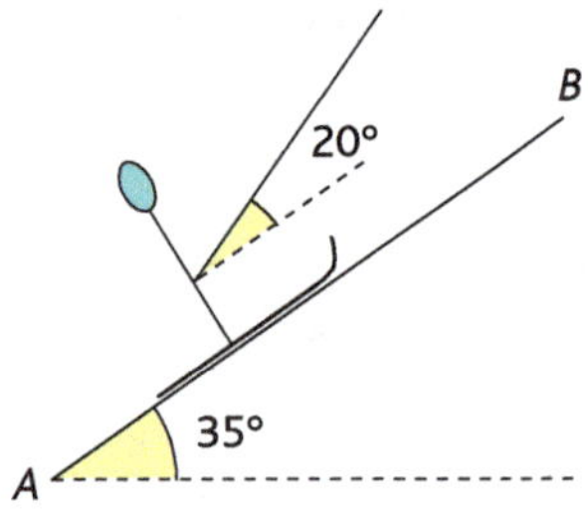

1. Calculer l'angle entre le poids $\vec{P}$ du skieur et le vecteur $\overrightarrow{AB}$.

2. On note $W_{\vec{F}}$ le travail, en joules, de la force $\vec{F}$ et $W_{\vec{P}}$ le travail, en joules, de la force $\vec{P}$.
Si le résultat est positif, le travail de la force est moteur ; s'il est négatif, le travail est résistant.
Calculer $W_{\vec{F}} = 400 \times 500 \times \cos 20°$. $W_{\vec{F}}$ est-il moteur ou résistant ?
Calculer $W_{\vec{P}} = 750 \times 500 \times \cos 125°$. $W_{\vec{P}}$ est-il moteur ou résistant ?

› Problème 8
Entretien des talus

Pour tondre le gazon implanté sur les talus, on peut utiliser un tracteur muni d'une épareuse à bras articulé.

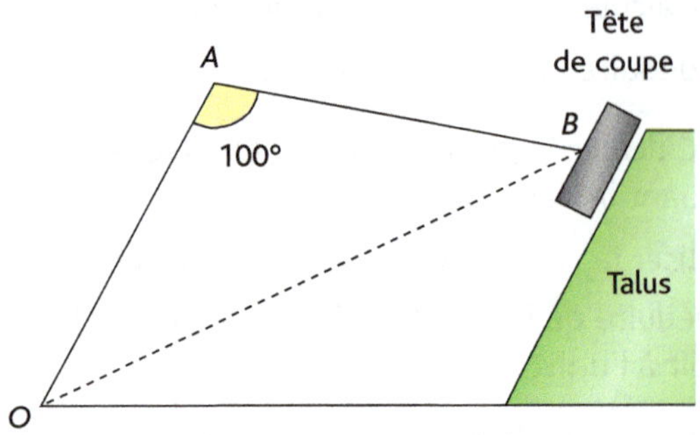

Les segments [OA] et [AB] représentent les deux bras de l'épareuse.
Dans ces conditions de fonctionnement, on a :
$OA = 2{,}5$ m ; $AB = 2{,}2$ m ; $\widehat{OAB} = 100°$.
Calculer, en mètres, la distance OB entre les deux bras de l'épareuse. Arrondir le résultat au dixième.
Coup de pouce : utiliser le théorème d'Al-Kashi dans le triangle AOB (voir problème 5).

› Problème 9
Un joli sac

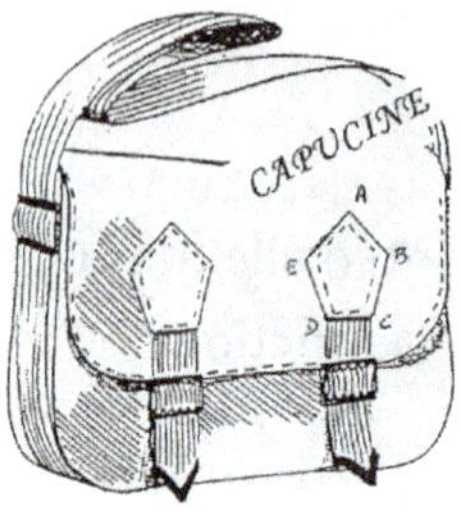

Pour la réalisation du sac « CAPUCINE », on est amené à découper la pièce $ABCDE$ dans du cuir. Cette pièce est représentée dans le repère orthonormal ci-dessous.

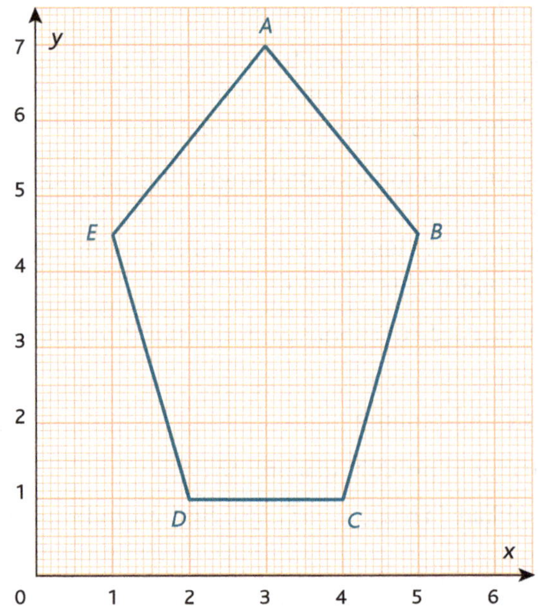

1. a. Déterminer graphiquement les coordonnées des points A, B et E.

b. Calculer les coordonnées des vecteurs $\overrightarrow{AE}$ et $\overrightarrow{AB}$.

c. Calculer les normes $\|\overrightarrow{AE}\|$ et $\|\overrightarrow{AB}\|$. Donner les résultats arrondis à 10^{-1}.

2. Calculer le produit scalaire $\overrightarrow{AE} . \overrightarrow{AB}$ et en déduire la mesure en degrés de l'angle $\widehat{EAB}$.
Donner le résultat arrondi au degré.

3. La pièce $ABCDE$ est représentée à l'échelle 1 sur le repère.
En relevant sur le graphique les valeurs utiles, calculer l'aire de la pièce $ABCDE$.
Donner le résultat arrondi au cm².

29 Représentation d'un nombre complexe et calcul sous la forme $a + bj$

Capacités
- Représenter un nombre complexe par un point
- Calculer avec des nombres complexes

1 Écrire et représenter un nombre complexe

Représentation d'un courant sinusoïdal

En électricité, dans le cas d'un courant sinusoïdal, on note l'intensité *i* du courant en fonction du temps, sous la forme :
$i(t) = I\sqrt{2}\cos(\omega t + \varphi)$;
et la tension *u* sous la forme :
$u(t) = U\sqrt{2}\cos(\omega t + \varphi)$.

1. a. On considère l'intensité $i(t) = 4\sqrt{2}\cos\left(\omega t + \frac{\pi}{3}\right)$.

Que vaut I ? I = ... Que vaut φ ? φ = ...

b. On considère la tension $u(t) = 6\sqrt{2}\cos\left(\omega t - \frac{\pi}{4}\right)$.

Que vaut U ? U = ... Que vaut φ ? φ = ...

On représente $i(t) = I\sqrt{2}\cos(\omega t + \varphi)$, par le **nombre complexe** $z = I(\cos\varphi + j\sin\varphi)$ où **j** est un nombre imaginaire ayant la propriété de calcul $\mathbf{j^2 = -1}$.

De même, on représente $u(t) = U\sqrt{2}\cos(\omega t + \varphi)$ par le nombre complexe : $z' = U(\cos\varphi + j\sin\varphi)$.

2. a. Écrire z et z' pour les deux exemples de la question 1.

z = ... ; z' = ...

b. On rappelle que $\cos\left(\frac{\pi}{3}\right) = \frac{1}{2}$; $\sin\left(\frac{\pi}{3}\right) = \frac{\sqrt{3}}{2}$; $\cos\left(-\frac{\pi}{4}\right) = \frac{\sqrt{2}}{2}$ et $\sin\left(-\frac{\pi}{4}\right) = -\frac{\sqrt{2}}{2}$.

Vérifier que $z = 2 + 2\sqrt{3}j$ et $z' = 3\sqrt{2} - 3\sqrt{2}j$.

....

....

Dans le plan rapporté à un repère orthonormal, le nombre complexe $a + bj$ est **représenté par le point de coordonnées** $(a\,;b)$.

3. Placer, dans un tel repère, les points de coordonnées $(2\,;2\sqrt{3})$ et $(3\sqrt{2}\,;-3\sqrt{2})$, représentant les deux nombres complexes précédents.

2 Calculer avec les nombres complexes

Impédance d'un circuit LC

**Les lois de la physique permettent de calculer l'« impédance complexe » d'un circuit composé.
On considère deux circuits contenant une bobine et un condensateur. L'impédance complexe de la bobine est $z_1 = 2j$; celle du condensateur est $z_2 = -3j$.**

1. Circuit LC en série

L'impédance complexe z du circuit en série ci-contre est donnée par $z = z_1 + z_2$.

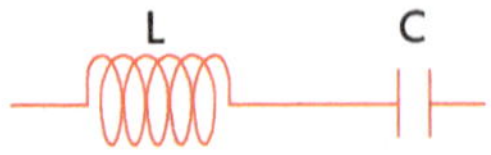

On calcule avec les nombres complexes comme avec les nombres réels, en remplaçant j^2 par -1.

Calculer le nombre complexe z sous la forme $z = a + bj$.

$z =$ ....

2. Circuit LC en parallèle

L'impédance complexe z' du circuit en parallèle ci-contre est donnée par $\frac{1}{z'} = \frac{1}{z_1} + \frac{1}{z_2}$.

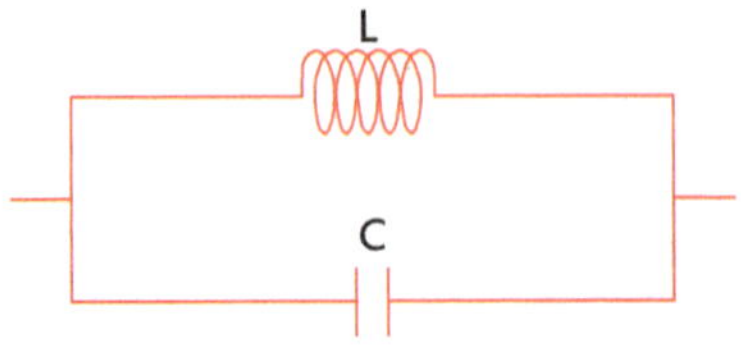

a. Montrer que $\frac{1}{2j} = \frac{j}{-2}$ et $\frac{1}{-3j} = \frac{j}{3}$, puis en déduire que $\frac{1}{z'} = \frac{1-j}{6}$.

....

....

....

b. En multipliant $\frac{6}{1-j}$ au numérateur et au dénominateur par $1 + j$ (que l'on nomme **complexe conjugué** de $1 - j$), montrer que $z' = 3 + 3j$.

....

....

Comment calculer avec les nombres complexes ?

Effectuer les calculs suivants en donnant le résultat sous forme algébrique.

a. $(3 + 2j) + (-1 - 4j)$. b. $(3 + 2j) \times (-1 - 4j)$. c. $(3 + 2j)^2$. d. $\frac{1+j}{1-j}$.

- Calculer comme avec les réels, en remplaçant j^2 par -1.

a. $(3 + 2j) + (-1 - 4j) =$ ....

b. $(3 + 2j) \times (-1 - 4j) =$ ....

c. $(3 + 2j)^2 =$ ....

- Pour un quotient, multiplier numérateur et dénominateur par le conjugué du dénominateur.

d. $\frac{1+j}{1-j} = \frac{1+j}{1-j} \times \frac{1+j}{1+j} =$ ....

....

- On peut vérifier les calculs à l'aide de la calculatrice où j est noté i (on obtient éventuellement des valeurs approchées).

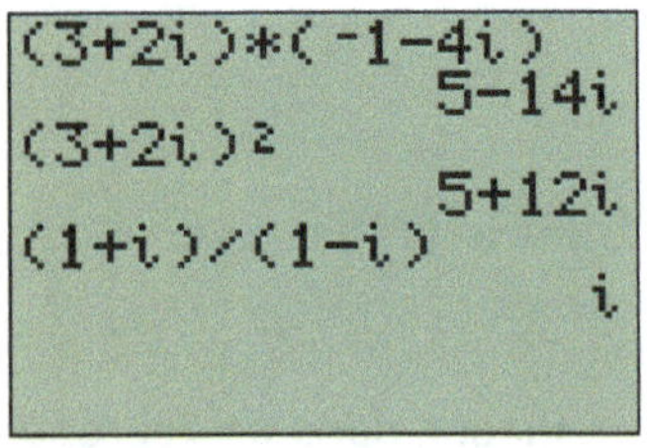

Exercice

Soit $z = 2 - 3j$ et $z' = -4 + j$.
Écrire les nombres complexes suivants sous la forme $a + bj$.

a. $z + z'$; **b.** $3z - 2z'$; **c.** $z \times z'$; **d.** z^2.

30 Forme algébrique et forme trigonométrique d'un nombre complexe

Capacité
- Passer de la forme algébrique à la forme trigonométrique et réciproquement

Formes algébrique et trigonométrique d'un nombre complexe

Ouvrir le fichier « **10_formes_complexe.ggb** ».

Le point M de coordonnées (4 ; 4) représente le nombre complexe $z = 4 + 4\text{j}$.

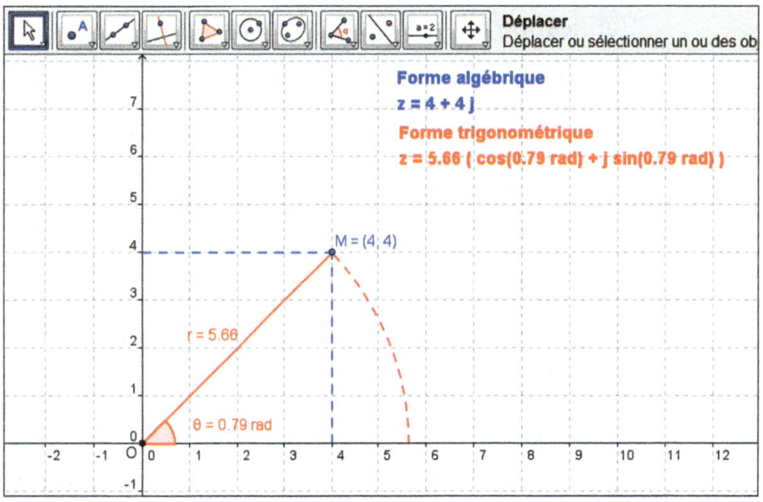

L'écriture $a + b\text{j}$ est la **forme algébrique** d'un nombre complexe z.
a est la **partie réelle** de z, et b est la **partie imaginaire** de z.

Le point M peut aussi être repéré par la distance r et l'angle θ. On a alors une écriture de z sous la forme :

$z = r\,(\cos\theta + \text{j}\sin\theta) \approx 5{,}66\,(\cos 0{,}79 + \text{j}\sin 0{,}79)$.

L'écriture $r\,(\cos\theta + \text{j}\sin\theta)$ est la **forme trigonométrique** de z.
r est le **module** de z, et θ est un **argument** de z.

En déplaçant le point M, donner (avec la précision d'affichage du fichier)

1. sous forme trigonométrique :

$z_1 = -3 + 2\text{j} =$ .... ; $z_2 = 2 - 5\text{j} =$ .... ;

$z_3 = 7 =$ .... ; $z_4 = \text{j} =$ .... ;

$z_5 = -3 =$ ....

2. sous forme algébrique :

$z_6 = 5(\cos 0{,}5 + \text{j}\sin 0{,}5) =$ .... ;

$z_7 = 4{,}47(\cos 5{,}18 + \text{j}\sin 5{,}18) =$ ....

Comment passer d'une forme d'écriture à une autre ?

a. Écrire sous forme algébrique : $z_1 = 2\left(\cos\dfrac{\pi}{6} + \text{j}\sin\dfrac{\pi}{6}\right)$; $z_2 = 7(\cos\pi + \sin\pi)$; $z_3 = 2\left(\cos\dfrac{\pi}{2} + \text{j}\sin\dfrac{\pi}{2}\right)$.

- Calculer $a = r\cos\theta$ et $b = r\sin\theta$. La forme algébrique est : $z = a + b\text{j}$.

– Forme algébrique de $z_1 = 2\left(\cos\dfrac{\pi}{6} + \text{j}\sin\dfrac{\pi}{6}\right)$:

$a = 2\cos\left(\dfrac{\pi}{6}\right) =$ .... = ...

$b = 2\sin\left(\dfrac{\pi}{6}\right) =$ .... = ...

Donc la forme algébrique de z_1 est : $z_1 =$ ....

Contrôler les résultats obtenus à l'aide d'une figure dans le plan complexe !

– Forme algébrique de $z_2 = 7(\cos \pi + \sin \pi)$:

$a = 7 \cos (\pi) =$ .... = ...

$b = 7 \sin (\pi) =$ .... = ...

Donc la forme algébrique de z_2 est : $z_2 =$ ....

– Forme algébrique de $z_3 = 2\left(\cos \frac{\pi}{2} + \mathrm{j} \sin \frac{\pi}{2}\right)$:

$a = 2 \cos \left(-\frac{\pi}{2}\right) =$ .... = ...

$b = 2 \sin \left(-\frac{\pi}{2}\right) =$ .... = ...

Donc la forme algébrique de z_3 est : $z_3 =$ ....

- Vérification à l'aide d'une calculatrice :

  Sur CASIO, on accède à CPLX par la touche OPTN.

  Sur TI, on accède à CPX par la touche MATH.

  Sur la calculatrice, la forme trigonométrique $r(\cos \theta + \mathrm{j} \sin \theta)$ est traduite par re^(i θ).

  Les images ci-contre montrent la vérification pour z_1. Vérifiez de même, avec votre calculatrice, les résultats pour z_2 et z_3.

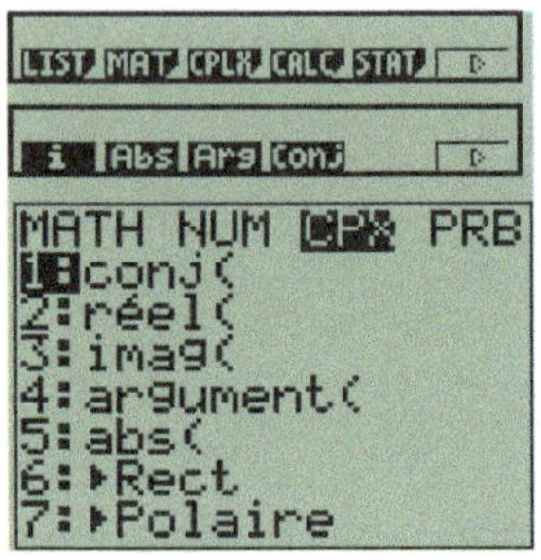

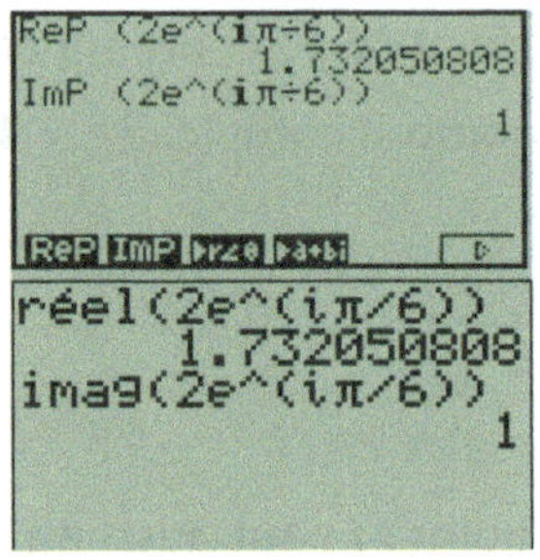

b. Déterminer le module et un argument de : $z_4 = -1 + \mathrm{j}$; $z_5 = 2\mathrm{j}$.

- Pour calculer le module r d'un nombre complexe, on utilise la formule $r = \sqrt{a^2 + b^2}$.

  – Module de $z_4 = -1 + \mathrm{j}$: $r = \sqrt{(-1)^2 + 1^2} =$ ....

  – Module de $z_5 = 2\mathrm{j}$: $r = \sqrt{0^2 + 2^2} =$ ....

- Pour déterminer un argument θ d'un nombre complexe, on utilise : $\begin{cases} \cos\theta = \frac{a}{r} \\ \sin\theta = \frac{b}{r} \end{cases}$.

  θ est déterminé à 2π près par une valeur exacte si c'est un « angle usuel » ou sinon par une valeur approchée.

  Pour trouver θ, tracer un cercle trigonométrique au brouillon.

  – Argument de $z_4 = -1 + \mathrm{j}$:

  $\cos \theta = \frac{-1}{\sqrt{2}}$ et $\sin \theta = \frac{1}{\sqrt{2}}$. D'où $\theta =$ ....

  – Argument de $z_5 = 2\mathrm{j}$:

  $\cos \theta =$ .... et $\sin \theta =$ .... D'où $\theta =$ ....

- Vérification à l'aide d'une calculatrice :

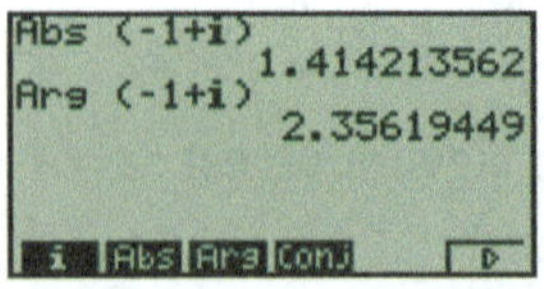

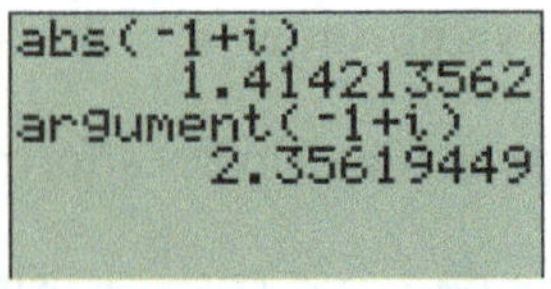

Exercice

Écrire sous forme trigonométrique $r(\cos \theta + \mathrm{j} \sin \theta)$ les nombres complexes suivants :

$z_1 = 3 - 3\mathrm{j}$; $z_2 = -1 + \mathrm{j}$; $z_3 = -7\mathrm{j}$;

$z_4 = 5$; $z_5 = \cos \frac{\pi}{3} - \mathrm{j} \sin \frac{\pi}{3}$.

31

J'utilise un logiciel (GeoGebra)

Analyser un ensemble de points

Fonction de transfert d'un montage électronique

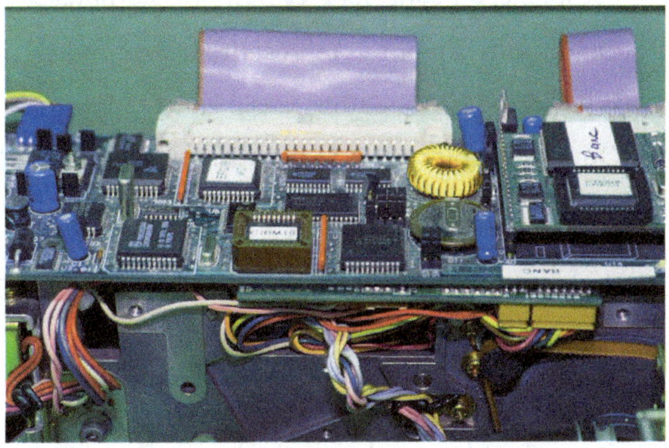

En électronique, pour certains circuits électriques parcourus par un courant sinusoïdal, on est amené à s'intéresser au quotient $H(\omega)$ de l'impédance complexe de sortie par l'impédance complexe d'entrée, en fonction de la pulsation ω du courant. La fonction $\omega \mapsto H(\omega)$ se nomme « fonction de transfert ».
On considère un montage pour lequel la fonction de transfert est donnée, pour tout nombre réel ω de l'intervalle $]0\,;+\infty[$, par : $H(\omega)=\dfrac{1+\mathrm{j}\omega}{1+4\mathrm{j}\omega}$.

Sur GeoGebra, on note i le nombre complexe noté j en électricité.

1. Lieu de transfert

Avec GeoGebra, créer un curseur ω allant de 0 à 10 avec un incrément de 0,05, puis créer le point H en entrant dans la barre de saisie :
H = (1 + i * ω) / (1 + 4 * i * ω).

(On peut aussi utiliser le fichier « **10_tranfert.ggb** » du CD-Rom.)

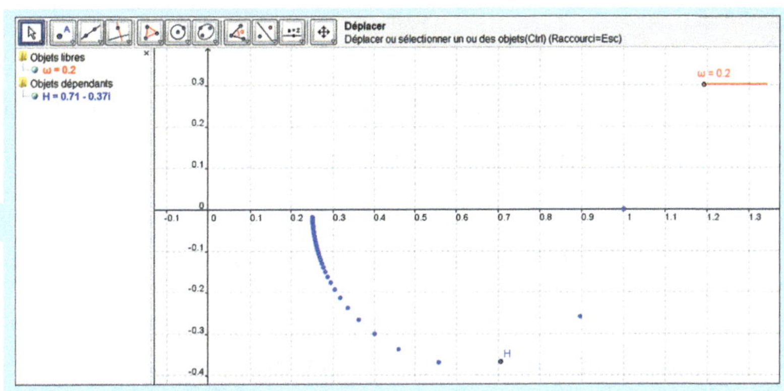

a. Calculer $H\left(\dfrac{1}{2}\right)=\dfrac{1+\dfrac{1}{2}\mathrm{j}}{1+2\mathrm{j}}$.

....

....

Vérifier la réponse à l'aide de GeoGebra.

b. À l'aide de la trace du point H, vérifier que l'ensemble des points H, nommé lieu de transfert, se situe sur un cercle dont on précisera le centre et le rayon.

....

2. Argument minimal de $H(\omega)$

a. On note θ la mesure, exprimée en radians, d'un argument du nombre complexe $H(\omega)$, comprise dans l'intervalle $\left]\dfrac{3\pi}{2}\,;2\pi\right[$. Faire afficher la valeur de θ sur la figure GeoGebra.

b. Rechercher une valeur approchée, à 0,01 radian près, de la valeur minimale de θ.

....

....

J'utilise un logiciel (GeoGebra)

Algorithme de calcul avec des nombres complexes

Ensemble de Mandelbrot

Dans cette activité, on note i le nombre complexe de module 1 et d'argument $\frac{\pi}{2}$. Soit c un nombre complexe, on considère les nombres complexes z_n définis par $z_0 = 0$ et, pour tout entier n, $z_{n+1} = z_n^2 + c$.

On dit que le point C, représentant le nombre complexe c, est dans l'ensemble de Mandelbrot, lorsque tous les nombres complexes z_n ont un module inférieur ou égal à 2.

Ouvrir le fichier « **10_Mandelbrot.ggb** », qui calcule et représente les dix premiers nombres z_n.

1. Étude pour $c = -1$

On a $z_0 = 0$; $z_1 = -1$; $z_2 = (-1)^2 - 1 = 1 - 1 = 0$.

a. Calculer z_3 puis z_4.

b. Que valent les prochains nombres z_n ?

c. Le point correspondant à $c = -1$ est-il dans l'ensemble de Mandelbrot ?

2. Étude pour $c = i$

Modifier la valeur de c par la ligne de saisie. On a $z_0 = 0$; $z_1 = i$; $z_2 = (i)^2 + i = -1 + i$.

a. Montrer que $z_3 = -i$ puis calculer z_4.

b. Que valent les prochains nombres z_n ?

c. Calculer les modules de $-i$ et de $-1 + i$.

d. Le point correspondant à $c = i$ est-il dans l'ensemble de Mandelbrot ?

3. Étude pour $c = 0{,}5i$

GeoGebra affiche les dix premiers points correspondant aux nombres z_n dans le disque de centre O et de rayon 2. Que peut-on en déduire pour les modules des nombres complexes z_n calculés ?

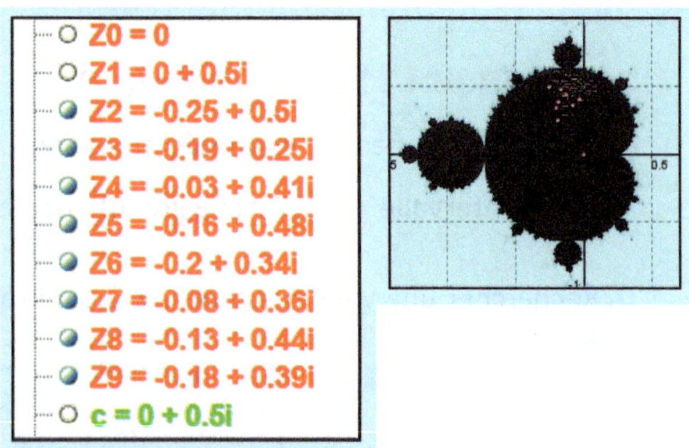

4. Étude pour $c = 0{,}5 + 0{,}5i$

a. Calculer le module de $z_5 = 3{,}29 + 1{,}34i$.

b. Le point correspondant à $c = 0{,}5 + 0{,}5i$ est-il dans l'ensemble de Mandelbrot ?

L'ESSENTIEL

1 Forme algébrique et représentation

Un **nombre complexe** s'écrit $z = a + jb$, où a et b sont des nombres réels et j un nouveau nombre tel que $j^2 = -1$.
$a + jb$ est la **forme algébrique** de z, a est la **partie réelle** et b est la **partie imaginaire** de z.
Dans le plan muni d'un repère orthonormal d'origine O (« **plan complexe** »), le nombre complexe $z = a + jb$ est représenté par le point $M(a\,;b)$ ou par le vecteur $\overrightarrow{OM}$.

Exemples

$z_1 = 3 + 2j$, $z_2 = j$ et $z_3 = -1 - j$ sont des nombres complexes, représentés dans le plan complexe par les points $M_1(3\,;2)$, $M_2(0\,;1)$ et $M_3(-1\,;-1)$.

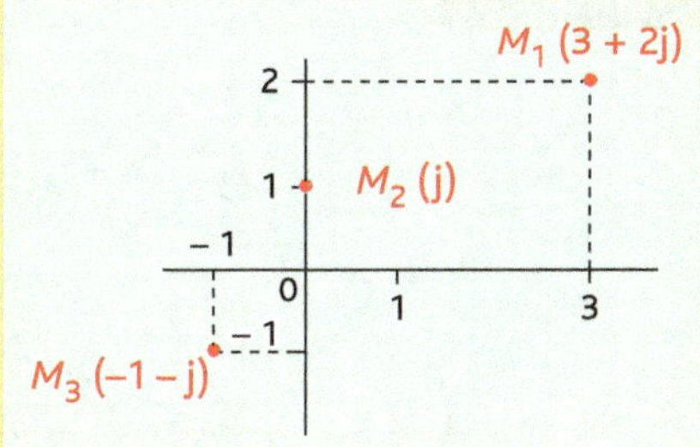

2 Somme, produit, conjugué et quotient

On calcule avec les nombres complexes comme avec les nombres réels, en remplaçant chaque fois que c'est nécessaire j^2 par -1.
Le nombre complexe **conjugué** de $z = a + jb$ est le nombre $\overline{z} = a - jb$ (on lit « z barre »).
Pour calculer le quotient de deux nombres complexes, on multiplie numérateur et dénominateur par le conjugué du dénominateur.

Exemples

Soit $z_1 = 3 - 2j$ et $z_2 = 1 + j$. On a : $z_1 + z_2 = 3 - 2j + 1 + j = 4 - j$;
$z_1 \times z_2 = (3 - 2j) \times (1 + j) = 3 + 3j - 2j - 2j^2 = 3 + j - 2 \times (-1) = 5 + j$;
$\overline{z_2} = 1 - j$; $\dfrac{z_1}{z_2} = \dfrac{3-2j}{1+j} = \dfrac{(3-2j)(1-j)}{(1+j)(1-j)} = \dfrac{3-3j-2j-2}{1-j^2} = \dfrac{1-5j}{2} = \dfrac{1}{2} - \dfrac{5}{2}j.$

3 Forme trigonométrique

Le **module** r du nombre complexe $z = a + jb$ est la distance de O à M : $r = \sqrt{a^2 + b^2}$.
Un **argument** θ du nombre complexe $z = a + jb$ est un réel correspondant au vecteur $\overrightarrow{OM}$ sur le cercle trigonométrique : $\begin{cases} \cos\theta = \dfrac{a}{r} \\ \sin\theta = \dfrac{b}{r} \end{cases}$.

La **forme trigonométrique** de z est $z = r(\cos\theta + j\sin\theta)$. On note $z = [r, \theta]$.

Exemple

$z = 2 + 2j$; $r = \sqrt{2^2 + 2^2} = \sqrt{8}$; $\theta = \dfrac{\pi}{4}$ (voir la figure).
$z = \sqrt{8}\left(\cos\dfrac{\pi}{4} + j\sin\dfrac{\pi}{4}\right) = \left[\sqrt{8}, \dfrac{\pi}{4}\right]$.

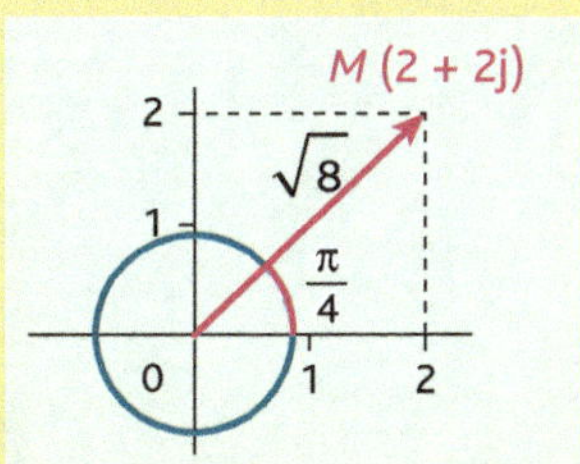

1 › Représenter des nombres complexes

On considère le nombre complexe z_1 de partie réelle $a = 3$ et de partie imaginaire $b = 1$, et le nombre complexe z_2 de module $r = 2$ et d'argument $\theta = \frac{3\pi}{4}$.

Représenter dans le plan complexe : z_1 ; z_2 ; $z_1 + z_2$; $-z_2$ et $\overline{z_1}$.

Solution

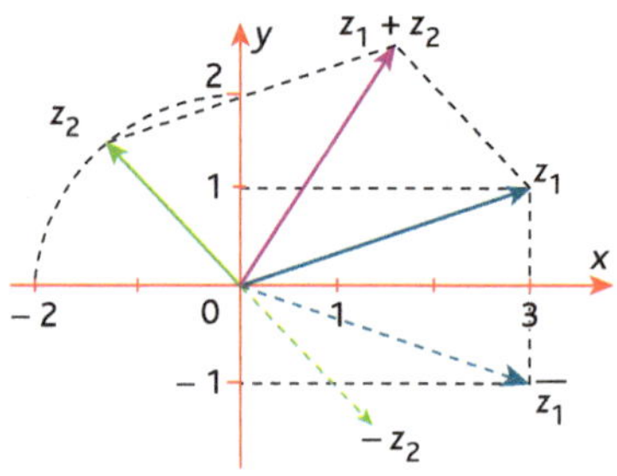

Méthode

- Représenter un complexe donné sous forme algébrique $a + jb$ par le point de coordonnées (a ; b).
- Représenter un complexe donné sous forme trigonométrique en prenant θ sur le cercle trigonométrique, puis $OM = r$.
- Représenter la somme de deux complexes en faisant la somme des vecteurs correspondants.
- Représenter l'opposé en effectuant la symétrie de centre O.
- Représenter le conjugué en effectuant la symétrie par rapport à l'axe des abscisses.

2 › Calculer avec les nombres complexes

Soit $z = 1 + j$ et $z' = -1 + 2j$.
Écrire les nombres complexes suivants sous forme algébrique $a + bj$.

a. $z \times z'$. **b.** $\frac{z}{z'}$.

Solution

a. $z \times z' = (1 + j)(-1 + 2j)$
$z \times z' = -1 + 2j - j + 2j^2 = -3 + j$.

b. $\frac{z}{z'} = \frac{1+j}{-1+2j} = \frac{(1+j)(-1-2j)}{(-1+2j)(-1-2j)}$.

$\frac{z}{z'} = \frac{-1-2j-j+2}{1+4}$.

$\frac{z}{z'} = \frac{1}{5} - \frac{3}{5}j$.

Méthode

- Pour un produit, on calcule comme avec les nombres réels, en remplaçant j^2 par -1.
- Pour un quotient, on multiplie numérateur et dénominateur par le nombre complexe conjugué du dénominateur.

Exercices & Problèmes

Ⓡ *Exercices avec réponses en fin d'ouvrage.* ✱/✱✱ *Exercices plus difficiles.*

Exercices

1. QCM

Pour chaque énoncé, indiquer la ou les bonne(s) réponse(s).

a. $(-2+3j)\times(1-j)=$
❐ 1 ; ❐ $5+5j$; ❐ $1+5j$.

b. $\dfrac{1}{-2+3j}=$
❐ $\dfrac{1}{2}+\dfrac{3}{2}j$;
❐ $-\dfrac{2}{13}-\dfrac{3}{13}j$;
❐ $-\dfrac{1}{2}+\dfrac{1}{3}j$.

c. Le module de $-1-j\sqrt{3}$ est égal à :
❐ 2 ; ❐ $\sqrt{2}$; ❐ $1+\sqrt{3}$.

d. Un argument de $-1-j\sqrt{3}$ est égal à :
❐ $\dfrac{4\pi}{3}$; ❐ $-\dfrac{2\pi}{3}$; ❐ $-\dfrac{\pi}{3}$.

e. Le module de $\sqrt{3}-j$ est égal à :
❐ $\sqrt{2}$; ❐ 2 ; ❐ $\sqrt{3}$.

f. Un argument de $\sqrt{3}-j$ est égal à :
❐ $\dfrac{5\pi}{6}$; ❐ $-\dfrac{\pi}{6}$; ❐ $\dfrac{\pi}{6}$.

g.

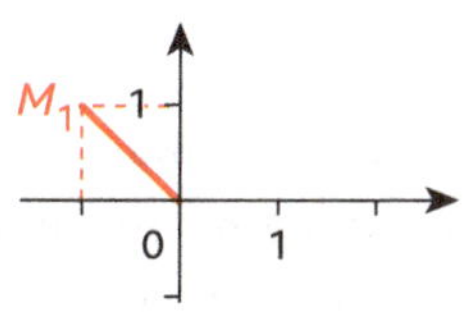

Le point M_1 représente le nombre complexe z_1.
Le module de z_1 est égal à :
❐ 1 ; ❐ $\sqrt{2}$; ❐ 2.

h. On considère le nombre complexe z_1 représenté sur la figure de la question g.
Un argument de z_1 est :
❐ $\dfrac{3\pi}{4}$; ❐ $\dfrac{5\pi}{4}$; ❐ $-\dfrac{\pi}{4}$

i.

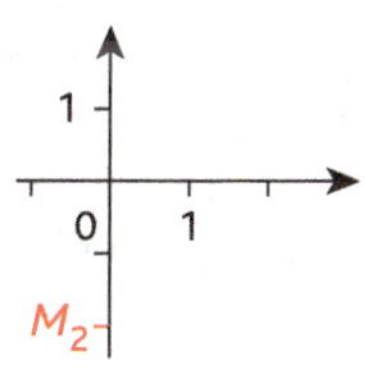

Le point M_2 représente le nombre complexe z_2.
Le module de z_2 est égal à :
❐ 2 ; ❐ -2 ; ❐ 1.

j. On considère le nombre complexe z_2 représenté sur la figure de la question i.
Un argument de z_2 est :
❐ $-\dfrac{\pi}{2}$; ❐ $\dfrac{\pi}{2}$; ❐ $\dfrac{3\pi}{2}$.

› Représenter un nombre complexe

2. Représenter les nombres complexes suivants, donnés sous forme algébrique :
$z_1=-1+j$; $z_2=2-4j$; $z_3=-j$;
$z_4=-3$; $z_5=-2-2j$.

3. Représenter, sur le graphique de l'exercice 2, les nombres complexes conjugués de ceux de l'exercice 2.

4. Ⓡ Représenter, sans calcul, les nombres complexes suivants, donnés sous forme trigonométrique :
$z_1=\left[\sqrt{2}, \dfrac{\pi}{4}\right]$; $z_2=\left[\sqrt{2}, -\dfrac{\pi}{4}\right]$;
$z_3=[1, \pi]$; $z_4=\left[1, \dfrac{\pi}{2}\right]$; $z_5=[3, 0]$.

5. Représenter, sans calcul, les nombres complexes suivants, donnés sous forme trigonométrique :
$z_1=\left[3, -\dfrac{\pi}{3}\right]$; $z_2=\left[2, \dfrac{\pi}{6}\right]$; $z_3=[1, 0]$;
$z_4=\left[1, \dfrac{3\pi}{2}\right]$; $z_5=[3, \pi]$.

6. a. Placer dans le plan complexe le point A représentant le nombre complexe $z_1=3-2j$ et le point B représentant le nombre complexe $z_2=4+5j$.

b. Calculer $z=\dfrac{z_1+z_2}{2}$.

c. Vérifier sur le graphique que z est représenté par le milieu de $[AB]$.

7. a. Représenter par des vecteurs du plan complexe les nombres $z_1=-1+3j$ et $z_2=-2-j$.

b. En déduire, sans calcul, une représentation du nombre complexe z_1+z_2.

8. On désigne par vecteur de Fresnel correspondant à une fonction sinusoïdale associée au nombre complexe $\underline{U}=[U, \varphi]$, le vecteur $\overrightarrow{OM}$ où M représente $\underline{U}$ dans le plan complexe.

a. Représenter sur un même graphique les vecteurs de Fresnel correspondant à :
$\underline{U} = [10, 0]$; $\underline{I_1} = \left[4, \frac{\pi}{3}\right]$; $\underline{I_2} = \left[8, -\frac{\pi}{2}\right]$.

b. Même question avec :
$\underline{I} = [3, 0]$; $\underline{U_1} = \left[6, -\frac{\pi}{4}\right]$; $\underline{U_2} = \left[9, -\frac{\pi}{2}\right]$.

› Calculer avec les nombres complexes

9. Soit $z = 3 + 2j$ et $z' = -1 - 2j$.
Écrire les nombres complexes suivants sous forme algébrique $a + bj$.

a. $z + z'$; **b.** $3z - 2z'$; **c.** $z \times z'$; **d.** z^2.

10. Développer et mettre sous forme algébrique $a + bj$:

a. $(1 + j)^2$; **b.** $(2 - j)^2$; **c.** $(3 - j)(3 + j)$.

11. R Soit $z = 1 + j$ et $z' = -1 + 2j$.
Écrire les nombres complexes suivants sous forme algébrique $a + bj$.

a. $\frac{1}{z}$; **b.** $\frac{1}{z'}$; **c.** $\frac{z}{z'}$; **d.** $\frac{1+z}{1-z'}$.

12. Soit $z = 3 - 2j$ et $z' = 1 - j$.
Écrire les nombres complexes suivants sous forme algébrique $a + bj$.

a. $\frac{1}{z}$; **b.** $\frac{1}{z'}$; **c.** $\frac{z}{z'}$; **d.** $\frac{1-z}{1+z'}$.

13. Soit $z = \frac{3-2j}{5+j}$ et $z' = \frac{3+2j}{5-j}$.

a. Écrire z et z' sous forme algébrique.

b. Vérifier que $\bar{z} = z'$.

14. a. ✱ Circuit en série.

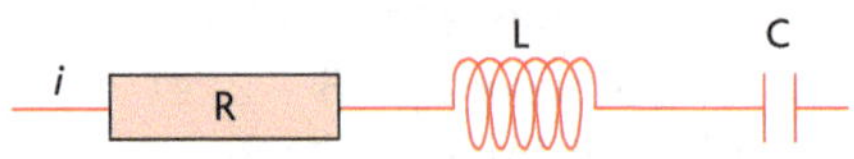

Calculer l'impédance complexe $\underline{Z}$ du circuit vérifiant $\underline{Z} = 10 + 150j - 200j$.

b. Circuit en parallèle.

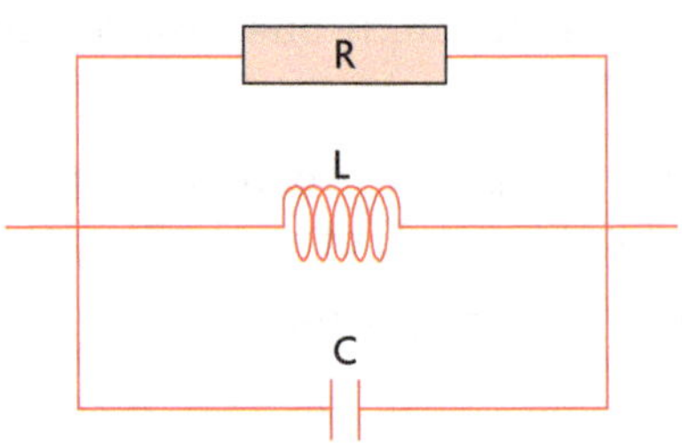

Calculer l'impédance complexe $\underline{Z'}$ du circuit vérifiant :
$$\frac{1}{\underline{Z'}} = \frac{1}{10} + \frac{1}{150j} + \frac{1}{-200j}.$$

15. R ✱ Pour une valeur fixée de la fréquence, la fonction de transfert d'un circuit a pour expression
$T = \frac{1}{(1+0,5j)^2}$.

a. Calculer le nombre complexe T sous la forme $a + bj$.

b. Vérifier que le module du nombre complexe T vaut 0,8.

16. En procédant comme pour les nombres réels, résoudre, dans l'ensemble des nombres complexes, l'équation :
$(1 + 3j)\,z + 2 - 4j = 0$.

17. a. R ✱ Développer l'expression :
$(z - j)(z + j)$.

b. En déduire les solutions, dans l'ensemble des nombres complexes, de l'équation :
$z^2 + 1 = 0$.

› Passer d'une forme à une autre

18. Les nombres complexes suivants sont donnés sous la forme trigonométrique $[r, \theta]$. Les écrire sous la forme algébrique $a + bj$.
$z_1 = \left[3, \frac{\pi}{6}\right]$; $z_2 = \left[2, \frac{\pi}{4}\right]$; $z_3 = \left[\frac{1}{2}, -\frac{\pi}{3}\right]$; $z_4 = \left[1, \frac{5\pi}{4}\right]$.

19. Les nombres complexes suivants sont donnés sous la forme trigonométrique $[r, \theta]$. Les écrire sous la forme algébrique $a + bj$.
$z_1 = \left[2, \frac{\pi}{3}\right]$; $z_2 = \left[3, \frac{\pi}{2}\right]$; $z_3 = \left[\frac{1}{4}, 4\pi\right]$; $z_4 = \left[\frac{1}{2}, \frac{5\pi}{6}\right]$.

20. R Écrire sous forme trigonométrique $[r, \theta]$ les nombres complexes suivants :
$z_1 = 1 + j$; $z_2 = -5j$; $z_3 = -1 - j$;
$z_4 = 1 - j\sqrt{3}$; $z_5 = \cos\frac{\pi}{4} - j\sin\frac{\pi}{4}$.

21. ✱ Déterminer les valeurs approchées arrondies à 10^{-2} du module et d'un argument, en radians, des nombres complexes suivants :
$z_1 = 1 + 3j$ et $z_2 = 2 - 5j$.
Contrôler sur une figure les résultats obtenus.

22. ✱ Déterminer le module et la valeur approchée arrondie à 10^{-2} d'un argument, en radians, des nombres complexes suivants :
$z_1 = -3 + 4j$ et $z_2 = 3 + 4j$.
Contrôler sur une figure les résultats obtenus.

Problèmes

› Problème 1
Complexes en vrac

Soit les nombres complexes suivants :
$z_1 = 4$; $z_2 = -2 - 2j\sqrt{3}$; $z_3 = \overline{z_2}$;
$z_4 = \left[8, \dfrac{\pi}{3}\right]$; $z_5 = \left[2, \dfrac{\pi}{3}\right]$.

1. a. Donner les formes algébriques de z_3, z_4 et z_5.

b. Donner les formes trigonométriques de z_1, z_2 et z_3.

2. Le plan complexe est rapporté à un repère orthonormal $(O ; \vec{u}, \vec{v})$ d'unité graphique 1 cm.
Placer dans ce repère les points A, B, C, D et E représentant respectivement z_1, z_2, z_3, z_4 et z_5.

3. a. Calculer z_2^2. Mettre le résultat sous la forme $a + bj$.

b. Vérifier que z_2 est solution de l'équation :
$z^2 + 4z + 16 = 0$.

› Problème 2
Impédance d'un circuit RLC

On considère trois circuits comprenant une résistance, une bobine et un condensateur avec
$R = 10\ \Omega$, $L\omega = 200\ \Omega$ et $\dfrac{1}{C\omega} = 120\ \Omega$.

1. Déterminer les nombres complexes $\underline{Z}_1$, $\underline{Z}_2$ et $\underline{Z}_3$ correspondant aux impédances complexes de la résistance, de la bobine et du condensateur, en utilisant les formules :
$\underline{Z}_1 = R$; $\underline{Z}_2 = j\,L\omega$; $\underline{Z}_3 = -\dfrac{1}{C\omega}j$.

2. Circuit n° 1

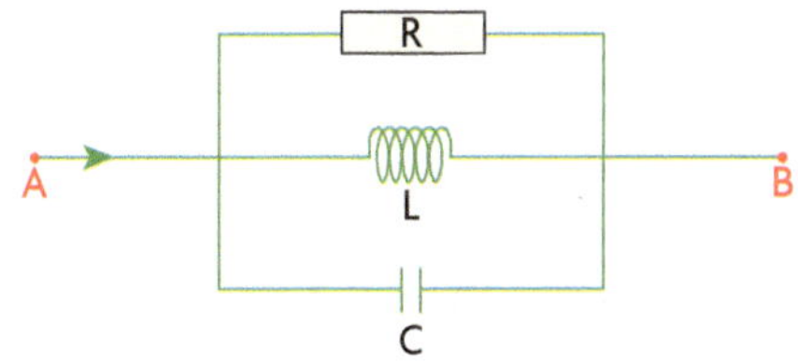

Calculer l'impédance complexe $\underline{Z}$ du circuit vérifiant
$\dfrac{1}{\underline{Z}} = \dfrac{1}{\underline{Z}_1} + \dfrac{1}{\underline{Z}_2} + \dfrac{1}{\underline{Z}_3}$.

3. Circuit n° 2

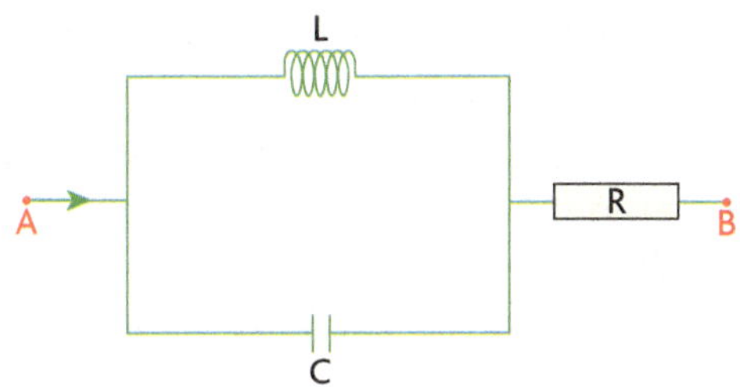

a. Déterminer le nombre complexe $\underline{Z}'$ tel que
$\dfrac{1}{\underline{Z}'} = \dfrac{1}{\underline{Z}_2} + \dfrac{1}{\underline{Z}_3}$.

b. Calculer l'impédance complexe $\underline{Z}$ du circuit vérifiant $\underline{Z} = \underline{Z}_1 + \underline{Z}'$.

4. Circuit n° 3

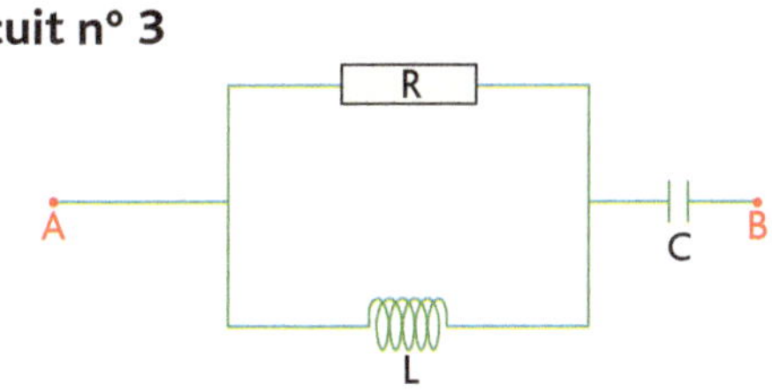

a. Déterminer le nombre complexe $\underline{Z}''$ tel que
$\dfrac{1}{\underline{Z}''} = \dfrac{1}{\underline{Z}_1} + \dfrac{1}{\underline{Z}_2}$.

b. Calculer l'impédance complexe $\underline{Z}$ du circuit vérifiant $\underline{Z} = \underline{Z}'' + \underline{Z}_3$.

› Problème 3

Étude, à l'aide de GeoGebra d'un ensemble de nombres complexes

Soit z un nombre complexe de module 1, différent de 1.

On étudie le nombre complexe $Z = \dfrac{z+1}{z-1}$

1. Justifier que l'on peut écrire $z = \cos\theta + i\sin\theta$.

2. a. Créer avec GeoGebra un curseur d'angle θ en radians, allant de 0 à 2π.

b. Créer ensuite les points M et M' en entrant dans la barre de saisie : M = cos (θ) + i sin (θ) puis M' = (M + 1)/(M – 1).

3. En activant la trace des points M et M', indiquer sur quel ensemble de points ils se situent.

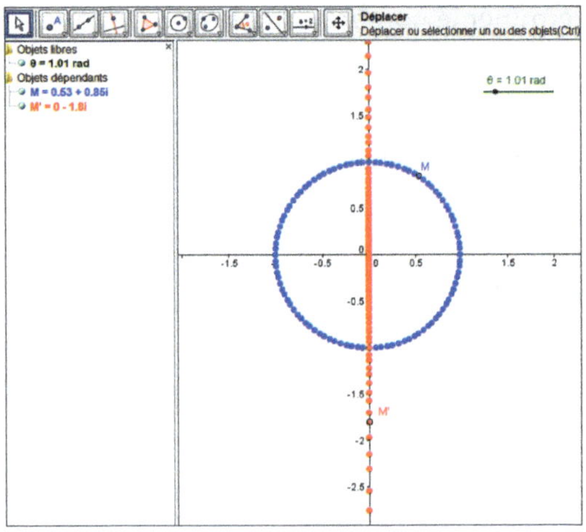

4. Que peut-on conjecturer à propos du nombre complexe Z ?

› Problème 4

Rapport d'onde stationnaire

Lors d'une réception par satellite, il apparaît une perte d'énergie due aux impédances de la parabole et du coaxial. Le coefficient de réflexion R est le nombre complexe définie par $R = \dfrac{z - z'}{z + z'}$ où z est l'impédance complexe de la parabole et z' celle du coaxial.

1. On considère le cas particulier d'une installation où $z = 75$ et $z' = 46{,}6 - 20{,}3j$.

a. Donner la forme algébrique de $z_1 = z - z'$ et calculer le module ρ_1 de z_1. Arrondir à 10^{-2}.

b. Donner la forme algébrique de $z_2 = z + z'$ et calculer le module ρ_2 de z_2. Arrondir à 10^{-2}.

c. Montrer que le module de $R = \dfrac{z_1}{z_2}$ est $\rho = 0{,}28$ (valeur arrondie à 10^{-2}).

d. Le rapport d'onde stationnaire ROS est défini par : $\text{ROS} = \dfrac{1+\rho}{1-\rho}$.

Calculer le ROS pour cette installation. Arrondir à 10^{-2}.

e. La norme préconise que le rapport d'onde stationnaire défini par $\text{ROS} = \dfrac{1+\rho}{1-\rho}$ soit inférieur à 2.

L'installation respecte-t-elle la norme ?

2. Dans le cas général, le module ρ du coefficient de réflexion R de l'installation est un nombre réel tel que $0 < \rho < 1$.

a. Montrer que l'inéquation $\dfrac{1+\rho}{1-\rho} \leq 2$ où $0 < \rho < 1$ se ramène à $3\rho \leq 1$.

b. Quelle est la valeur maximum de ρ qui respecte la norme énoncée à la question 1.e. ?

› Problème 5

On applique une tension u de fréquence variable f à l'entrée d'un filtre basse-bas.

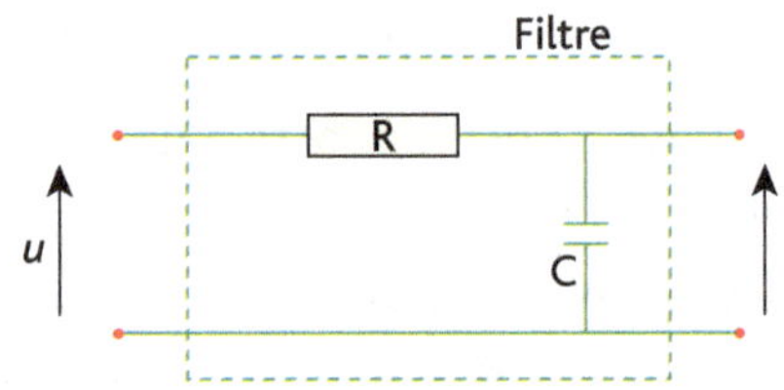

Ce filtre atténue ou « arrête » les tensions de fréquence supérieure à la fréquence $f_0 = \dfrac{1}{RC\omega}$.

On appelle gain, en décibels, du filtre le nombre : $G = 20 \log T$ où log est le logarithme décimal et où T est le module du nombre complexe $\underline{T} = \dfrac{1}{1 + jRC\omega}$.

1. On donne $R = 100\ \Omega$; $C = 63\ \mu\text{F}$ et $\omega = 2\pi f$ avec $f = 50$ Hz.
Calculer $RC\omega$ où la capacité C doit être exprimée en Farad. Arrondir à 10^{-2}.

2. On admet que $\underline{T} = \dfrac{1}{1 + 1{,}98j}$. En multipliant le numérateur et le dénominateur de $\underline{T}$ par le nombre complexe $1 - 1{,}98j$, montrer que $\underline{T}$ peut s'écrire $\underline{T} \approx 0{,}2 - 0{,}4j$.

3. a. En utilisant la valeur approchée précédente, calculer le module T du nombre complexe $\underline{T}$. Arrondir à 10^{-3}.

b. En déduire le gain G du filtre. Arrondir à l'unité.

32 Primitives d'une fonction

Capacités
- Savoir que si F est une primitive d'une fonction f sur un intervalle, $F + k$ (où k est une constante) est aussi une primitive de f
- Déterminer les primitives d'une somme de fonctions, du produit d'une fonction par un réel

1 Première approche d'une primitive

Un dépliant publicitaire

Un constructeur automobile annonce sur un dépliant publicitaire que la vitesse d'une voiture passe de 0 à 100 km/h en 14 secondes. On suppose que le mouvement de ce véhicule est uniformément accéléré, c'est-à-dire que sa vitesse instantanée est proportionnelle à t telle que $v(t) = at$.

1. Convertir 100 km/h en m/s. Arrondir le résultat au dixième. ....

2. Déterminer le réel a. ....

La fonction vitesse v est la fonction dérivée de la fonction distance parcourue d.

Si $d(t)$ désigne la distance parcourue à l'instant t, alors $d'(t) = v(t)$.

3. Parmi les fonctions suivantes : $d_1(t) = 3{,}98t + k$; $d_2(t) = 1{,}99t^2 + k$; $d_3(t) = 0{,}99t^2 + k$, laquelle a pour dérivée la fonction v ? ....

À l'instant initial, le véhicule est à l'arrêt. Donc, $d(0) = 0$.

4. Déterminer la fonction d : ....

5. Calculer $d(14)$: ....

2 Détermination d'une primitive d'une fonction

1. Des fonctions et une dérivée commune

Soient les fonctions F_1, F_2 et F_3 définies pour tout x par :
$F_1(x) = x^2 + 3x$; $F_2(x) = x^2 + 3x + 3$; $F_3(x) = x^2 + 3x - 5$.

a. Tracer, à l'aide de GeoGebra ou de la calculatrice, dans un même repère, les représentations graphiques des fonctions F_1, F_2 et F_3.

b. Que constate-t-on graphiquement ? ....

c. Déterminer F_1', F_2' et F_3' : $F_1'(x) =$ ...., $F_2'(x) =$ ...., $F_3'(x) =$ ....

d. Que constate-t-on ? ....

On dit que les fonctions F_1, F_2 et F_3 sont des primitives de la fonction f définie pour tout x par $f(x) = 2x + 3$ car $F_1'(x) = F_2'(x) = F_3'(x) = f(x)$.

e. Donner deux autres fonctions ayant la même fonction dérivée f.

....

2. Primitives d'une fonction

Soit la fonction G définie pour tout x par $G(x) = F_1(x) + k$ où k est une constante.

a. Déterminer G' : $G'(x) =$ ....

b. Que peut-on dire de la fonction $G = F_1 + k$? ....

....

Si la fonction F_1 est une primitive de la fonction f, alors la fonction $F_1 + k$ est aussi une primitive de la fonction f.

3. Primitives d'une somme de fonctions et du produit d'une fonction par une constante

Soient la fonction F, une primitive de la fonction f, définie pour tout x par $F(x) = x^3$ et la fonction G, une primitive de la fonction g, définie pour tout x par $G(x) = x^2$.

a. Déterminer les fonctions f et g : $f(x) =$ .... et $g(x) =$ ....

b. Vérifier que la fonction $F + G$ est une primitive de la fonction $f + g$. ....

....

c. Vérifier que les fonctions $2F$ et $3G$ sont des primitives des fonctions $2f$ et $3g$. ....

....

d. Vérifier que les fonctions $2F + 3G$ sont des primitives des fonctions $2f + 3g$. ....

....

On a vérifié les deux propriétés suivantes :
– si F est une primitive de f et si G est une primitive de g, alors $F + G$ est une primitive de $f + g$;
– si F est une primitive de f et si k est une constante, alors kF est une primitive de kf.

Comment déterminer les primitives d'une fonction ?

Déterminer les primitives de la fonction f définie pour tout x par $f(x) = 2x + 3$.

- Identifier la forme de la fonction : $f(x)$ est de la forme ....
  avec $u(x) =$ .... et $v(x) =$ ....
- Lire dans le tableau des primitives de la page 151 la fonction correspondant à x :
  x a pour primitive .... Donc $2x$ a pour primitive .... = ...
- Lire dans le tableau des primitives de la page 151 la fonction correspondant à la constante 3 :
  La fonction constante 3 a pour primitive ....
- Donner les fonctions primitives cherchées : f étant la somme des deux termes précédents, les primitives de f sont données par $F(x) =$ ....

On peut s'occuper des constantes à la fin des calculs car la somme de deux constantes est encore une constante.
On ajoute donc une constante k à la fin des calculs.

Exercices

Déterminer les primitives des fonctions suivantes :

1 **a.** $f(x) = 5x - 3$.
b. $g(x) = -x + 7$.

2 **a.** $f(x) = -\frac{2}{5}x - 5$. **b.** $g(x) = 1 - 13x$.

3 **a.** $f(x) = 2x^2 - 5x + 8$.
b. $g(x) = -\frac{x^2}{2} + \frac{1}{5}x - 4$.

33 Intégrale d'une fonction

Capacités
- Calculer l'intégrale, sur un intervalle [a ; b], d'une fonction f admettant une primitive F
- Interpréter, dans le cas d'une fonction positive, une intégrale comme l'aire d'une surface

1 Aire d'une figure en fonction de l'unité d'aire du graphique

On considère les points $A(3 ; 2)$, $B(2 ; 1)$ et $C(5 ; 1)$ dans chacun des repères suivants.

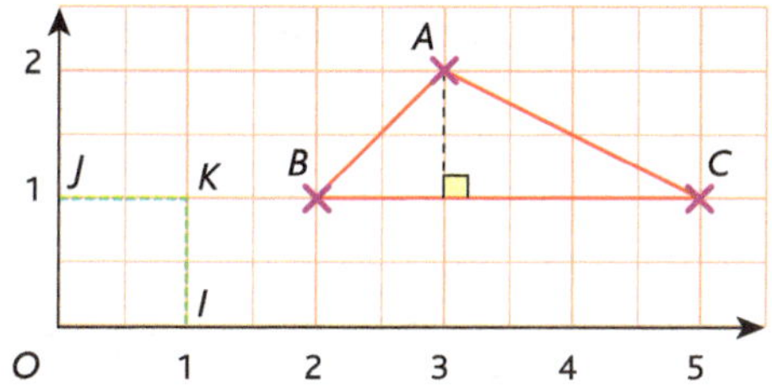

Cas n° 1

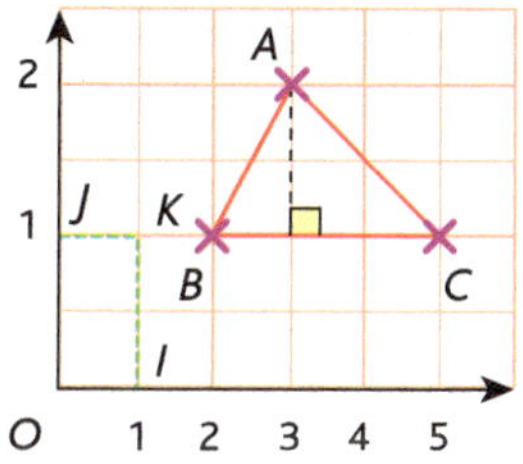

Cas n° 2

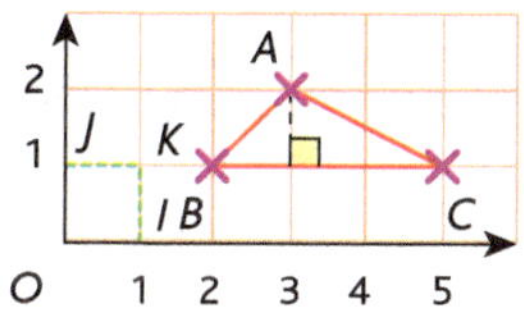

Cas n° 3

Pour chacun des trois cas :

1. Calculer, en cm², l'aire du triangle ABC.

Cas n° 1 : .... Cas n° 2 : .... Cas n° 3 : ....

2. Calculer, en cm², l'aire du rectangle $OIKJ$; on note u cette aire.

Cas n° 1 : .... Cas n° 2 : .... Cas n° 3 : ....

3. Exprimer l'aire du triangle ABC en fonction de u.

Cas n° 1 : .... Cas n° 2 : .... Cas n° 3 : ....

2 Calcul d'une aire à l'aide d'une intégrale

1. Aire du trapèze en fonction de x

Soit la fonction f définie pour tout x par $f(x) = \frac{1}{2}x + 2$ et D sa représentation graphique dans le repère ci-dessous. Les points $A(2 ; 3)$ et $M(x ; f(x))$ sont deux points de D.

On appelle $S(x)$ l'aire du trapèze $AA'M'M$ délimitée par les droites (AA'), (MM'), l'axe des abscisses et la droite D.

Soit $A'M'$ la hauteur h du trapèze ; AA' la petite base b ; $M'M$ la grande base B.

La formule donnant l'aire du trapèze est $A_{\text{trapèze}} = \frac{(b+B)\times h}{2}$.

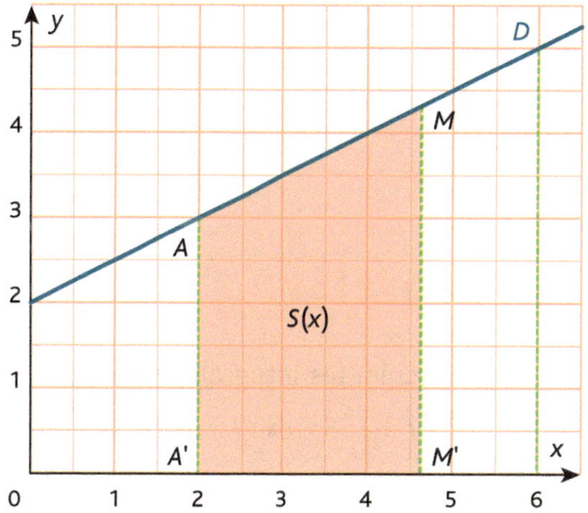

a. Donner la longueur de la petite base b : $b =$ …………………… .

b. Exprimer en fonction de x les longueurs suivantes :

La hauteur h …………………… la grande base B …………………… .

c. Vérifier que l'aire du trapèze est donnée, en fonction de x, par $S(x) = \frac{1}{4}x^2 + 2x - 5$.

……………………………………………………………………………………

……………………………………………………………………………………

d. Déterminer l'aire du trapèze pour $x = 6$: ……………………………………………

2. Intégrale de la fonction f sur l'intervalle [2 ; 6]

On a trouvé en 1. que $S(x) = \frac{1}{4}x^2 + 2x - 5$.

a. Calculer $S'(x)$: ……………………………………………………………

b. Que peut-on dire de la fonction S par rapport à la fonction f défine au début de l'activité ?

……………………………………………………………………………………

c. Calculer $S(6)$ et $S(2)$: $S(6) =$ ………………, $S(2) =$ ………………. D'où, $S(6) - S(2) =$ ……………… .

La différence $S(6) - S(2)$ représente l'intégrale de 2 à 6 de la fonction f.

Cela se note $\int_2^6 f(x)\mathrm{d}x = 16$ et se lit « somme de 2 à 6 de $f(x)\mathrm{d}x$ ».

> $f(x)\mathrm{d}x$ est une notation qui peut paraître surprenante, mais qui fait historiquement référence à une aire.

d. Donner, à partir de 1.d. une interprétation géométrique de $\int_2^6 f(x)\ \mathrm{d}x$: ……………………………………

……………………………………………………………………………………

Comment calculer l'intégrale définie d'une fonction ?

Calculer l'intégrale $I = \int_1^2 f(x)\mathrm{d}x$, f étant définie pour tout x par $f(x) = 2x + 3$.

> On prend $k = 0$ car l'intégrale définie d'une fonction sur un intervalle est indépendante de la constante k.

- Déterminer une primitive F de f en prenant k égal à 0 : $F(x) =$ …………………… .
- Calculer les nombres $F(2)$ et $F(1)$: $F(2) =$ …………………… $=$ …………………… et $F(1) =$ …………………… $=$ …………………… .
- Calculer $F(2) - F(1)$: $F(2) - F(1) =$ …………………………………… $=$ …………………………………… .
- Conclure : l'intégrale $I = \int_1^2 f(x)\ \mathrm{d}x = \int_1^2 (2x + 3)\ \mathrm{d}x =$ …………………… .

Exercices

Calculer les intégrales suivantes.

1 $I = \int_0^2 5x\ \mathrm{d}x$; $J = \int_{-1}^3 (2x + 1)\ \mathrm{d}x$.

2 $I = \int_{-1}^2 (3x^2 - 2)\ \mathrm{d}x$; $J = \int_{-3}^3 2(x + 2)\ \mathrm{d}x$.

L'ESSENTIEL

1 Primitive d'une fonction

• **Définition**

Une fonction F est **une primitive** d'une fonction f sur un intervalle I si, pour tout x de cet intervalle I, la fonction f est la dérivée de F : $F'(x) = f(x)$.

Toutes les primitives de la fonction f sont les fonctions F définies par $F(x) + k$ où k est une constante réelle quelconque.

• **Tableau des primitives**

Fonction f	Primitive F
$f(x) = a$	$F(x) = ax + k$
$f(x) = x$	$F(x) = \frac{1}{2}x^2 + k$
$f(x) = x^2$	$F(x) = \frac{1}{3}x^3 + k$
$f(x) = x^3$	$F(x) = \frac{1}{4}x^4 + k$

Fonction f	Primitive F
$f(x) = x^n\,;\, n \neq -1$	$F(x) = \frac{1}{n+1}x^{n+1} + k$
$f(x) = \frac{1}{x}\,;\, x > 0$	$F(x) = \ln x + k$
$u(x) + v(x)$	$U(x) + V(x)$
$a.u(x)$	$a.U(x)$

Exemples

Soit f la fonction définie pour tout x par $f(x) = 4x^2 - 5x$.

Les primitives F de f sont données par $F(x) = \frac{4}{3}x^3 - \frac{5}{2}x^2 + k$.

Soit g la fonction définie pour tout x strictement positif par $g(x) = \frac{3}{x}$.

Les primitives G de g sont données par $G(x) = 3\ln x + k$.

2 Intégrale définie d'une fonction

• Soit f une fonction admettant une primitive F sur un intervalle $[a\,;b]$. Le nombre $F(b) - F(a)$ (indépendant de la primitive F choisie) est appelé **intégrale définie de la fonction f entre les valeurs a et b** de la variable. Les nombres a et b sont les bornes d'intégration.

On écrit : $\int_a^b f(x)\;dx = F(b) - F(a)$ ou $\int_a^b f(x)\;dx = [F(x)]_a^b = F(b) - F(a)$.

Le symbole $\int_a^b f(x)\;dx$ se lit « somme de a à b de $f(x)dx$ ».

• Dans le cas d'une **fonction f positive** et définie sur l'intervalle $[a\,;b]$, **l'aire A du domaine** limité par la courbe représentative de f, l'axe des abscisses et les droites d'équations $x = a$ et $x = b$ est égale à l'intégrale définie de f sur l'intervalle $[a\,;b]$.

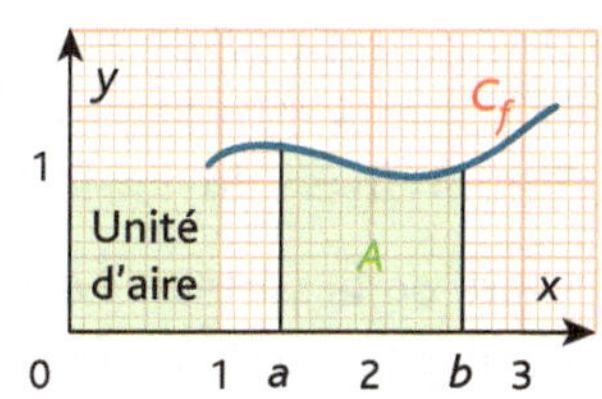

Elle s'exprime en unité d'aire du repère : $A = \int_a^b f(x)\;dx$.

Exemple

Soit l'intégrale $I = \int_1^2 f(x)\,dx$, f étant définie pour tout x par $f(x) = 4x + 5$.

Une primitive de f est : $F(x) = 2x^2 + 5x$. On a : $F(2) = 18$ et $F(1) = 7$.

$I = \int_1^2 (4x+5)\,dx = F(2) - F(1) = 18 - 7 = 11.$

EXERCICES RÉSOLUS

1 › Déterminer la primitive d'une fonction prenant une valeur donnée en un point donné

Déterminer la primitive F de la fonction f définie pour tout $x > 0$ par $f(x) = \frac{1}{x}$, qui prend la valeur 8 lorsque $x = 1$.

Solution

Le tableau des primitives montre que $\frac{1}{x}$ a pour primitives $\ln x + k$.
Parmi toutes les primitives de f, une seule prend la valeur 8 pour $x = 1$.
On a : $\ln 1 + k = 8$ et comme $\ln 1 = 0$, alors $k = 8$.
La primitive cherchée est $F(x) = \ln x + 8$.

Méthode

- Déterminer une primitive F de f.
- Déterminer la constante k à l'aide de la condition donnée.
- Donner la primitive cherchée.

2 › Calculer une aire à l'aide d'une intégrale

Calculer l'aire de la surface S délimitée par la courbe représentative de la fonction f définie pour tout $x > 0$ par $f(x) = \frac{1}{x}$, l'axe des abscisses et les droites d'équations $x = 1$ et $x = 3$ (surface verte sur le graphique).

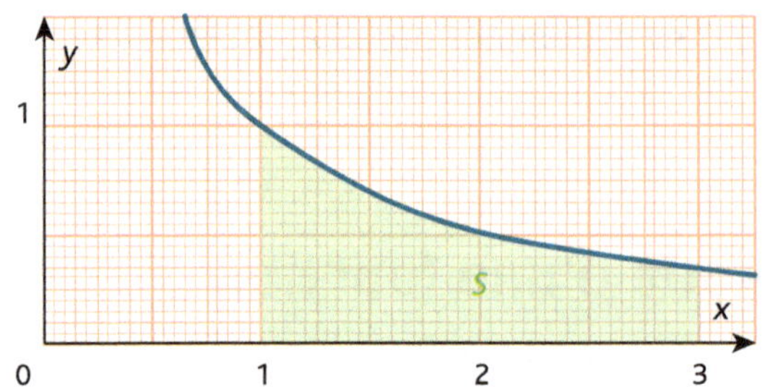

Solution

Pour connaître cette aire, il faut calculer l'intégrale $I = \int_1^3 \frac{1}{x}\,dx$.

Une primitive F de f est telle que $F(x) = \ln x$.
$F(3) = \ln 3$ et $F(1) = \ln 1 = 0$.
Soit $I = \ln 3 - \ln 1 = \ln 3 \approx 1{,}1$.

L'aire de la surface S est égale à 1,1 unité du repère.
L'unité d'aire du repère est $2 \times 2 = 4$ cm^2.
D'où $S \approx 1{,}1 \times 4 = 4{,}4$ cm^2.

Méthode

- Traduire l'énoncé par l'écriture d'une intégrale bornée $\int_a^b f(x)\,dx$.
- Chercher une primitive F de la fonction f.
- Calculer $F(b)$ et $F(a)$.
- Calculer $I = F(b) - F(a)$.
- Exprimer l'aire cherchée en fonction de l'unité d'aire.

Exercices & Problèmes

R *Exercices avec réponses en fin d'ouvrage.* ***/**** *Exercices plus difficiles.*

Exercices

1. QCM

Choisir la ou les bonne(s) réponse(s).

a. Si une fonction F telle que $F(x) = 3x + 5$ est une primitive d'une fonction f, alors une autre primitive F_1 de f est donnée par :

- ❐ $F_1(x) = 1{,}5x^2 + 5x$
- ❐ $F_1(x) = 3$
- ❐ $F_1(x) = 3x + 12$

b. Si $f(x) = -3$, alors une primitive F de f est telle que :

- ❐ $F(x) = 0$
- ❐ $F(x) = -3x + k$
- ❐ $F(x) = 3x + k$

c. Si $f(x) = 6x^2$, alors une primitive F de f est telle que :

- ❐ $F(x) = 2x^3 + k$
- ❐ $F(x) = x^3 + k$
- ❐ $F(x) = 12x + k$

d. Si $f(x) = x^4$, alors une primitive F de f est telle que :

- ❐ $F(x) = 4x^3 + k$
- ❐ $F(x) = \dfrac{x^5}{4} + k$
- ❐ $F(x) = \dfrac{x^5}{5} + k$

2. Associer

Relier par une flèche les primitives à la fonction correspondante.

Primitives	Fonctions
$F(x) = 6x^2 + 6x$ ●	● $f(x) = 12x^2 + 6$
$F(x) = 6x^3 + 3x^2$ ●	● $f(x) = 24x^2 + 6x$
$F(x) = \dfrac{3}{2}x^2 + 6x + 5$ ●	● $f(x) = 12x + 6$
$F(x) = 4x^3 + \dfrac{3}{2}x^2 + 7$ ●	● $f(x) = 12x^2 + 3x$
$F(x) = 4x^3 + 6x$ ●	● $f(x) = 3x + 6$

3. Choix dans une liste

Pour chaque phrase, entourer la bonne réponse dans la liste proposée.

a. Si $f(x) = 2x$, alors

$F(x) = 2 + k$
$F(x) = x^2 + k$
$F(x) = 2x^2 + k$

est une primitive F de f.

b. Si $f(x) = 2x^4 + 9x^2$, alors

$F(x) = 0{,}5x^5 + 4{,}5x^3 + k$
$F(x) = 0{,}4x^5 + 3x^3 + k$
$F(x) = 8x^3 + 18x + k$

est une primitive F de f.

c. Si $f(x) = \dfrac{4}{x}$, pour $x > 0$, alors

$F(x) = -\dfrac{4}{x^2} + k$
$F(x) = -\dfrac{3}{x} + k$
$F(x) = 4\ln x + k$

est une primitive F de f.

4. QCM

La courbe C_f représente une fonction f définie sur l'intervalle $[0 ; 6]$.
La fonction f est la dérivée d'une fonction F définie sur l'intervalle $[0 ; 6]$.

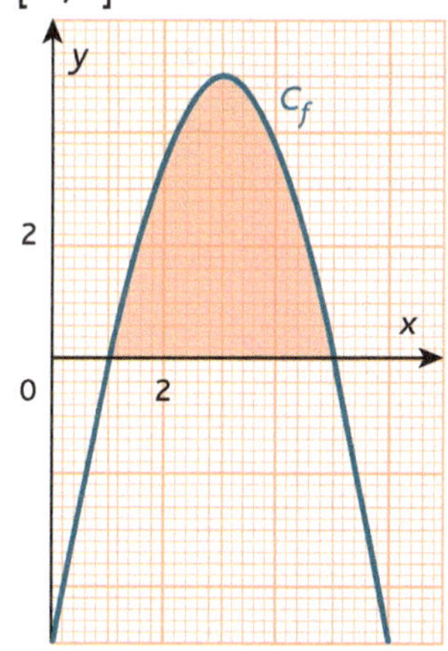

Choisir la ou les bonne(s) réponse(s).

a. La courbe qui représente une des fonctions F possibles est :

❐ 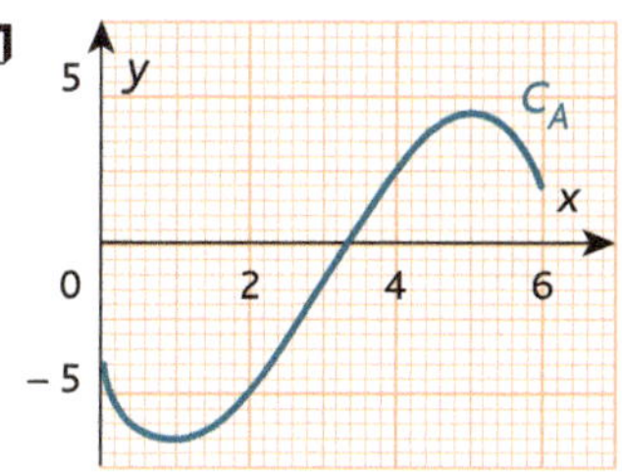

❐ 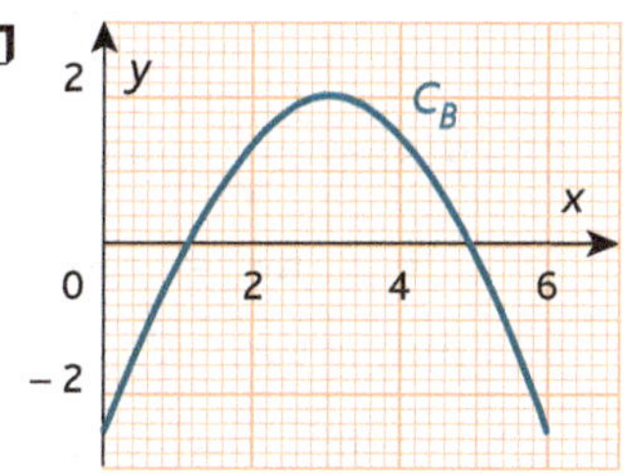

❐ 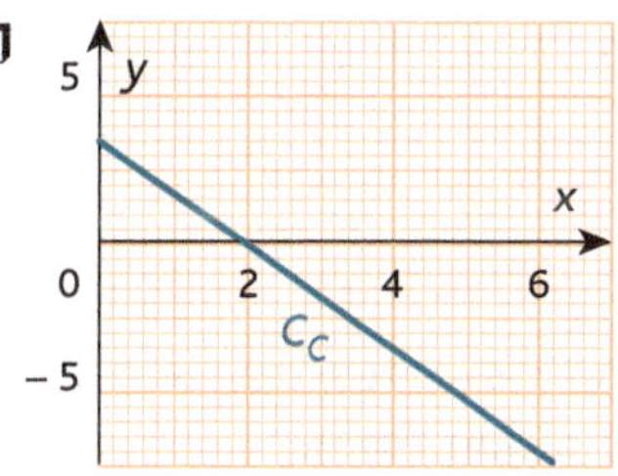

b. L'aire colorée sous la courbe correspond à :

❐ $I = \int_0^6 f(x)\,dx$ ❐ $I = \int_1^5 f(x)\,dx$ ❐ $I = \int_1^5 F(x)\,dx$

c. On obtient l'aire colorée sous la courbe en calculant :

- ❒ $A = F(6) - F(0)$
- ❒ $A = F(1) - F(5)$
- ❒ $A = F(5) - F(1)$

› Primitives d'une fonction

Déterminer les primitives des fonctions suivantes :

5. a. $f(x) = 3x - 5.$

b. $g(x) = -x + 2.$

6. Ⓡ **a.** $f(x) = -\frac{2}{7}x - 15.$

b. $g(x) = 1 - 11x.$

7. a. $f(x) = 2x^2 - 7x + 6.$

b. $g(x) = -\frac{x^2}{2} + 4x - \frac{1}{5}.$

8. Ⓡ **a.** $f(x) = -0{,}01x^2 + 3.$

b. $g(x) = -\sqrt{11}x^2 - 2.$

9. ✱ **a.** $f(x) = \frac{3}{x^2}$ $(x \neq 0).$

b. $g(x) = -\frac{2}{x^2}$ $(x \neq 0).$

> On remarque que $\frac{1}{x^2} = x^{-2}$ $(n = -2).$

10. a. $f(x) = \frac{3}{x}$ $(x > 0).$

b. $g(x) = -\frac{2}{x}$ $(x > 0).$

11. Ⓡ **a.** $f(x) = 2x - \frac{1}{x}$ $(x > 0).$

b. $g(x) = \frac{1}{4}x^2 + 4.$

12. a. $f(x) = -4x + \frac{1}{x}.$

b. $g(x) = -9x^2 - \frac{2}{x}.$

13. a. $f(x) = \frac{4 + 2x^3}{x}$ $(x > 0).$

b. $g(x) = \frac{1 - 3x}{x^2}$ $(x > 0).$

14. Ⓡ **a.** $f(x) = -3x^5 + 3x^3 - 4x.$

b. $g(x) = 5x^4 - 7x^2 - 2.$

15. a. $f(x) = 4x^3 - 4x + 4.$

b. $g(x) = -10x^4 + 12x^2 + 2.$

› Primitive d'une fonction prenant une valeur donnée en un point donné

Pour chacune des fonctions f suivantes, trouver la primitive F qui vérifie la condition donnée.

16. $f(x) = x^2 - 3x + 1$; $F(1) = 0.$

17. Ⓡ $f(x) = \frac{1}{3}x^2 - 5x + 7$; $F(2) = 10.$

18. ✱ $f(x) = 1 + \frac{3}{x}$ $(x > 0)$; $F(1) = 3.$

19. ✱ $f(x) = -\frac{2}{x} + x + 1$ $(x > 0)$; $F(7) = 33{,}5.$

20. Ⓡ✱ $f(x) = -\frac{4}{x} - \frac{2}{3}x^2$ $(x > 0)$; $F(1) = 0.$

21. $f(x) = -4x^5 + 5x^3 - 3x$; $F(0) = 63.$

22. Ⓡ $f(x) = -5x^4 + 12x^2 + 7$; $F(1) = 10.$

23. ✱ $f(x) = \frac{2}{x}$ $(x > 0)$; $F(e) = 2.$

> Lorsqu'on a trouvé une primitive d'une fonction, il est prudent de procéder à une vérification en dérivant la primitive obtenue.

› Intégrale définie

Calculer les intégrales suivantes.

24. $I = \int_0^2 3x\,dx$

$J = \int_{-1}^3 (4x + 1)dx$

25. Ⓡ $I = \int_{-1}^2 (2x^2 - 3)dx$

$J = \int_{-3}^3 3\left(\frac{x}{2} + 1\right)dx$

26. $I = \int_0^1 \frac{x^2}{6}dx$

$J = \int_{-1}^0 \left(\frac{2}{5}x^2 - \frac{1}{3}x\right)dx$

27. ✱ $I = \int_1^2 \left(1 + \frac{2}{x^2}\right)dx$

$J = \int_1^3 \frac{4}{x}dx$

28. Ⓡ✱ $I = \int_1^3 \frac{x^2 - 1}{x^2}dx$

$J = \int_{0,5}^1 \left(3 - \frac{8}{x}\right) dx$

29. $I = \int_{-2}^2 (-0{,}75x^2 + 3)dx$

$J = \int_{-0,85}^{0,85} (-1{,}1x^2 + 2{,}6)dx$

› Calcul d'aire à l'aide d'une intégrale

Pour chacune des fonctions f suivantes, tracer la courbe représentative et calculer l'aire de la surface définie par l'ensemble des points $M(x\,;y)$ tels que : $a \leq x \leq b$ et $0 \leq y \leq f(x)$.

30. $f(x) = -x^2 + 5x - 4$; $a = 1$ et $b = 4.$

31. Ⓡ $f(x) = x - \frac{1}{x}$ $(x > 0)$; $a = 1$ et $b = 4.$

32. $f(x) = \frac{1}{2}x^2 + 1$; $a = -1$ et $b = 2$.

33. (R) $f(x) = x^3 - 2x + 5$; $a = -1$ et $b = 2$.

34. $f(x) = -5x^4 + 12x^2$; $a = -1{,}5$ et $b = 1{,}5$.

35. $f(x) = \frac{2}{x}$; $a = 1$ et $b = 6$.

Problèmes

› Problème 1

On considère la fonction définie pour tout x de l'intervalle $[10^{-2} ; 8 \times 10^{-2}]$ par : $f(x) = \frac{7\,650}{x}$.

1. Quel est le sens de variation de f ?
Justifier la réponse.

2. Tracer la courbe représentative de f dans un repère orthogonal d'unités graphiques 2×10^2 cm en abscisses et 10^{-5} cm en ordonnées.

3. a. Déterminer une primitive F de f.

b. Calculer l'intégrale : $\int_a^b f(x)\,dx$ avec $a = 10^{-2}$ et $b = 8 \times 10^{-2}$.
Donner la valeur exacte du résultat exprimée en unités d'aire.

› Problème 2

1. Dans un repère orthonormal d'unité graphique 5 cm, construire sur l'intervalle $[-1 ; 1]$ la courbe C_f, représentative de la fonction f définie par :
$f(x) = -x^2 + 1$.

2. Calculer l'aire du domaine limité par la courbe C_f, l'axe des abscisses et les droites d'équations $x = -1$ et $x = 1$.

› Problème 3

Calculs de volumes de révolution

On démontre que f étant une fonction positive définie sur un intervalle $[a ; b]$ et S étant l'ensemble des points $M(x ; y)$ tels que $a \leq x \leq b$ et $0 \leq y \leq f(x)$, le volume V du solide engendré par la rotation de S autour de l'axe (Ox) est :

$$V = \pi\int_a^b \left[f(x)\right]^2 dx.$$

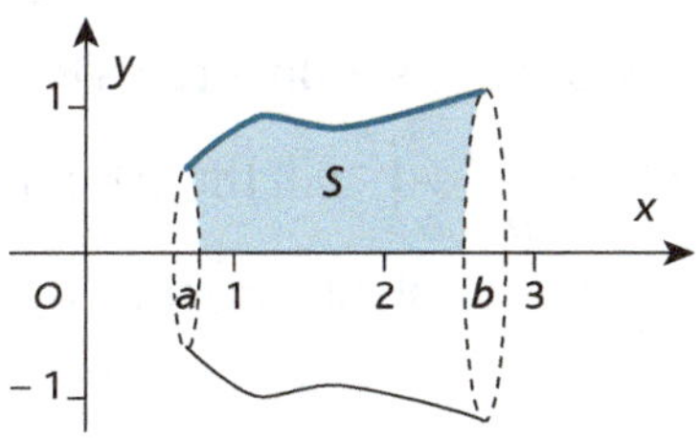

Applications

1. Volume d'un cylindre
Soit la fonction f définie sur $[0 ; 4]$ par $f(x) = 2$.

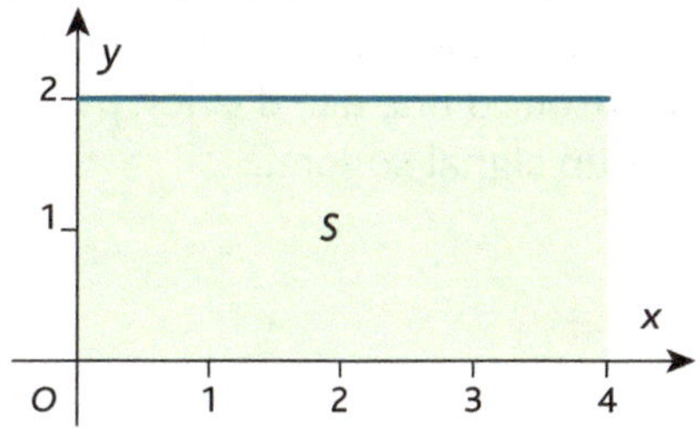

a. Utiliser la formule précédente pour calculer le volume du cylindre obtenu en faisant tourner S autour de (Ox).

b. Quels sont le rayon et la hauteur du cylindre ? Vérifier le résultat de la question a. à l'aide de la formule du volume d'un cylindre $V = \pi R^2 h$.

2. Volume d'un cône

a. Établir l'équation de la droite passant par l'origine et le point $A(4 ; 2)$ dans le repère ci-dessous.

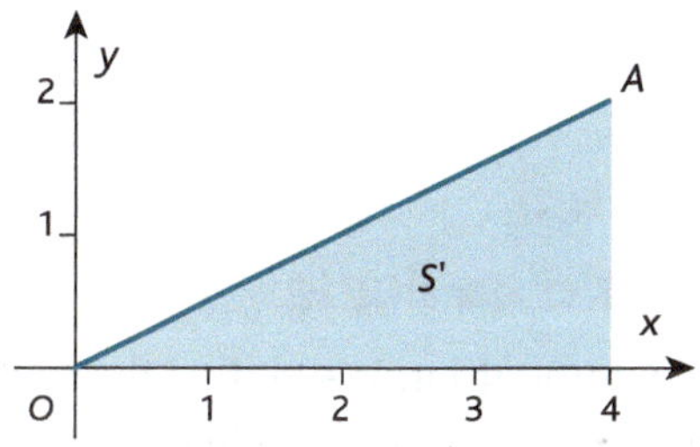

b. Calculer le volume du cône obtenu en faisant tourner S' autour de (Ox).

c. Quels sont le rayon et la hauteur du cylindre ? Vérifier le résultat de la question b. à l'aide de la formule du volume d'un cône $V = \frac{1}{3}\pi R^2 h$.

3. Volume d'un paraboloïde de révolution
Le projecteur parabolique représenté ci-dessous, a la forme d'un solide obtenu par rotation autour de l'axe (Ox) de la courbe représentative de la fonction f définie sur $[0 ; 3]$ par $f(x) = \sqrt{1{,}5x}$.

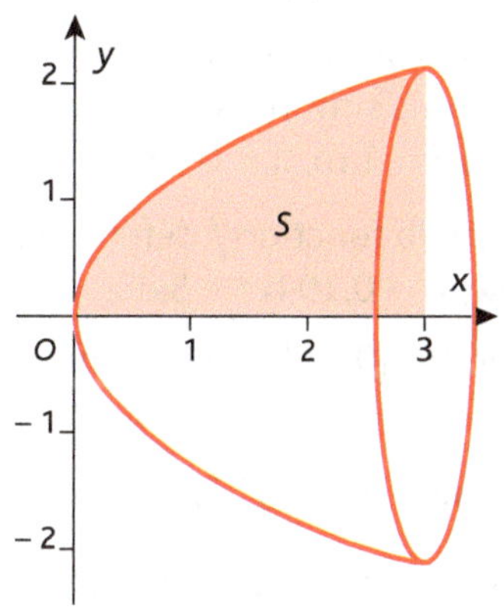

Utiliser la formule précédente pour calculer le volume, en cm^3, du projecteur parabolique obtenu en faisant tourner S autour de (Ox).

Application du calcul intégral
En plus du calcul d'aires et de volumes, les physiciens font aujourd'hui, grâce aux ordinateurs, largement appel au calcul intégral : étudier le croisement de deux TGV, prédire l'écoulement d'un fluide autour d'une aile d'avion par exemple, décomposer un signal sonore...

› Problème 4

Travail d'un compresseur

Une denrée alimentaire est placée dans un tunnel de congélation maintenu à – 30 °C. Au tunnel de congélation, on associe un compresseur bicylindre. La compression est considérée comme isotherme (à température constante). Le travail W mis en jeu dans un des cylindres, pour une compression, est donné par la relation :

$$W = \int_{-0,041}^{0,204} \frac{323}{v} \mathrm{d}v.$$

Calculer, en joules, le travail W. Arrondir le résultat à l'unité.

› Problème 5

Écoulement d'un fluide

Lors de l'écoulement laminaire d'un fluide dans une conduite neuve, de section circulaire, la répartition de la vitesse v d'écoulement des particules satisfait à la relation :

$$v = 10^{-6} \frac{\Delta P}{4\eta l}(R^2 - r^2).$$

ΔP, en Pascal, perte de charge sur la longueur l de conduite ;
l, en mètre, longueur de la conduite ;
R, en millimètre, rayon du tube ;
r, en millimètre, distance par rapport à l'axe du tube ;
η, coefficient de viscosité dynamique du fluide ;
v, en mètre par seconde, vitesse du fluide à une distance r de l'axe du tube.

1. Exprimer la vitesse v en fonction de la distance r dans les conditions suivantes : $R = 7,5$ mm, $\Delta P = 15\,000$ Pa, $l = 1$ m, $\eta = 0,036$.

2. On considère la fonction f définie sur l'intervalle $[0 ; 7,5]$ par $f(x) = -0,104x^2 + 5,86$.

a. Déterminer, sur $[0 ; 7,5]$, une primitive F de la fonction f.

b. Calculer l'intégrale $I = \int_0^{7,5} \left(-0,104x^2 + 5,86\right)\mathrm{d}x$.

c. La vitesse moyenne d'écoulement dans ce tube est donnée, en m/s, par la formule :
$\mu = \frac{1}{7,5}\int_0^{7,5} \left(-0,104x^2 + 5,86\right)\mathrm{d}x$.

Calculer cette vitesse moyenne μ.

Valeur moyenne d'une fonction
Soit f une fonction définie sur un intervalle $[a ; b]$.
On appelle valeur moyenne de f sur $[a ; b]$ le nombre μ défini par :
$\mu = \frac{1}{b-a}\int_a^b f(x)\,\mathrm{d}x$.

› Problème 6

Signal en « dents de scie »

On considère la tension u périodique de période T, définie pour tout t, dont une représentation du signal est donnée ci-dessous.

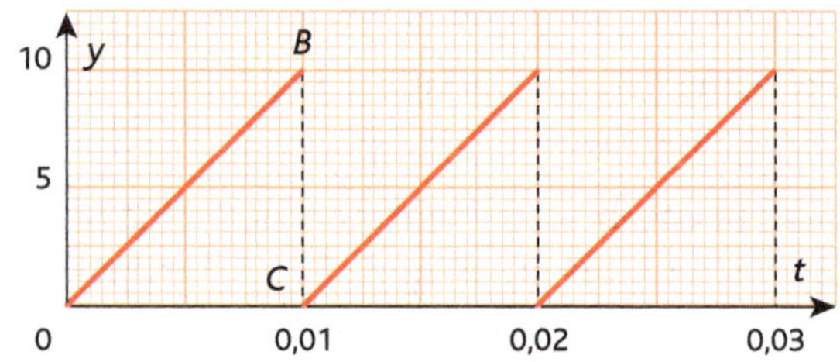

1. a. Déterminer la période T du signal.

b. Sachant que $B(0,01 ; 10)$, donner l'expression du signal $s(t)$ sur l'intervalle $]0 ; 0,01]$.

2. Le point C désigne le projeté orthogonal du point B sur l'axe (Ot).

a. Calculer, en unités d'aire, l'aire A du triangle OBC.

b. Calculer l'intégrale $\overline{U} = \frac{1}{0,01}\int_0^{0,01} s(t)\mathrm{d}t$.

c. Comparer les deux résultats précédents.

d. Si on trace la droite D d'équation $y = \overline{U}$, donner une interprétation de cette droite D pour le signal u.

3. On note U_{eff} le nombre positif représentant la tension efficace du signal u tel que $U_{eff}^2 = S$.

a. Calculer, sur l'intervalle $[0 ; 0,01]$ l'intégrale
$S = \frac{1}{0,01}\int_0^{0,01} u^2(t)\mathrm{d}t$.

b. En déduire la tension efficace U_{eff}.

Intégration en électricité
Pour un signal s périodique de période T :
– la valeur moyenne sur une période est le nombre
$\overline{s} = \frac{1}{T}\int_{t_0}^{t_0+T} s(t)\mathrm{d}t$.
Dans les cas usuels, on prendra $t_0 = 0$ ou $t_0 = -\frac{T}{2}$;
– la valeur efficace S_{eff} sur un intervalle $[a ; b]$ est définie par $S_{eff}^2 = \frac{1}{b-a}\int_a^b s^2(t)\,\mathrm{d}t$. (Le carré de la valeur efficace est la valeur moyenne du carré de la fonction.)

› Problème 7

Signal redressé double-alternance

Partie A : avant redressement

On considère la tension sinusoïdale $u(t) = 220\sqrt{2}\sin(100\pi t)$.

1. Donner la période T et la pulsation ω de la tension.

> Une primitive F d'une fonction f de la forme $f(t) = \sin(\omega t)$ est $F(t) = -\frac{1}{\omega}\cos(\omega t)$.

2. a. À l'aide de l'information ci-contre, donner une primitive U de u.

b. Calculer la valeur moyenne $\bar{u}$ du signal, soit $\bar{u} = \frac{1}{T}\int_0^T 220\sqrt{2}\sin(100\pi t)\,dt$.

3. a. À l'aide de la relation suivante $\sin^2(a) = \frac{1-\cos(2a)}{2}$, montrer que $u^2(t)$ peut se mettre sous la forme $220^2(1 - \cos(200\pi t))$.

b. On note U_{eff} le nombre positif représentant la tension efficace du signal u tel que $U_{eff}^2 = S$.

> Et si elle est de la forme $f(t) = \cos(\omega t)$ alors une primitive F de f est $F(t) = \frac{1}{\omega}\sin(\omega t)$.

c. Calculer, sur l'intervalle $[0 ; T]$ l'intégrale $S = \frac{220^2}{T}\int_0^T (1-\cos(200\pi t))\,dt$.

d. En déduire la tension efficace U_{eff}.

Partie B : après redressement

On considère la tension sinusoïdale : $u_r(t) = 220\sqrt{2}\sin(100\pi t)$ redressée double-alternance dont le signal est représenté ci-après :

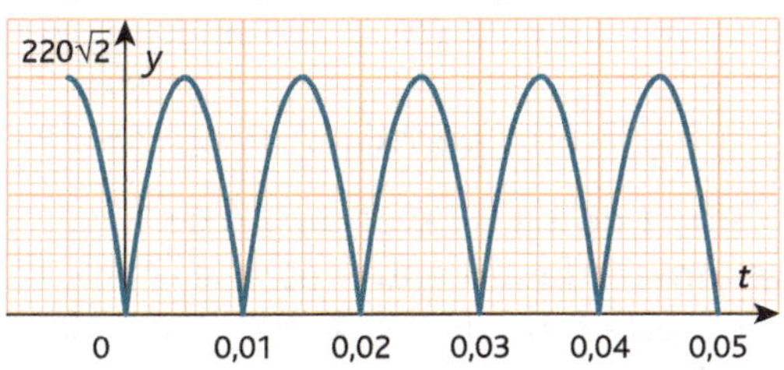

1. Donner la période T_r et la pulsation ω de la tension.

2. Calculer la valeur moyenne $\overline{u_r}$ du signal, soit $\overline{u_r} = \frac{1}{T_r}\int_0^{T_r} 220\sqrt{2}\sin(100\pi t)\,dt$.

3. a. On note U_{reff} le nombre positif représentant la tension efficace du signal redressé u_r tel que $U_{reff}^2 = S_r$.

b. Calculer, sur l'intervalle $[0 ; T_r]$ l'intégrale $S_r = \frac{220^2}{Tr}\int_0^{T_r} (1-\cos(200\pi t))\,dt$.

c. En déduire la tension efficace U_{reff}.

4. Comparer les tensions moyennes $\bar{u}$ et $\overline{u_r}$ et les tensions efficaces U_{eff} et U_{reff} avant et après redressement.

› Problème 8

Coût marginal

Le coût marginal correspond au coût de production d'un objet supplémentaire.
Une entreprise fabrique 1 000 objets. Elle estime que le coût marginal, en euros, du $q^{ième}$ objet supplémentaire est donné par la relation $C_m(q) = 3q + 40$.
La fabrication du 1er objet supplémentaire (le 1001e) coûte 43 €.

Partie A : coût total de fabrication de dix objets supplémentaires

1. a. Avec un tableur, réaliser la feuille de calcul dont voici un extrait.

	A	B	C	D	E
1	*q* ième objet	coût marginal $C_m(q)$	coût total de fabrication $F(q)$	coût total estimé $C(q)$	erreur commise %
2	1	43	43		

b. Faire varier q de 1 à 10 avec un pas de 1.

c. Quelle formule faut-il entrer dans la cellule B2 ? La recopier vers le bas jusqu'à la valeur 10 de q.

2. Le coût total de fabrication de q objets supplémentaires est la somme des coûts marginaux de chaque objet supplémentaire.
Quelle formule faut-il entrer dans la cellule C2 ?
La recopier vers le bas jusqu'à la valeur 10 de q.

3. Donner le coût total de fabrication de 10 objets supplémentaires.

Partie B : coût total de fabrication de q objets

Le coût total de fabrication $F(q)$ de q objets supplémentaires est égal à :

$F(q) = C_m(1) + C_m(2) + \ldots\ldots + C_m(q)$

Montrer que le coût total de fabrication des q premiers objets supplémentaires est égal à :

$F(q) = \frac{3}{2}q^2 + 41{,}5q$.

On donne l'expression permettant d'obtenir la somme des q premiers entiers naturels non nuls :

$S_q = \frac{q}{2}(1+q)$.

> Pensez à utiliser la fonction *somme*. en mettant ":" pour indiquer que l'on prend les valeurs de toutes les cellules.

Partie C : erreur commise par le coût total estimé

Dans la pratique, on assimile le coût marginal à la dérivée de la fonction coût total estimé notée C et définie pour q strictement positif.
On a $C_m(q) = C'(q)$.

1. a. Déterminer la primitive C de la fonction C_m définie pour tout $q > 0$ avec $C(0) = 0$.

b. Entrer dans la cellule D2 la formule correspondant à $C(q)$.
La recopier vers le bas jusqu'à la valeur 10 de q.

2. On cherche l'erreur commise, en %, si on prend $C(q)$ comme estimation du coût total $F(q)$ calculé dans la partie B.
En E2, entrer la formule =(C2-D2)*100/C2.
La recopier vers le bas jusqu'à la valeur 10 de q.

3. Décrire l'évolution de l'erreur commise.

4. À quoi est due l'erreur commise ?

› Problème 9

Consommation de gaz naturel

Un petit pays possède une réserve de 100 milliards de m^3 de gaz naturel.
On désigne par $Q(t)$ la quantité de m^3 de gaz consommée après t années ; le niveau de consommation annuel sera donné par $Q'(t)$.
On estime que $Q'(t) = 0{,}01t + 4{,}5$.
$Q'(t)$ est en milliards de m^3 par an.

1. Donner la primitive Q de Q' sachant que $Q(0) = 0$.

2. Combien d'années suffiront à épuiser les réserves de ce pays ?

› Problème 10

Coût total de production

Un fabricant de vêtements de sport réalise une production de q survêtements, avec q appartenant à l'intervalle $[0 ; 200]$. Le coût marginal, en euros, pour q survêtements fabriqués est donné par la relation :
$f(q) = -\,0{,}012q + 16$.
On assimile le coût marginal à la dérivée d'une fonction F appelée « coût total ».

1. Déterminer une primitive F de f.

2. Déterminer le coût total $F(q)$, exprimé en euros, sachant que le coût de production d'un survêtement est de 20 €.

3. Calculer le coût total de production de 60 survêtements.

› Problème 11

Évolution du stock

Une entreprise se réapprovisionne d'une matière première tous les 30 jours. Elle regarde l'évolution du stock de cette matière première au cours des 30 jours d'utilisation.
Cette évolution se traduit par la formule :
$s(t) = 0{,}01t^3 - 0{,}51t^2 - 2t + 680$, où t est la durée en jours et $s(t)$ est le niveau du stock en tonnes.

1. Détermination du niveau moyen S_{m1} du stock au cours des quinze premiers jours. Arrondir les résultats à l'unité.

a. Déterminer une primitive S de s.

b. Calculer la valeur moyenne de s sur l'intervalle $[0 ; 15] : S_{m1} = \dfrac{1}{15}\displaystyle\int_0^{15} s(t)\mathrm{d}t$.

2. Détermination du niveau moyen S_{m2} du stock au cours des quinze derniers jours. Arrondir les résultats à l'unité.
Calculer la valeur moyenne de s sur l'intervalle $[16 ; 30] : S_{m2} = \dfrac{1}{15}\displaystyle\int_{16}^{30} s(t)\mathrm{d}t$.

3. Déterminer le niveau moyen S_m du stock au cours des trente jours d'observation.

4. Conjecturer un lien entre S_m, S_{m1} et S_{m2}. Essayer de le justifier.

5. Le coût journalier de gestion de stock est de 200 €.

a. En considérant que le stock journalier est à son niveau moyen, calculer le coût total de gestion de ce stock au cours de ces trente jours d'observation. Arrondir le résultat au millier d'euros.

b. • Avec un tableur, réaliser la feuille de calcul dont voici un extrait.

	A	B	C
1	t	$s(t)$	coût journalier
2	1	677,5	135500
3	2	674,04	134808

- Faire varier t de 1 à 30 avec un pas de 1.
- Quelle formule faut-il entrer dans la cellule B2 ?
- Recopier cette formule vers le bas jusqu'à la valeur 30 de n.
- Quelle formule faut-il entrer dans la cellule C2 ?
- Recopier cette formule vers le bas jusqu'à la valeur 30 de n.

c. Calculer le coût total de gestion de ce stock durant cette période.

d. Comparer avec la valeur calculer en **a.**

Pensez à utiliser la fonction somme Σ.

Évaluations

Sommaire

Évaluation	Thématique	Chapitres
1	 Gérer les ressources naturelles	**Chapitre 1** Statistique à deux variables **Chapitre 2** Dérivée et sens de variation d'une fonction
	– Représenter, à l'aide des TIC, un nuage de points. – Déterminer, à l'aide des TIC, une équation de la droite qui exprime de façon approchée une relation entre les ordonnées et les abscisses des points du nuage. – Utiliser cette équation pour extrapoler. – Utiliser les formules de dérivation pour déterminer la dérivée d'une fonction. – Étudier, sur un intervalle donné, les variations d'une fonction à partir du signe de sa dérivée. Dresser le tableau de variation. – Déterminer, à l'aide des TIC, une solution approchée, à une précision donnée, de l'équation $f(x) = c$.	
2	 Construire et aménager une maison	**Chapitre 1** Statistique à deux variables **Chapitre 3** Suites numériques
	– Représenter, à l'aide des TIC, un nuage de points. – Déterminer, à l'aide des TIC, une équation de la droite qui exprime de façon approchée une relation entre les ordonnées et les abscisses des points du nuage. Utiliser cette équation pour extrapoler. – Reconnaître une suite arithmétique, une suite géométrique par le calcul ou à l'aide d'un tableur. – Appliquer les formules donnant le terme de rang n en fonction du premier terme et de la raison de la suite.	
3	 Concevoir un produit	**Chapitre 2** Dérivée et sens de variation d'une fonction **Chapitre 4** Géométrie dans l'espace Groupement B
	– Représenter, avec ou sans TIC, la section d'un solide usuel par un plan. – Calculer la norme d'un vecteur dans un repère orthonormal de l'espace. – Utiliser les formules de dérivation pour déterminer la dérivée d'une fonction. – Étudier, sur un intervalle donné, les variations d'une fonction à partir du signe de sa dérivée. Dresser le tableau de variation.	
4	 Prévenir un risque lié à l'environnement	**Chapitre 1** Statistique à deux variables **Chapitre 5** Fonctions logarithmes **Chapitre 7** Fonctions exponentielles
	– Représenter, à l'aide des TIC, un nuage de points. – Déterminer, à l'aide des TIC, une équation de droite qui exprime de façon approchée une relation entre les ordonnées et les abscisses des points du nuage. – Résoudre des équations du type $\ln(ax) = b$. – Étudier les variations des fonctions $x \mapsto e^{ax}$. – Résoudre des équations du type $e^{ax} = b$.	

Évaluations

Évaluation	Thématique	Chapitres
5	Contrôler la qualité	Chapitre 3 Suites numériques Chapitre 6 Probabilités
	– Générer des suites numériques à l'aide d'un tableur. – Reconnaître une suite géométrique. – Appliquer la formule donnant le terme de rang n d'une suite géométrique. – Passer du langage probabiliste au langage courant et réciproquement. – Calculer la probabilité d'un événement contraire, d'une intersection d'événements.	
6	Prévenir un risque lié à l'environnement	Chapitre 2 Dérivée et sens de variation d'une fonction Chapitre 3 Suites numériques Chapitre 7 Fonctions exponentielles
	– Appliquer les formules donnant le terme de rang n en fonction du premier terme et de la raison de la suite. – Utiliser les formules et les règles de dérivation pour déterminer la dérivée d'une fonction. – Étudier, sur un intervalle donné, les variations d'une fonction à partir du calcul et de l'étude du signe de la dérivée. Dresser son tableau de variation. – Étudier les variations des fonctions $x \mapsto e^{ax}$. – Résoudre des équations du type $e^{ax} = b$.	
7	Contrôler la qualité	Chapitre 2 Dérivée et sens de variation d'une fonction Chapitre 6 Probabilités
	– Utiliser les formules et les règles de dérivation pour déterminer la dérivée d'une fonction. – Étudier, sur un intervalle donné, les variations d'une fonction à partir du calcul et de l'étude du signe de la dérivée. Dresser son tableau de variation. – Déterminer un extremum d'une fonction sur un intervalle donné à partir de son sens de variation. – Passer du langage probabiliste au langage courant et réciproquement. – Calculer la probabilité d'un événement contraire, de la réunion d'événements incompatibles.	
8	Gérer un stock	Chapitre 2 Dérivée et sens de variation d'une fonction Chapitre 8 Trigonométrie Groupement A
	– Utiliser les formules et les règles de dérivation pour déterminer la dérivée d'une fonction. – Étudier, sur un intervalle donné, les variations d'une fonction à partir du calcul et de l'étude du signe de la dérivée. Dresser son tableau de variation. – Déterminer un extremum d'une fonction sur un intervalle donné à partir de son sens de variation. – Établir des liens entre le vecteur de Fresnel d'une tension ou d'une intensité sinusoïdale de la forme $a\sin(\omega t + \varphi)$ et la courbe représentative de la fonction qui à t associe $a\sin(\omega t + \varphi)$. – Estimer, à l'aide d'un tableur-grapheur ou d'une calculatrice, la (les) solution(s), dans un intervalle donné, de l'équation $\sin(\omega t + \varphi) = c$.	

Évaluation 1

VERS LE BAC PRO

Énergie éolienne

EXERCICE 1

Le tableau suivant donne la puissance totale en mégawatts des éoliennes européennes au 1er janvier de chaque année (source EWEA).

Année	2005	2006	2007	2008	2009	2010
Rang de l'année (x_i)	1	2	3	4	5	6
Puissance en mégawatts (y_i)	36 540	40 983	48 543	57 005	65 810	75 293

1 Représenter le nuage des points de coordonnées (x_i ; y_i). Support au choix : calculatrice ou tableur.

2 Montrer, en utilisant les fonctionnalités de la calculatrice ou du tableur, que le nuage de points précédent peut être ajusté par la droite d'équation $y = 7\,906x + 26\,358$.

3 Donner une estimation de la puissance du parc éolien européen en 2012.

A

Appelez le professeur pour lui présenter la méthode utilisée pour répondre à la question 3.

EXERCICE 2

On s'intéresse dans cet exercice à la puissance mécanique théorique récupérable par une éolienne équipée d'un rotor de 80 m de diamètre. Cette puissance, exprimée en watts, est théoriquement donnée en fonction de la vitesse v du vent, exprimée en mètres par seconde, par la fonction définie sur l'intervalle [5 ; 20] par $f(v) = 733\,v^3$.

1 Calculer la dérivée f' de la fonction f et préciser son signe.

2 Dresser le tableau de variation de la fonction f.

3 Déterminer à un mètre par seconde près, à l'aide de la calculatrice ou du tableur, la vitesse du vent permettant une puissance mécanique de 2 mégawatts, c'est-à-dire v tel que $f(v) = 2.10^6$.

A

Appelez le professeur pour lui présenter votre démarche.

GRILLE NATIONALE D'ÉVALUATION

Nom et prénom :	**Diplôme préparé :** Bac pro 3 ans	**Séquence n°**...............

❶ Liste des capacités, connaissances et attitudes évaluées

Capacités	– Représenter, à l'aide des TIC, un nuage de points. – Déterminer, à l'aide des TIC, une équation de droite qui exprime de façon approchée une relation entre les ordonnées et les abscisses des points du nuage. – Utiliser cette équation pour extrapoler. – Utiliser les formules de dérivation pour déterminer la dérivée d'une fonction. – Étudier, sur un intervalle donné, les variations d'une fonction à partir du signe de sa dérivée. Dresser le tableau de variation. – Déterminer, à l'aide des TIC, une solution approchée, à une précision donnée, de l'équation $f(x) = c$.
Connaissances	– Série statistique quantitative à deux variables : nuage de points. – Ajustement affine. – Fonctions dérivées des fonctions de référence. – Dérivée du produit d'une fonction par une constante. – Théorème liant, sur un intervalle, le signe de la dérivée d'une fonction au sens de variation de cette fonction. – Processus de résolution approchée de l'équation $f(x) = c$.
Attitudes	– Rigueur et précision. – Goût de la recherche, créativité.
Thématique utilisée : gérer les ressources naturelles	

❷ Évaluation

			Questions	Appréciation du niveau d'acquisition
Aptitudes à mobiliser des connaissances et des compétences pour résoudre des problèmes	Rechercher, extraire et organiser l'information.	**APPEL**	1.1	
	Choisir et exécuter une méthode de résolution.		1.2 2.1 2.2	
	Raisonner, argumenter, critiquer et valider un résultat.		1.3 2.3	
	Présenter, communiquer un résultat.			
				/ 7
Capacités liées à l'utilisation des TIC	Expérimenter ou Simuler ou Émettre des conjectures ou Contrôler la vraisemblance de conjectures.	**APPEL**	1.2 2.3	
				/ 3
			TOTAL	**/ 10**

Évaluation 2

Isolation thermique

EXERCICE 1

La laine de chanvre est un matériau issu de fibres naturelles offrant de bonnes performances thermiques et acoustiques. Le tableau suivant donne les résultats de tests ayant permis de mesurer la résistance thermique de ce matériau en fonction de l'épaisseur d'isolant.

Épaisseur en mm (x_i)	90	115	135	160	180	205
Résistance thermique en m^2.K/ W (y_i)	2	2,5	3	3,5	4	4,5

1 Représenter le nuage des points de coordonnées (x_i ; y_i). Support au choix : calculatrice ou tableur.

2 Donner une estimation de la résistance thermique du chanvre pour une épaisseur d'isolant de 250 mm.

A

Appelez le professeur pour lui présenter oralement la démarche suivie pour répondre à la question 2.

EXERCICE 2

Pour réaliser l'isolation des combles de sa maison avec de la laine de chanvre, Alex doit emprunter une somme d'argent.
Le crédit qu'il a choisi est d'une durée de 36 mois. La première mensualité est de 500 € puis, chaque mois, les mensualités diminuent de 5 % par rapport au mois précédent.

1 Calculer le montant des mensualités du 2e, 3e et 4e mois.

2 Ces montants forment-ils une suite arithmétique ou géométrique ? Préciser la raison.

3 **a.** Proposer une méthode permettant de connaître le montant de la mensualité du 36e mois sans calculer toutes les mensualités qui précèdent.

A

Appelez le professeur pour lui présenter la méthode choisie.

b. Calculer, avec la méthode précédente, le montant de la dernière mensualité du crédit.

4 Alex ne souhaite pas que le coût total du crédit dépasse 8 500 €. Le crédit qu'il a choisi convient-il ? Justifier la réponse en donnant les détails de la démarche suivie.

GRILLE NATIONALE D'ÉVALUATION

Nom et prénom :	Diplôme préparé : Bac pro	Séquence n°...............

❶ Liste des capacités, connaissances et attitudes évaluées

Capacités	– Représenter, à l'aide des TIC, un nuage de points. – Déterminer, à l'aide des TIC, une équation de droite qui exprime de façon approchée une relation entre les ordonnées et les abscisses des points du nuage. Utiliser cette équation pour extrapoler. – Reconnaître une suite arithmétique, une suite géométrique par le calcul ou à l'aide d'un tableur. – Appliquer les formules donnant le terme de rang n en fonction du premier terme et de la raison de la suite.
Connaissances	– Série statistique quantitative à deux variables : nuage de points. – Ajustement affine. – Expression du terme de rang n d'une suite géométrique.
Attitudes	– Rigueur et précision. – Goût de la recherche, créativité.

Thématique utilisée : construire et aménager une maison

❷ Évaluation

			Questions	Appréciation du niveau d'acquisition
Aptitudes à mobiliser des connaissances et des compétences pour résoudre des problèmes	Rechercher, extraire et organiser l'information.	APPEL	1.1	
	Choisir et exécuter une méthode de résolution.		1.2 2.1 2.3a.b.	
	Raisonner, argumenter, critiquer et valider un résultat.		2.2. 2.4	
	Présenter, communiquer un résultat.		2.4	
				/ 7
Capacités liées à l'utilisation des TIC	Expérimenter ou Simuler ou Émettre des conjectures ou Contrôler la vraisemblance de conjectures.	APPEL	1.2	
				/ 3
			TOTAL	**/ 10**

Évaluation 3

Mécanique des structures

EXERCICE 1

Une entreprise de métallerie fabrique, à partir de blocs de métal, des pièces ayant la forme d'un prisme.

Elle dispose d'un bloc de forme parallélépipédique qu'elle découpe selon un plan unique de façon à obtenir deux prismes à base triangulaire identiques.

1 Ouvrir le fichier « **eval3_exo1.g3w** ».

a. Proposer, en utilisant le logiciel de géométrie 3D, au moins deux plans de coupe qui permettent d'obtenir les formes souhaitées.

Appelez le professeur pour lui présenter vos propositions.

b. Quelle est, dans chaque cas, la nature de la section entre le parallélépipède et le plan considéré ?

2 Un parallélépipède, de dimensions $L = 6$ cm, $l = 3$ cm et $h = 3$ cm, va être découpé avec une machine-outil suivant le plan (FDH). On considère un repère orthonormal de l'espace noté $(O\,;\vec{i}\,,\vec{j}\,,\vec{k})$.

a. Donner les coordonnées des points F et H dans ce repère.

b. Calculer les coordonnées puis la norme du vecteur $\overrightarrow{FH}$.

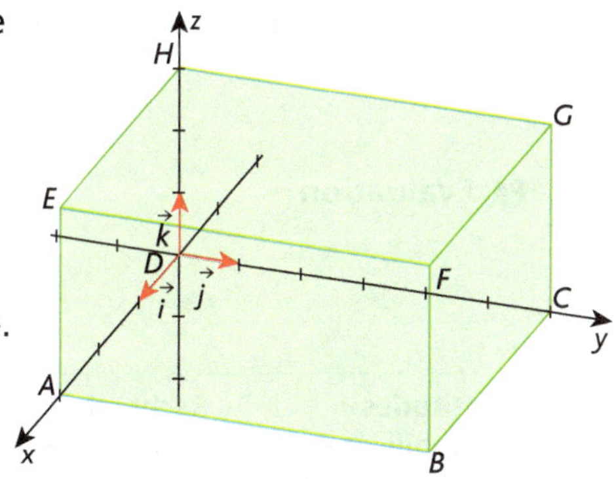

EXERCICE 2

Avant la mise en fabrication, une entreprise étudie les propriétés mécaniques d'une poutre.

On isole une poutre métallique dans la charpente d'un bâtiment.

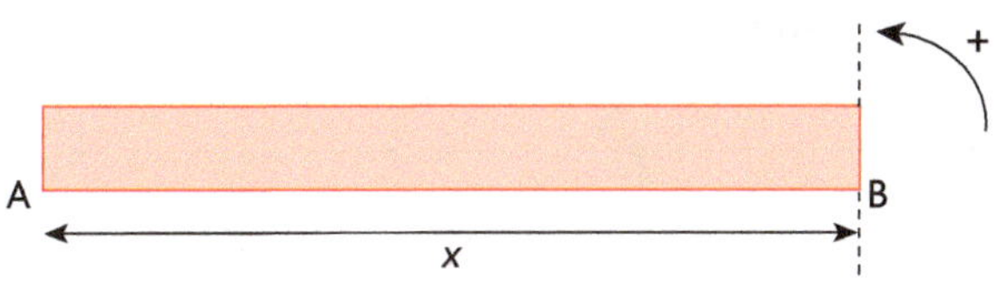

Charges : 300 daN/m
Longueur : 3,00 m
A est un appui simple.
B est une articulation.

Le moment fléchissant, exprimé en N.m, est donné en fonction de la longueur x de la poutre, exprimée en m, par la fonction Mf définie sur l'intervalle [0 ; 3] par $Mf(x) = -150x^2 + 450x$.

1 Calculer la dérivée Mf' de la fonction Mf et préciser son signe.

2 Dresser le tableau de variation de la fonction Mf.

3 L'effort tranchant, exprimé en newtons, est donné en fonction de x par la fonction V définie sur [0 ; 3] par $V(x) = 300x - 450$. Donner la relation liant l'effort tranchant et le moment fléchissant.

4 Proposer une représentation graphique pour les fonctions Mf et V en utilisant le support de votre choix (calculatrice graphique ou logiciel adapté). Comment varie le moment fléchissant Mf lorsque l'effort tranchant V est négatif ?

Appelez le professeur pour lui présenter oralement la démarche suivie pour la question 4.

GRILLE NATIONALE D'ÉVALUATION

Nom et prénom :	**Diplôme préparé :** Bac pro	**Séquence n°**...............

❶ Liste des capacités, connaissances et attitudes évaluées

Capacités	– Représenter, avec ou sans TIC, la section d'un solide usuel par un plan. – Calculer la norme d'un vecteur dans un repère orthonormal de l'espace. – Utiliser les formules de dérivation pour déterminer la dérivée d'une fonction. – Étudier, sur un intervalle donné, les variations d'une fonction à partir du signe de sa dérivée. Dresser le tableau de variation.
Connaissances	– Solides usuels : cube, parallélépipède rectangle… – Coordonnées d'un point, d'un vecteur et norme d'un vecteur dans l'espace muni d'un repère orthonormal. – Fonctions dérivées des fonctions de référence. – Théorème liant, sur un intervalle, le signe de la dérivée d'une fonction au sens de variation de cette fonction.
Attitudes	– Rigueur et précision. – Goût de la recherche, créativité.
Thématique utilisée : concevoir un produit	

❷ Évaluation

			Questions	Appréciation du niveau d'acquisition
Aptitudes à mobiliser des connaissances et des compétences pour résoudre des problèmes	Rechercher, extraire et organiser l'information.	**APPEL**	2.4	
	Choisir et exécuter une méthode de résolution.		1.2 2.1 2.2 2.3	
	Raisonner, argumenter, critiquer et valider un résultat.		1.1b.	
	Présenter, communiquer un résultat.			
				/ 7
Capacités liées à l'utilisation des TIC	Expérimenter ou Simuler ou Émettre des conjectures ou Contrôler la vraisemblance de conjectures.	**APPEL**	1.1a. 2.4	
				/ 3
			TOTAL	**/ 10**

Évaluation 4

Absorption du bruit

EXERCICE 1

Pour améliorer l'acoustique d'une salle de conférence, on pose des dalles absorbantes au plafond. Le coefficient d'absorption α du matériau utilisé varie avec la fréquence (en hertz) du son émis.

Une série de mesures a permis d'établir le tableau de valeurs suivant.

Fréquence f_i (en hertz)	250	500	1 000	2 000	3 000	4 000
Coefficient α_i	0,66	0,75	0,83	0,91	0,97	0,99

a. Représenter, sur deux graphiques différents, le nuage de points $(f_i ; \alpha_i)$ et le nuage de points $(\ln f_i ; \alpha_i)$. Support au choix : calculatrice ou tableur.

b. Montrer, en utilisant les fonctionnalités de la calculatrice ou du tableur, que l'un ou l'autre de ces nuages de points peut être ajusté par une courbe dont l'équation est de la forme $\alpha = k \ln f + k'$.

Donner la valeur des constantes k et k' arrondie au centième.

A

Appelez le professeur pour lui présenter votre démarche.

c. On donne $\alpha = 0{,}12 \ln f$.

Calculer le coefficient d'absorption pour une fréquence de 1 500 hertz. Arrondir au centième.

Calculer la fréquence si le coefficient d'absorption est égal à 0,8. Arrondir à l'unité.

EXERCICE 2

Une rocade routière passe à proximité d'une zone pavillonnaire.

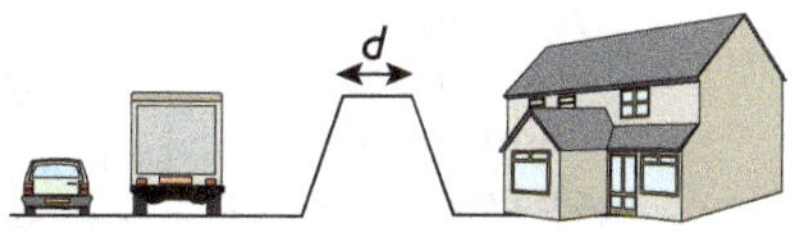

Il est décidé de construire des talus antibruit de hauteur fixée et dont la section verticale est de forme trapézoïdale.

On étudie le niveau sonore N (exprimé en dBA) en fonction de la largeur d du sommet du talus, les autres paramètres relatifs à la forme et au matériau constituant le talus étant fixés.

Le niveau d'intensité sonore auprès de l'habitation la plus proche est donné par la relation : $N = 100 \times e^{-0,36d}$. On cherche la largeur minimum du sommet du talus qui permet de limiter le niveau d'intensité sonore à 40 dBA.

1 Détermination du niveau d'intensité sonore pour deux valeurs de *d*

a. Calculer, en dBA, le niveau d'intensité N_1 pour une largeur au sommet du talus égale à 1 m.

b. Calculer, en dBA, le niveau d'intensité N_2 pour une largeur au sommet du talus égale à 3 m.

c. Expliquer pourquoi ces résultats ne permettent pas de répondre à la question posée.

2 Modélisation mathématique

Soit f la fonction définie pour tout x de l'intervalle $[0 ; 3{,}5]$ par $f(x) = 100 \times e^{-0,36x}$.

a. Étudier les variations de la fonction f.

b. Résoudre l'équation $f(x) = 40$.

A

Appelez le professeur pour lui présenter votre démarche.

3 Application au niveau d'intensité sonore *N*

D'après l'étude précédente, indiquer la largeur d, en mètres, au sommet du talus limitant le niveau d'intensité sonore à 40 dBA.

GRILLE NATIONALE D'ÉVALUATION

Nom et prénom :	**Diplôme préparé :** Bac pro	**Séquence n°**..............

❶ Liste des capacités, connaissances et attitudes évaluées

Capacités	– Représenter, à l'aide des TIC, un nuage de points. – Déterminer, à l'aide des TIC, une équation de droite qui exprime de façon approchée une relation entre les ordonnées et les abscisses des points du nuage. – Résoudre des équations du type $\ln(ax) = b$. – Étudier les variations des fonctions $x \mapsto e^{ax}$. – Résoudre des équations du type $e^{ax} = b$.
Connaissances	– Série statistique quantitative à deux variables : nuage de points. – Ajustement affine. – Processus de résolution d'équations du type $\ln(ax) = b$. – Dérivée des fonctions $x \mapsto e^{ax}$. – Processus de résolution d'équations du type $e^{ax} = b$.
Attitudes	– Rigueur et précision. – Goût de la recherche.
Thématique utilisée : prévenir un risque lié à l'environnement	

❷ Évaluation

		Questions	**Appréciation du niveau d'acquisition**
Aptitudes à mobiliser des connaissances et des compétences pour résoudre des problèmes	Rechercher, extraire et organiser l'information. } **APPEL**	1.b.	
	Choisir et exécuter une méthode de résolution.	1.b.	
	Raisonner, argumenter, critiquer et valider un résultat.	1.b. 1.c. 2.1.c.	
	Présenter, communiquer un résultat.	1.b.	
			/ 7
Capacités liées à l'utilisation des TIC	Expérimenter ou Simuler ou Émettre des conjectures ou Contrôler la vraisemblance de conjectures. } **APPEL**	1.b. 2.2.b.	
			/ 3
		TOTAL	**/ 10**

Évaluation 5

Maladie bovine

EXERCICE 1

L'évolution d'une maladie bovine est modélisée à l'aide de deux suites (a_n) et (u_n).

La suite (a_n) est définie par $a_1 = 15$ et, pour tout entier n non nul, $a_{n+1} = 0{,}9 \times a_n$. Cette suite correspond, en pourcentage, au taux d'augmentation le mois n du nombre de bovins malades.

La suite (u_n) est définie par $u_0 = 5\,000$ et, pour tout entier n non nul, $u_n = \left(1 + \frac{a_n}{100}\right) \times u_{n-1}$. Arrondi à l'unité, u_n correspond au nombre de bovins malades le mois n.

1 **a.** Quelle est la nature de la suite (a_n) ?

b. Quel est le taux d'augmentation de la maladie le deuxième mois ? Le troisième mois ?

c. Donner l'expression de a_n en fonction de n.

2 Montrer que $u_1 = 5\,750$.

A **Appelez le professeur pour lui présenter votre compréhension des notations pour le calcul de u1.**

3 À l'aide d'un tableur, calculer les valeurs de (a_n) et de (u_n) pour n allant de 1 à 50.

4 À partir de quel mois l'extension de cette maladie est-elle, selon ce modèle, de moins de 10 animaux par mois ?

C3 fx =C2*(1+B3/100)

	A	B	C
1	n	a(n)	u(n)
2	0		5000
3	1	15	5750
4	2	13,5	6526,25

A **Appelez le professeur pour lui présenter votre démarche.**

EXERCICE 2

Une population bovine comporte 10 % d'animaux infectés par une maladie. Un test de dépistage de cette maladie est positif dans 99 % des cas lorsque l'animal est malade, et négatif dans 95 % des cas lorsque l'animal n'est pas malade.

On prélève un animal au hasard, que l'on soumet au test de dépistage. On note M l'événement « L'animal prélevé est malade », et T l'événement « Le test est positif ».

1 Reproduire et compléter l'arbre ci-contre, en indiquant sur chaque branche la probabilité correspondante.

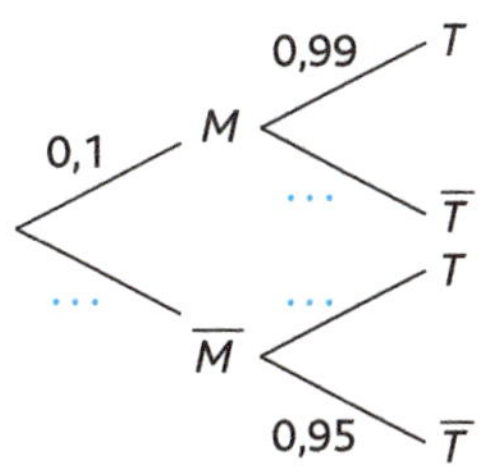

2 Quelle est la probabilité que l'animal soit malade et testé positif ?

3 Quelle est la probabilité que l'animal soit malade et testé négatif ?

4 Quelle est la probabilité que l'animal soit testé positif ?

GRILLE NATIONALE D'ÉVALUATION

Nom et prénom :	**Diplôme préparé :** Bac pro	**Séquence n°**...............

❶ Liste des capacités, connaissances et attitudes évaluées

Capacités	– Générer des suites numériques à l'aide d'un tableur. – Reconnaître une suite géométrique. – Appliquer la formule donnant le terme de rang n d'une suite géométrique. – Passer du langage probabiliste au langage courant et réciproquement. – Calculer la probabilité d'un événement contraire, d'une intersection d'événements.
Connaissances	– Suites numériques : notation indicielle. – Définition d'une suite géométrique. – Expression du terme de rang n d'une suite géométrique. – Événement contraire. Intersection d'événements.
Attitudes	– Goût de chercher et de raisonner. – Rigueur et précision. – Esprit critique vis-à-vis de l'information disponible.

Thématique utilisée : contrôler la qualité

❷ Évaluation

		Questions	Appréciation du niveau d'acquisition
Aptitudes à mobiliser des connaissances et des compétences pour résoudre des problèmes	Rechercher, extraire et organiser l'information. } **APPEL**	1.2 2.1	
	Choisir et exécuter une méthode de résolution.	1.1a. 1.1b. 1.1c.	
	Raisonner, argumenter, critiquer et valider un résultat.	2.2 2.3 2.4	
	Présenter, communiquer un résultat.		
			/ 7
Capacités liées à l'utilisation des TIC	Expérimenter ou Simuler ou Émettre des conjectures ou Contrôler la vraisemblance de conjectures. } **APPEL**	1.3 1.4	
			/ 3
		TOTAL	**/ 10**

Évaluation 6

VERS LE BAC PRO

Comparaison de l'action de trois désinfectants

On étudie une population de 20 000 bactéries. Suivant le désinfectant utilisé, A, B ou C, l'évolution de la population est différente. On veut comparer l'efficacité des trois désinfectants.

Dans l'étude qui suit, les durées sont comptées à partir de l'instant où le désinfectant est introduit.

1 Désinfectant A

On note u_n le nombre de bactéries n heures après l'introduction du désinfectant A pour n variant de 0 à 10. On a donc $u_0 = 20\ 000$.

On constate que le nombre de bactéries diminue d'abord de 10 % toutes les heures jusqu'à $n = 4$, puis au bout de la 4e heure, le nombre de bactéries diminue de 1 600 toutes les heures jusqu'à $n = 10$.

a. Calculer u_1, u_2, u_3, u_4, u_5, u_6 et u_{10}.

b. Donner la nature de la suite $(u_0, u_1, u_2, u_3, u_4)$ ainsi que sa raison.

c. Exprimer u_4 en fonction de u_0 et de la raison.

d. Donner la nature de la suite $(u_5, u_6, \ldots, u_9, u_{10})$ ainsi que sa raison.

e. Exprimer u_{10} en fonction de u_5 et de la raison.

f. Peut-on connaître au bout de combien de temps le nombre de bactéries a diminué de moitié ?

A

Appelez le professeur pour lui présenter votre argumentation.

2 Désinfectant B

L'action du désinfectant B commence au temps $t = 0$. Le nombre de bactéries, en fonction du temps t exprimé en heures, est donné par la fonction f telle que $f(t) = 20\ 000 \times e^{-0,18t}$ pour t variant de 0 à 10.

a. Calculer le nombre de bactéries au bout d'une demi-heure. Arrondir à l'unité.

b. Étudier les variations de la fonction f sur l'intervalle [0 ; 10].

c. Peut-on connaître au bout de combien de temps le nombre de bactéries a diminué de moitié ?

A

Appelez le professeur pour lui présenter votre travail.

3 Désinfectant C

L'action du désinfectant C commence au temps $t = 0$. Le nombre de bactéries, en fonction du temps t exprimé en heures, est donné par la fonction g telle que : $g(t) = 150t^2 - 3\ 150t + 20\ 000$ pour t variant de 0 à 10.

a. Calculer le nombre de bactéries au bout d'une demi-heure. Arrondir à l'unité.

b. Étudier les variations de la fonction g sur l'intervalle [0 ; 10].

c. Peut-on connaître au bout de combien de temps le nombre de bactéries a diminué de moitié ?

GRILLE NATIONALE D'ÉVALUATION

Nom et prénom :	**Diplôme préparé :** Bac pro	**Séquence n°**...............

❶ Liste des capacités, connaissances et attitudes évaluées

Capacités	– Appliquer les formules donnant le terme de rang n en fonction du premier terme et de la raison de la suite. – Utiliser les formules et les règles de dérivation pour déterminer la dérivée d'une fonction. – Étudier, sur un intervalle donné, les variations d'une fonction à partir du calcul et de l'étude du signe de la dérivée. Dresser son tableau de variation. – Étudier les variations des fonctions $x \mapsto e^{ax}$. – Résoudre des équations du type $e^{ax} = b$.
Connaissances	– Expression du terme de rang n d'une suite arithmétique. – Expression du terme de rang n d'une suite géométrique. – Fonctions dérivées des fonctions de référence. – Théorème liant, sur un intervalle, le signe de la dérivée d'une fonction au sens de variation de cette fonction. – Dérivée des fonctions $x \mapsto e^{ax}$. – Processus de résolution d'équations du type $e^{ax} = b$.
Attitudes	– Rigueur et précision. – Goût de chercher et raisonner.

Thématique utilisée : prévenir un risque lié à l'environnement

❷ Évaluation

			Questions	**Appréciation du niveau d'acquisition**
Aptitudes à mobiliser des connaissances et des compétences pour résoudre des problèmes	Rechercher, extraire et organiser l'information.	**APPEL**	1.f.	
	Choisir et exécuter une méthode de résolution.		1.f. 2.c. 3.c.	
	Raisonner, argumenter, critiquer et valider un résultat.		2.b. 3.b.	
	Présenter, communiquer un résultat.		1.f. 2.c.	
				/ 7
Capacités liées à l'utilisation des TIC	Expérimenter ou Simuler ou Émettre des conjectures ou Contrôler la vraisemblance de conjectures.	**APPEL**	2.c.	
				/ 3
			TOTAL	**/ 10**

Évaluation 7

Fabrication de vis

EXERCICE 1

Une entreprise décide d'améliorer la production de son atelier de fabrication de vis spéciales.
Sa capacité maximale de production est de 20 tonnes.
Le coût, en milliers d'euros, d'une production de x tonnes est donné par :

$$C(x) = x^3 - 30x^2 + 300x.$$

En économie, on appelle coût moyen C_M, le coût de production d'une tonne de produit.

$$\text{Donc } C_M(x) = \frac{C(x)}{x}.$$

a. Calculer $C_M(x)$.

b. Étudier la fonction C_M pour déterminer de manière exacte le coût moyen minimal.
Support au choix : calculatrice, GeoGebra.

A

Appelez le professeur pour lui présenter votre démarche.

c. Déduire des résultats précédents le coût de production minimal et la production correspondante.

EXERCICE 2

Les vis fabriquées présentent principalement deux défauts notés (a) et (b).
Dans un lot de 2 000 vis, on a constaté que 200 présentent le défaut (a), 160 présentent le défaut (b) et 80 les deux défauts.
On choisit au hasard une vis dans ce lot.
Soient A l'événement « La vis présente le défaut (a) » et B l'événement « La vis présente le défaut (b) ».

a. Construire le tableau des effectifs comme ci-dessous.

	Vis présentant le défaut (a)	Vis ne présentant pas le défaut (a)	Total
Vis présentant le défaut (b)			
Vis ne présentant pas le défaut (b)			
Total			2 000

b. Transformer le tableau des effectifs en tableau de probabilités.

A

Appelez le professeur pour lui présenter votre résultat.

c. Quelle est la probabilité que la vis présente au moins l'un des deux défauts ?

d. Quelle est la probabilité que la vis ne présente aucun défaut ?

GRILLE NATIONALE D'ÉVALUATION

Nom et prénom :	**Diplôme préparé :** Bac pro	**Séquence n°**...............

❶ Liste des capacités, connaissances et attitudes évaluées

Capacités	– Utiliser les formules et les règles de dérivation pour déterminer la dérivée d'une fonction. – Étudier, sur un intervalle donné, les variations d'une fonction à partir du calcul et de l'étude du signe de la dérivée. Dresser son tableau de variation. – Déterminer un extremum d'une fonction sur un intervalle donné à partir de son sens de variation. – Passer du langage probabiliste au langage courant et réciproquement. – Calculer la probabilité d'un événement contraire, de la réunion d'événements incompatibles.
Connaissances	– Fonctions dérivées des fonctions de référence. – Théorème liant, sur un intervalle, le signe de la dérivée d'une fonction au sens de variation de cette fonction. – Probabilité d'un événement. – Événement contraire. Réunion d'événements.
Attitudes	– Rigueur et précision. – Goût de la recherche. – Esprit critique vis-à-vis de l'information disponible.
Thématique utilisée : contrôler la qualité	

❷ Évaluation

		Questions	Appréciation du niveau d'acquisition
Aptitudes à mobiliser des connaissances et des compétences pour résoudre des problèmes	Rechercher, extraire et organiser l'information. } **APPEL**	1.a. 2.a.	
	Choisir et exécuter une méthode de résolution.	1.b. 2.b. 2.c. 2.d.	
	Raisonner, argumenter, critiquer et valider un résultat.	1.b. 2.b.	
	Présenter, communiquer un résultat.	1.c.	
			/ 7
Capacités liées à l'utilisation des TIC	Expérimenter ou Simuler ou Émettre des conjectures ou Contrôler la vraisemblance de conjectures. } **APPEL**	1.b.	
			/ 3
		TOTAL	**/ 10**

Évaluation 8

Le transformateur

1 Coût d'approvisionnement

L'entreprise Transfrance fabrique des transformateurs spécifiques pour la marine et l'aviation. Elle doit constituer un stock de pièces pour garantir la continuité de sa production.

Elle a établi que le coût d'approvisionnement de n pièces dépend :

– du coût de livraison C_L, en euros, calculé à l'aide de la relation $C_L = \dfrac{1\,470\,000}{n}$;

– du coût de manutention C_M, en euros, calculé à l'aide de la relation $C_M = 3{,}5n$.

L'entreprise veut déterminer le nombre de pièces à commander afin de minimiser son coût d'approvisionnement.

a. Déterminer, en fonction de n, l'expression du coût d'approvisionnement C.

b. Calculer, en euros, le coût d'approvisionnement pour une commande de 300 pièces.

A

Appelez le professeur pour lui présenter votre démarche.

c. Étudier, sur l'intervalle [50 ; 1 000], les variations de C et tracer sa représentation graphique.

Support au choix : calculatrice, GeoGebra.

d. Déterminer de manière exacte le nombre de pièces à commander pour obtenir un coût d'approvisionnement minimum. Puis, en donner une valeur arrondie à l'unité.

e. En déduire le coût minimal d'approvisionnement.

2 Le transformateur

Dans la marine et dans l'aviation, les réseaux de bord sont sous une tension alternative sinusoïdale de période 2,5 ms.

a. Calculer la fréquence f et la pulsation ω du réseau de bord.

On applique aux bornes du primaire d'un transformateur une tension u_1 d'amplitude 120 V ; cette tension est prise comme origine des phases.

La tension u_2 mesurée aux bornes du secondaire a la représentation de Fresnel ci-contre :

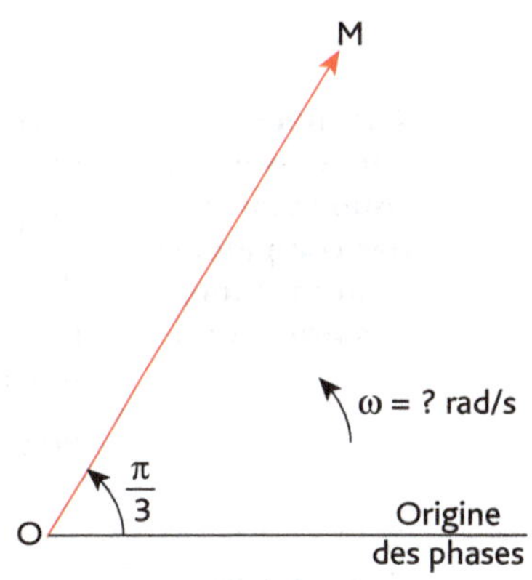

1 cm correspond à 4 V.

b. Exprimer u_2 en fonction de t.

A

Appelez le professeur pour lui présenter vos résultats.

Pour protéger un circuit, la tension u_2 est écrêtée à 15 V.

c. Résoudre, sur une période, l'équation $u_2(t) = 15$.

d. Donner l'intervalle de temps pendant lequel la tension u_2 est écrêtée.

GRILLE NATIONALE D'ÉVALUATION

Nom et prénom :	**Diplôme préparé :** Bac pro	**Séquence n°**..............

❶ Liste des capacités, connaissances et attitudes évaluées

Capacités	– Utiliser les formules et les règles de dérivation pour déterminer la dérivée d'une fonction. – Étudier, sur un intervalle donné, les variations d'une fonction à partir du calcul et de l'étude du signe de la dérivée. Dresser son tableau de variation. – Déterminer un extremum d'une fonction sur un intervalle donné à partir de son sens de variation. – Établir des liens entre le vecteur de Fresnel d'une tension ou d'une intensité sinusoïdale de la forme $a \sin(\omega t + \varphi)$ et la courbe représentative de la fonction qui à t associe $a \sin(\omega t + \varphi)$. – Estimer, à l'aide d'un tableur-grapheur ou d'une calculatrice, la (les) solution(s), dans un intervalle donné, de l'équation $\sin(\omega t + \varphi) = c$.
Connaissances	– Fonctions dérivées des fonctions de référence. – Théorème liant, sur un intervalle, le signe de la dérivée d'une fonction au sens de variation de cette fonction. – Représentation de Fresnel d'une grandeur sinusoïdale. – Équation de la forme $\cos x = a$ et $\sin x = b$ et $\sin(\omega t + \varphi) = c$.
Attitudes	– Rigueur et précision. – Goût de chercher et raisonner.
Thématique utilisée : gérer un stock	

❷ Évaluation

		Questions	Appréciation du niveau d'acquisition
Aptitudes à mobiliser des connaissances et des compétences pour résoudre des problèmes	Rechercher, extraire et organiser l'information.	1.a. 2.a. 2.b.	
	Choisir et exécuter une méthode de résolution.	1.c. 1.d. 2.c.	
	Raisonner, argumenter, critiquer et valider un résultat.	1.e. 2.d.	
	Présenter, communiquer un résultat.	2.d.	
			/ 7
Capacités liées à l'utilisation des TIC	Expérimenter ou Simuler ou Émettre des conjectures ou Contrôler la vraisemblance de conjectures.	1.c. 2.c.	
			/ 3
		TOTAL	**/ 10**

Tableur Excel

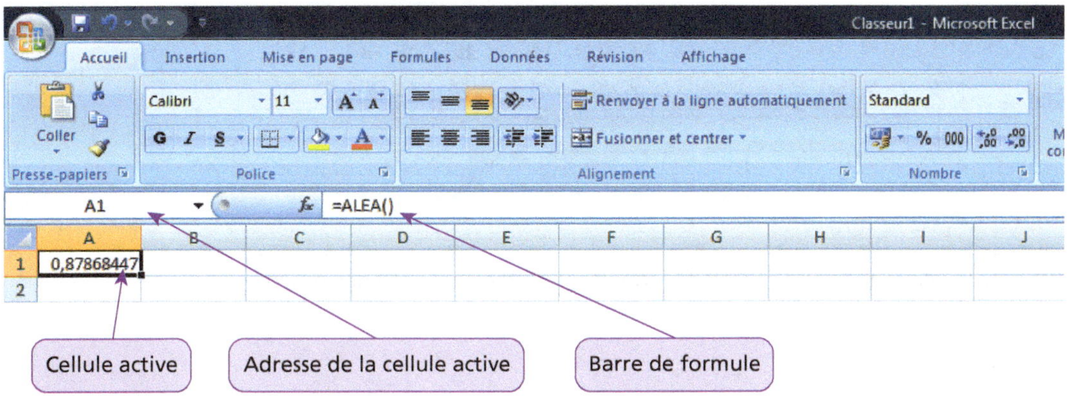

Sélection et « recopie »

Pour sélectionner des cellules, on glisse avec le pointeur de la souris en forme de flèche, en gardant le bouton gauche enfoncé.

Pour recopier la formule d'une cellule, on approche le pointeur de la souris du coin inférieur droit de la cellule puis on glisse avec le pointeur en forme de croix noire, en gardant le bouton gauche enfoncé.

Attention, « recopier » ne signifie pas « copier à l'identique ». Lors d'une recopie à droite les adresses des cellules nommées dans une formule voient leur lettres de colonnes augmentées d'un rang, sauf si y figure le symbole $ (référence absolue).

Lors d'une recopie vers le bas les adresses des cellules nommées dans une formule voient leurs numéros de lignes augmentés d'une unité, sauf si y figure le symbole $ (référence absolue).

Statistique à deux variables

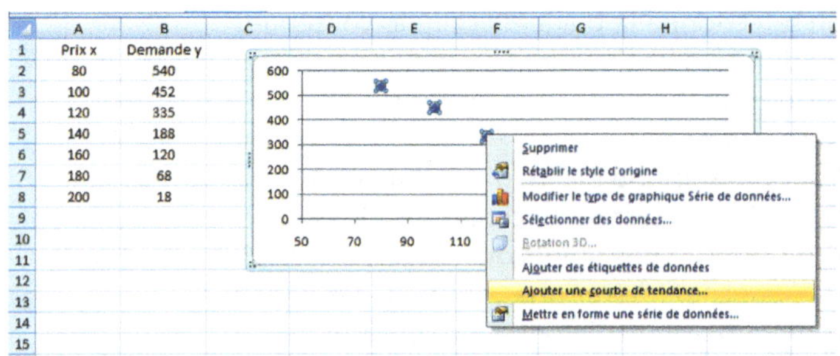

Pour représenter le nuage de points, on sélectionne la plage de cellules contenant les données statistiques (x_i, y_i) puis :

– avec Excel 2003, on clique sur l'icône de l'Assistant graphique et on choisit Nuage de points, premier sous-type ;

– avec Excel 2007, on choisit Insertion/Nuage de points.

Pour obtenir une droite d'ajustement selon les moindres carrés, on clique avec le bouton droit sur l'un des points du nuage et on choisit (clic gauche) Ajouter une courbe de tendance…

Dans la boîte de dialogue, on sélectionne Linéaire et on coche la case Afficher l'équation sur le graphique.

Calculer les termes d'une suite arithmétique

On veut calculer en colonne A les termes de la suite arithmétique (u_n) de premier terme 5 et de raison 100. En A1 on entre la valeur 5. En A2 on entre la formule =A2+100 . Puis on recopie vers le bas.

Calculer les termes d'une suite géométrique

On veut calculer en colonne B les termes de la suite géométrique (v_n) de premier terme 50 et de raison 1,05. En B1 on entre la valeur 50. En B2 on entre la formule =B2*1,05 . Puis on recopie vers le bas.

Tableur OpenOffice Calc

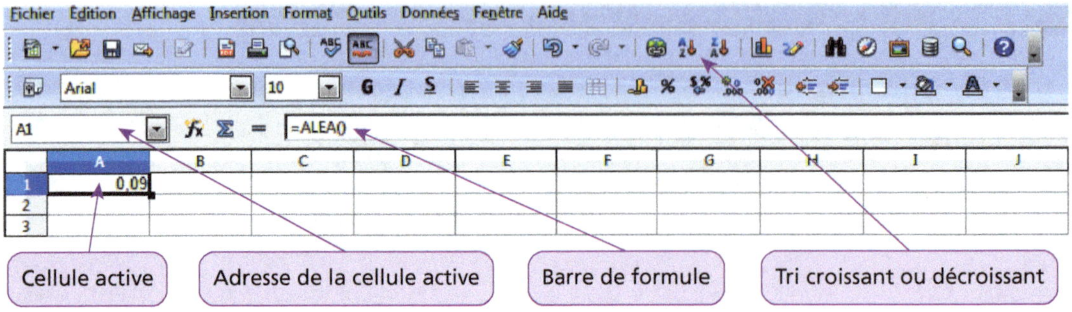

Sélection et « recopie »

Pour sélectionner des cellules, on glisse avec le pointeur de la souris en forme de flèche, en gardant le bouton gauche enfoncé.
Pour recopier la formule d'une cellule, on approche le pointeur de la souris du coin inférieur droit de la cellule puis on glisse avec le pointeur en forme de croix noire, en gardant le bouton gauche enfoncé.
Attention, « recopier » ne signifie pas « copier à l'identique ». Lors d'une recopie à droite les adresses des cellules nommées dans une formule voient leurs lettres de colonnes augmentées d'un rang, sauf si y figure le symbole $ (référence absolue).
Lors d'une recopie vers le bas les adresses des cellules nommées dans une formule voient leurs numéros de lignes augmentés d'une unité, sauf si y figure le symbole $ (référence absolue).

Statistique à deux variables

Pour représenter le nuage de points, on sélectionne la plage de cellules contenant les données statistiques (x_i, y_i) puis on clique sur l'icône Diagramme et on choisit XY (dispersion).
Pour obtenir une droite d'ajustement selon les moindres carrés, on clique avec le bouton droit sur l'un des points du nuage et on choisit (clic gauche) Insérer une courbe de tendance…
Dans la boîte de dialogue, on sélectionne Linéaire et on coche la case Afficher l'équation sur le graphique.

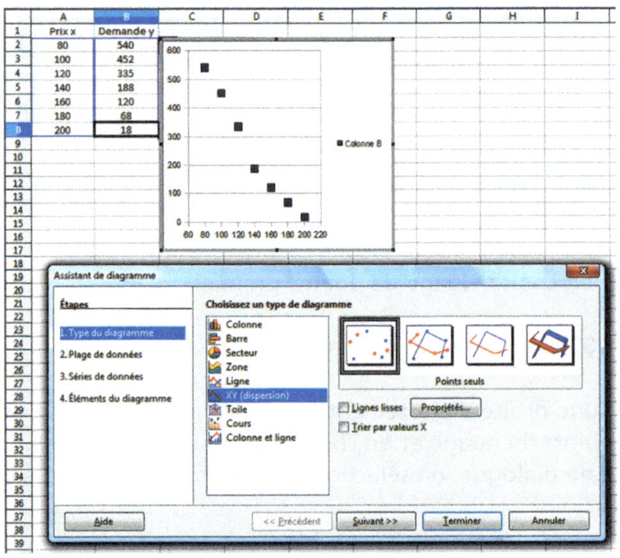

Calculer les termes d'une suite arithmétique

On veut calculer en colonne A les termes de la suite arithmétique (u_n) de premier terme 5 et de raison 100. En A1 on entre la valeur 5. En A2 on entre la formule =A2+100. Puis on recopie vers le bas.

Calculer les termes d'une suite géométrique

On veut calculer en colonne B les termes de la suite géométrique (v_n) de premier terme 50 et de raison 1,05. En B1 on entre la valeur 50. En B2 on entre la formule =B2*1,05. Puis on recopie vers le bas.

GeoGebra

GeoGebra est un logiciel mathématique permettant aussi bien la manipulation d'objets géométriques que des calculs analytiques.

Présentation de l'environnement de travail

La zone de travail comprend deux parties : la zone d'information à gauche et la zone de dessin à droite.

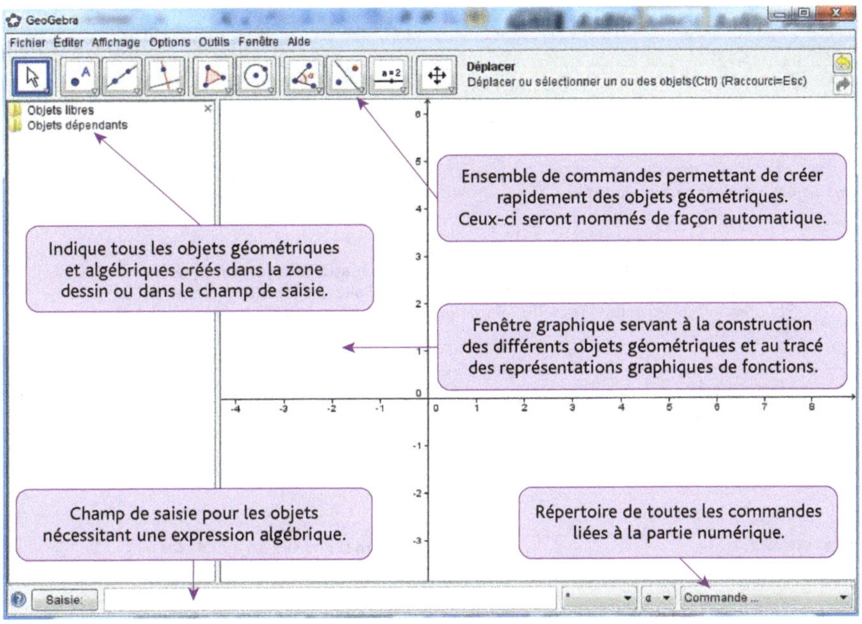

Créer une variable numérique

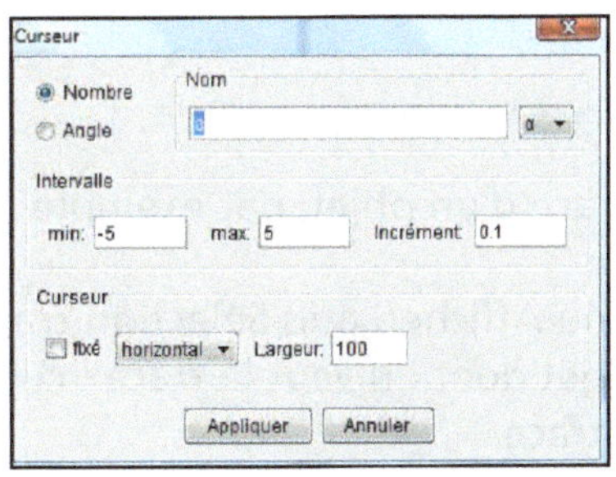

Les variables numériques sont associées à des curseurs dont on peut définir les différentes propriétés : intervalle de définition, couleur, position…

On fait varier une variable numérique en déplaçant le curseur avec la souris ou avec les touches ← et → du clavier.

Mettre en forme des objets

Pour améliorer la lisibilité de la fenêtre graphique, il ne faut pas négliger la mise en forme des objets créés.

Pour les modifier, faire un clic droit de la souris sur la feuille de travail afin de faire apparaître « Propriétés ».
Il est également possible de ne pas afficher l'étiquette d'un objet pour éviter de surcharger la figure.

Geoplan-Geospace

Geoplan-Geospace est un logiciel de construction mathématique permettant des représentations dynamiques du plan et de l'espace.
L'utilisateur crée une figure constituée d'éléments dont certains sont des objets mathématiques (des points, des lignes, des nombres, des transformations, des fonctions, des repères, des vecteurs...), et d'autres des outils (des cadres, des affichages ou des commandes...).

Présentation de l'environnement de travail

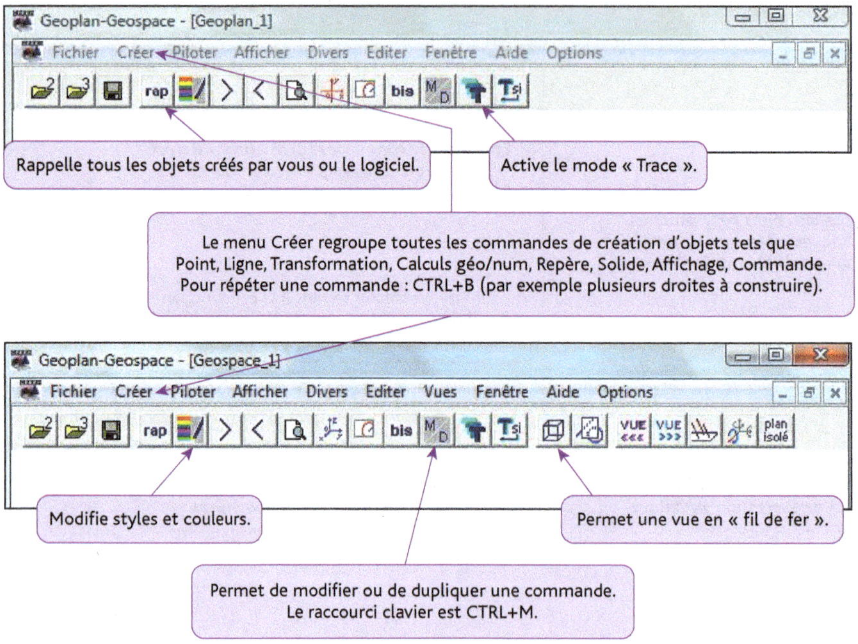

Activer le mode trace

Pour observer la trace d'un objet, par exemple le point B, il faut respecter les étapes suivantes :
- aller dans le menu Afficher, puis Sélection trace ;
- sélectionner l'objet dont on veut la trace : ci-contre le point libre B ;
- activer le mode trace.

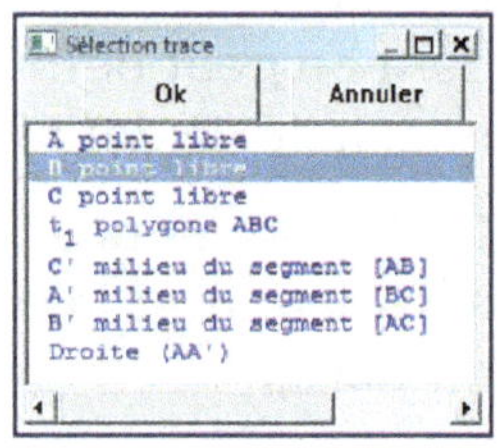

Représenter les arêtes cachées d'un solide dans l'espace

Pour visualiser correctement certains objets, il ne faut pas négliger la mise en forme :
- sélectionner le mode « Opaque » de la boîte de styles ;
- activer la vue en « fil de fer ».

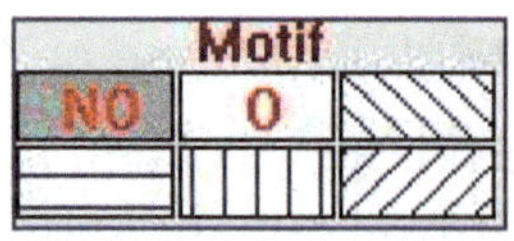

LE CLAVIER DES CALCULATRICES GRAPHIQUES TEXAS INSTRUMENTS

[mode] Permet de:
NORM SCI ING : Choisir entre affichage normal, scientifique ou ingénieur.
FLOTT 0 1 2 3 4 5 6 7 8 9 : Choisir le nombre de chiffres à afficher après la virgule.
DEG RAD : Choisir l'unité d'angle.
FONC PAR POL SUITE : Choisir un type de fonctions ou suite.

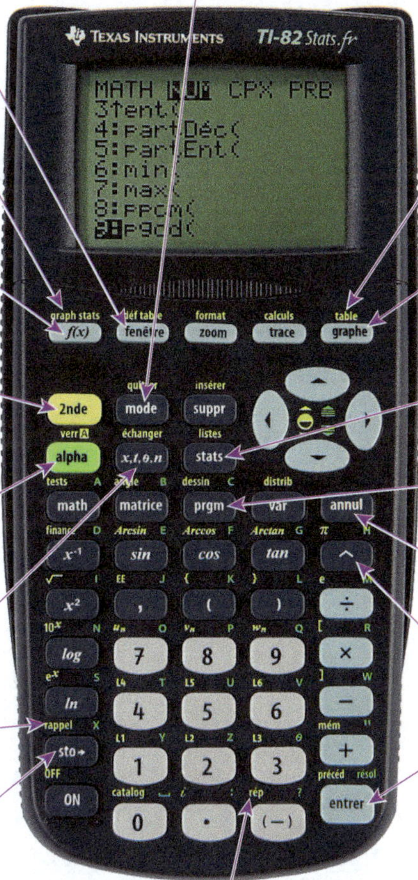

LE CLAVIER DES CALCULATRICES GRAPHIQUES CASIO

[MENU] Permet d'accéder aux différents modes de la calculatrice :
RUN : Effectuer des calculs.
STAT : Calculer un indicateur statistique et faire une représentation statistique.
LIST : Stocker et éditer des listes de valeurs numériques.
GRAPH : Tracer la courbe représentative d'une fonction.
TABLE : Créer un tableau de valeurs d'une fonction.
PRGM : Créer, éditer et utiliser un programme.

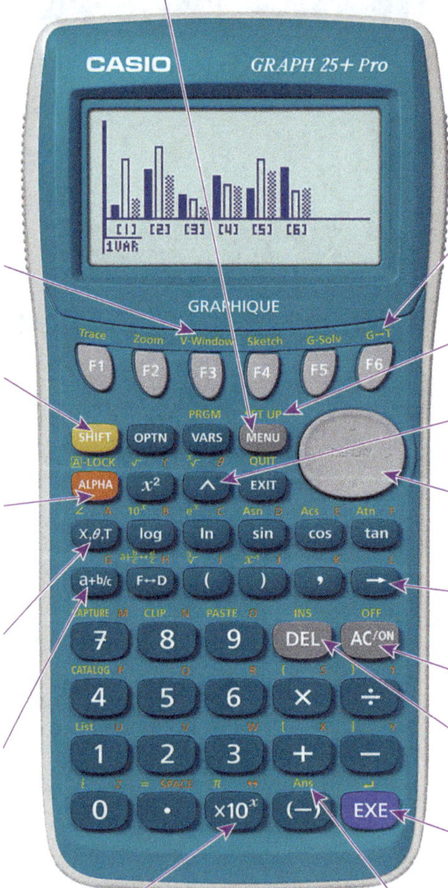

Permet de paramétrer la fenêtre d'affichage.

Exécute les fonctions écrites en jaune au-dessus des touches.

Permet d'accéder aux lettres écrites en rouge.

Affiche la lettre X (ou T) lors de la saisie d'une expression.

Simplifie les fractions.

Permet de passer de l'expression algébrique au graphique, et inversement.

Permet de configurer un mode.

Calcule une puissance d'un nombre.

Permet de déplacer le curseur.

Permet de mettre un résultat en mémoire ou de le rappeler.

Efface l'écran.

Supprime le caractère écrit à gauche du curseur.

Valide l'expression saisie et permet l'affichage du résultat.

Donne l'écriture scientifique d'un décimal.

Mémoire qui contient le dernier résultat obtenu.

CALCULATRICE TEXAS INSTRUMENTS

Avec instructions en français en bleu

Statistique et probabilités

• Calculs statistiques à une variable

Effacement des listes par STAT EDIT **4:ClrList** ENTER **L_1, L_2** ou stats EDIT **4:EffListe** entrer L_1, L_2 (on obtient **L_1** et **L_2** par 2nd ou 2nde au clavier).
Saisie des données par STAT EDIT **1: Edit** ou **1:Edite...** ENTER
On entre les valeurs x_i en colonne L_1 et les effectifs n_i en colonne L_2.
Obtention des résultats par STAT CALC **1:1-Var Stats** ENTER **L_1, L_2** ou stats CALC **1:Stats 1-Var** entrer **L_1, L_2**.

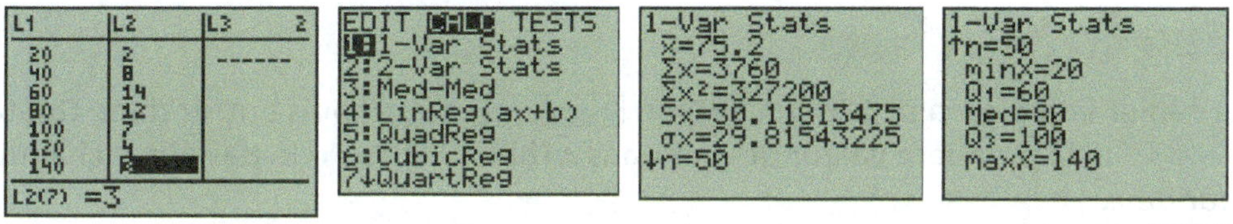

La moyenne correspond à $\bar{x}$ et l'écart type à **σx**. La médiane est donnée par **Med** ou Méd. Les quartiles sont donnés par **Q_1** et **Q_3**.

• Calculs statistiques à deux variables

Faire STAT ou stats puis **effacer** les données présentes par EDIT **4:ClrList** ENTER **L_1, L_2** ou **4:EffListe** entrer L_1, L_2 (on obtient **L_1** et **L_2** au clavier par la touche 2nd ou 2nde).
Entrer les données par STAT EDIT **1: Edit** ENTER ou **1:Edite** entrer puis entrer les valeurs x_i en colonne **L_1** et les valeurs y_i en colonne **L_2**.
Afficher les résultats par STAT CALC **4:LinReg(ax+b)** ENTER **L_1, L_2** ou stats CALC **4 :RegLin(ax+b)** entrer **L_1, L_2**.

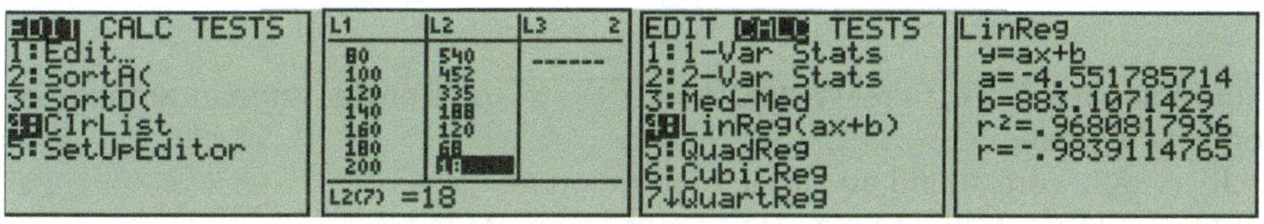

• Simulation

Pour simuler le tirage « au hasard » d'un nombre décimal de l'intervalle [0 ; 1[faire : MATH **PRB rand** puis ENTER ou math **PRB NbrAléat** puis entrer.

Suites arithmétiques et géométriques

• Édition d'une suite

On étudie la suite géométrique (u_n) de premier terme $u_1 = 100$ et de raison $q = 1{,}05$.
Dans MODE choisir **Seq** (au lieu de **Func)** ou **Suit** (au lieu de **Fct**).
Pour éditer la suite, taper sur Y= ou f(x).
Pour compléter selon l'image ci-contre, taper n en utilisant la touche X, T, n, et taper u par 2nd **7**.

• Tableau de valeurs

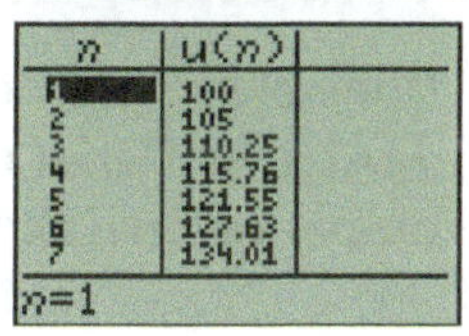

On règle la table par 2nd TBLSET ou 2nde déf table.
On obtient les valeurs de la suite en faisant 2nd TABLE.

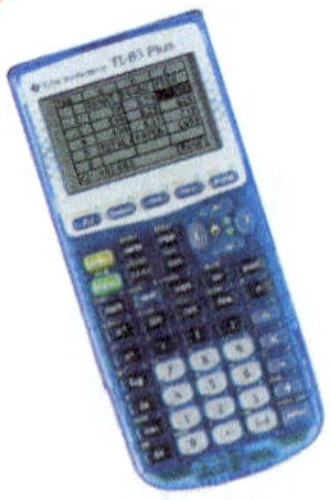

CALCULATRICE TEXAS INSTRUMENTS
Avec instructions en français en bleu

Fonctions

• Édition de la fonction

On considère la fonction f définie pour tout nombre x par $f(x) = 3x^3 - 14x^2 + 7x + 4$.
Pour éditer une fonction, faire Y= ou f(x) puis,
à la ligne **Y_1**, entrer l'expression de la fonction.

• Tableau de valeurs

Pour régler la table, faire 2nd TBLSET ou 2nde déf table puis entrer dans **TblStart** ou **DébTable** la première valeur de x et dans **ΔTbl** ou **PasTable** le pas entre chaque valeur de x.
Faire 2nd TBLSET pour obtenir le tableau.

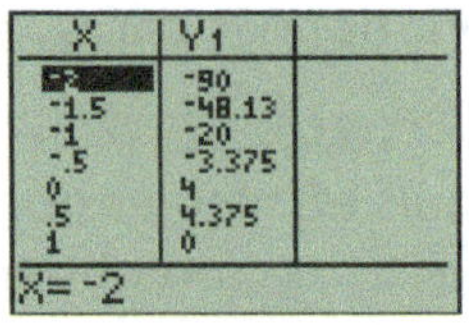

Pour calculer une valeur particulière, $f(2)$ par exemple, on peut accéder à **Y_1** par VARS **Y-VARS** puis choix **1:Functions**… puis saisir **Y_1 (2)**.
On peut également régler 2nd TBLSET en **Indpnt:Ask** ou 2nde déf table en **Valeurs : Dem**.

• Représentation graphique

Pour régler la fenêtre, faire WINDOW ou fenêtre puis entrer **Xmin** et **Xmax** selon le domaine d'étude.
Xscl ou **Xgrad** correspond au pas de graduation de l'axe.
Pour les choix de **Ymin** et **Ymax**, voir éventuellement la table.
Faire GRAPH ou graphe pour le tracé.

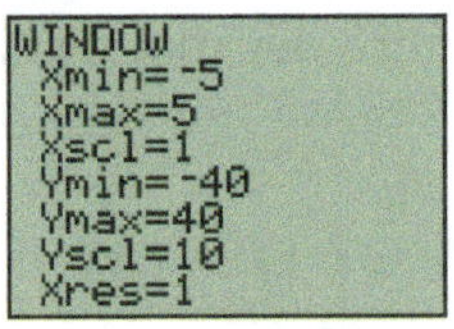

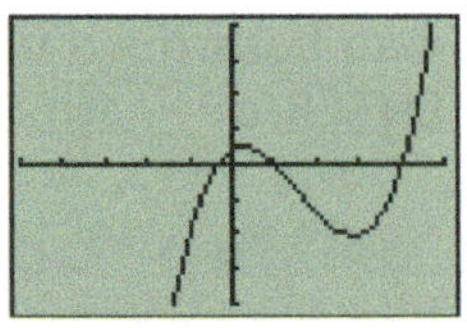

Pour parcourir la courbe, faire TRACE ou trace puis ◀ ou ▶.
Pour zoomer autour du curseur, faire ZOOM puis **1:ZBox** ou **1:Zboîte**, se déplacer par ◀ ou ▶ et valider les coins, ou **2:Zoom In** ou **2:Zoom+** pour se rapprocher ou **3:Zoom Out** ou **3:Zoom–** pour s'éloigner.

• Nombre dérivé et tangente

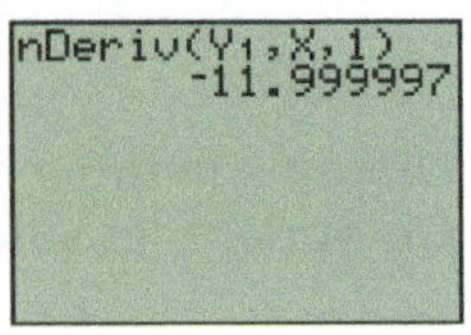

Une valeur approchée de $f'(1)$ s'obtient par
MATH **8:nDeriv(Y_1,X,1)** avec accès à **Y_1** par VARS,
ou par **nDeriv(3X^3–14X²+7X+4,X,1)**
ou **8:nbreDérivé(3X^3–14X²+7X+4,X,1)**.
Un tracé de la tangente au point d'abscisse 2 peut s'obtenir par
2nd DRAW **5:Tangent(Y_1,2)** ou 2nde dessin **5:Tangente(Y_1,2)**.

CALCULATRICE CASIO

Statistique et probabilités

• Calculs statistiques à une variable

Effacement des listes par MENU STAT EXE DEL A.
Sélectionner la colonne puis YES EXE.
On entre les valeurs x_i en colonne List 1 et les effectifs n_i en colonne List 2.
Régler les colonnes par CALC SET puis :
1 Var X List : List 1
1 Var Freq : List 2 EXE.
Affichage des résultats par 1-Var.

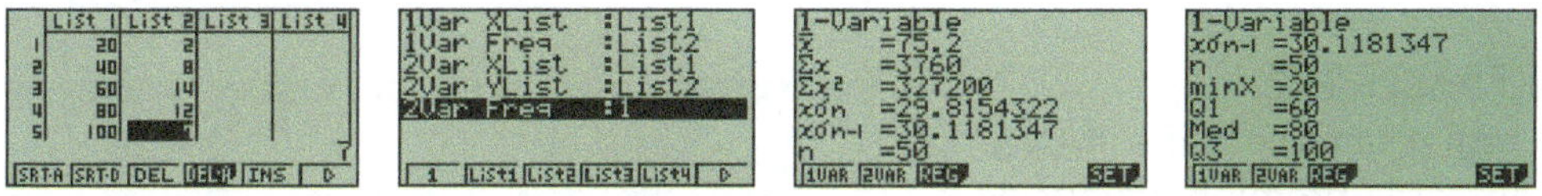

La moyenne correspond à $\overline{x}$ et l'écart type à ***xσn***. La médiane est donnée par **Med**. Les quartiles sont donnés par **Q1** et **Q3**.

• Calculs statistiques à deux variables

Faire MENU STAT EXE puis **effacer** les données présentes en se plaçant dans une colonne puis DEL A YES EXE. **Entrer les valeurs** x_i en colonne **List 1** et les valeurs y_i en colonne **List 2**. **Régler les listes** par CALC SET **2Var X List : List 1 2Var Y List : List 2 2 Var Freq : 1** EXE.
Afficher les résultats par REG X.

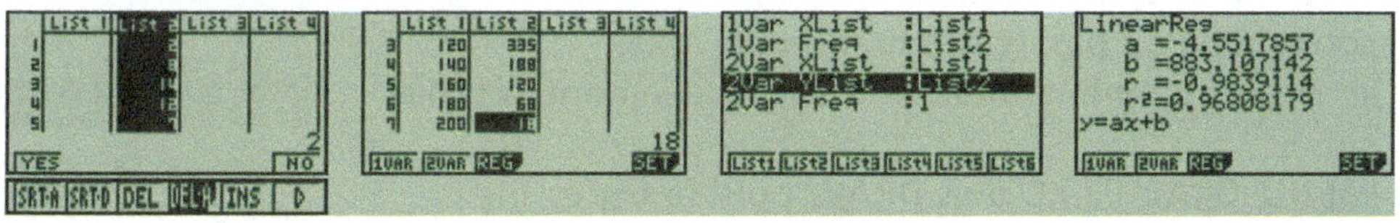

• Simulation

Pour simuler le tirage « au hasard » d'un nombre décimal de l'intervalle [0 ; 1[, faire dans le MENU RUN : OPTN **PROB Ran#** puis EXE.

Suites arithmétiques et géométriques

• Édition d'une suite

On étudie la suite géométrique (u_n) de premier terme $u_1 = 100$ et de raison $q = 1{,}05$.
Se placer dans le MENU RECUR.
Appuyer sur **TYPE** puis $\mathbf{a_{n+1}}$ pour entrer la formule comme sur l'écran ci-contre.

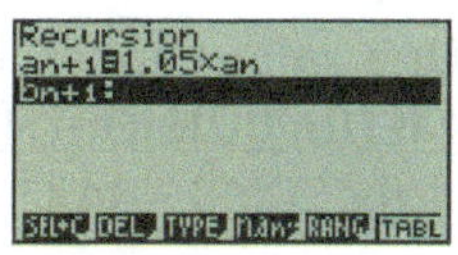

• Tableau de valeurs

Pour obtenir les valeurs des termes de la suite, appuyer sur **RANG**.
Compléter comme ci-contre puis faire **TABL**.

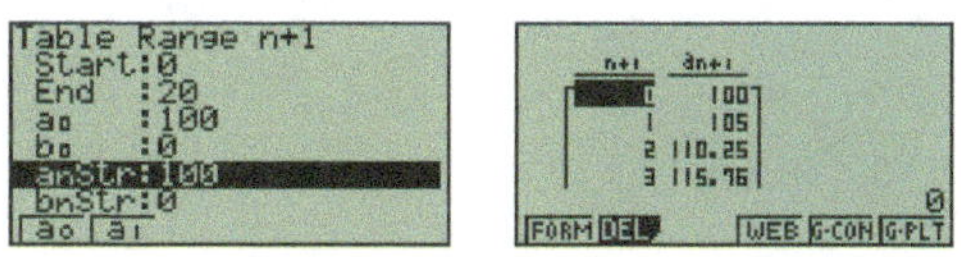

CALCULATRICE CASIO

Fonctions

• Édition de la fonction

Pour éditer une fonction,
faire MENU GRAPH EXE **Y=**
puis, à la ligne $\mathbf{Y_1}$, entrer l'expression
de la fonction.

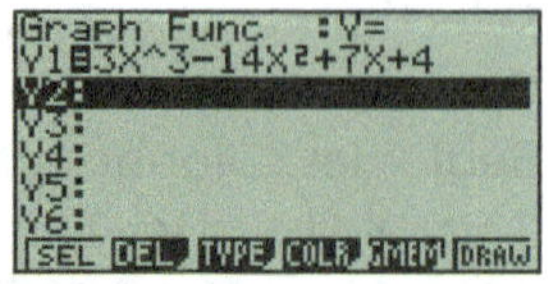

• Tableau de valeurs

MENU TABLE EXE.
Pour régler la table, faire RANG
puis entrer la première valeur de *x*
dans **Start**, la dernière valeur de *x*
dans **End** et le pas entre chaque valeur
de *x* dans **pitch**.
Faire TABL pour obtenir le tableau.

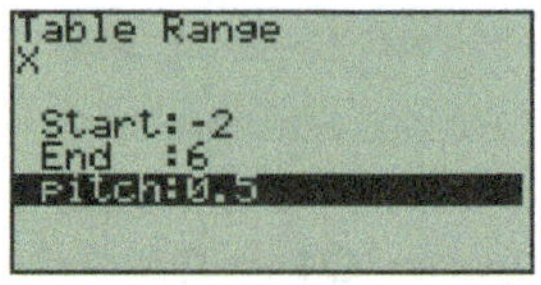

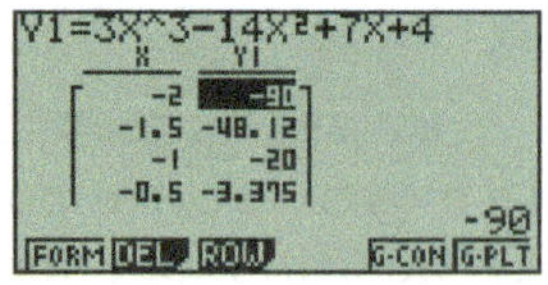

• Représentation graphique

Pour régler la fenêtre, faire SHIFT V-Window
puis entrer **Xmin** et **max** selon le domaine d'étude.
scale correspond au pas de graduation de l'axe.
Pour les choix de **Ymin** et **max**, voir éventuellement la table.

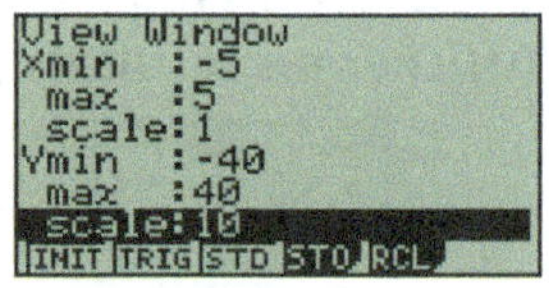

Faire MENU GRAPH EXE puis DRAW pour le tracé.

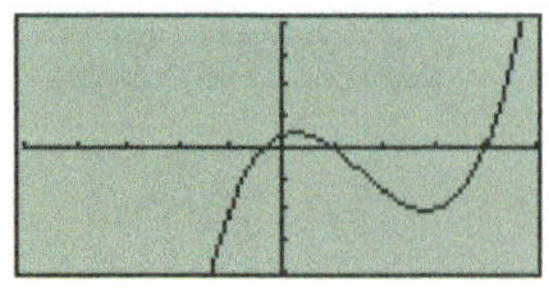

Pour parcourir la courbe, faire SHIFT Trace puis ◀ ou ▶.

Pour zoomer, faire SHIFT ZOOM puis **BOX**,
se déplacer par ◀ ou ▶ et valider les coins, ou,
centré sur le curseur, **FACT Xfact** 2 **Yfact** 2 EXE
IN (2 × plus près) ou **OUT** (2 × plus loin).

• Nombre dérivé et tangente

Une valeur approchée de *f*′(1) s'obtient par
MENU RUN OPTN CALC
d/dx (3X^3 – 14X² + 7X + 4,1).

Réponses aux exercices

Chapitre 1 (pages 5 à 18)

3. $y = -3{,}885\,7 \times 2\,020 + 9\,461{,}3 \approx 1\,612$ m.

5. a. $y = 0{,}173\,4x - 339{,}64$.

b. $y = 0{,}1734 \times 2\,012 - 339{,}64 \approx 9{,}24$ €.

7. a. Non, car la tendance globale n'est pas celle d'une droite.

b. $y = 16{,}146\,x - 30\,090$.

c. $y = 110{,}66\,x - 214\,170$.

d. L'affirmation est exacte. On retrouve les coefficients directeurs des droites d'ajustement, arrondis à l'unité.

Chapitre 2 (pages 19 à 32)

8. a. $f'(x) = -4x$.

b. $f'(x) = 3x^2 - 7$.

12. a. $f'(x) = 7$ et $f'(1) = 7$.

b. $f'(x) = 8x + 3$ et $f'(3) = 27$.

c. $f'(x) = -3x^2 + 14x$ et $f'(1) = 11$.

17. a. $f'(x) = -10x$.

x	-1		0		1
$f'(x)$		$+$	0	$-$	
$-5x^2 + 2$	-3	↗	2	↘	-3

b. $f'(x) = 9x^2 + 4x - 12$.

x	-3		$\approx -1{,}40$		$\approx 0{,}96$		2
$f'(x)$		$+$	0	$-$	0	$+$	
$f(x)$	-24	↗	$\approx 15{,}49$	↘	$\approx -4{,}02$	↗	11

18. $f'(x) = 8x - 2$. Le minimum de f sur $[-1\,;\,1]$ est pour $x = \frac{1}{4}$. Il est égal à $\frac{3}{4}$.

Chapitre 3 (pages 33 à 46)

2. a. Suite arithmétique de raison $r = 1{,}1$.

b. Le sixième terme est 15,6.

c. $u_n = 10{,}1 + (n - 1) \times 1{,}1$.

4. Par lecture graphique, on trouve $u_1 = -0{,}5$, $u_2 = 1$, $u_3 = 3{,}5$, $u_4 = 7$ et $u_5 = 11{,}5$

$u_2 - u_1 \neq u_3 - u_2$, la suite n'est pas arithmétique

$\frac{u_2}{u_1} \neq \frac{u_3}{u_2}$ la suite n'est pas géométrique. La suite (u_n) n'est ni arithmétique, ni géométrique.

6. Suite n° 1 :
$u_1 = 100\,;\, r = -10\,;\, u_n = 100 - 10(n - 1)$.
Suite n° 2 :
$u_1 = -15\,;\, r = 20\,;\, u_n = -15 + 20(n - 1)$.

Chapitre 4 (pages 47 à 60)

5. (a) Triangle.

(b) Triangle équilatéral car $[BE]$, $[ED]$ et $[BD]$ étant des diagonales des faces du cube, elles ont la même longueur.

(c) Hexagone.

8. a. $\overrightarrow{AB}(2\,;\,-1{,}5\,;\,-3)$.

$\overrightarrow{AC}(3\,;\,-8{,}5\,;\,1)$.

$\overrightarrow{BC}(1\,;\,-7\,;\,4)$.

b. $\|\overrightarrow{AB}\| = \sqrt{2^2 + (-1{,}5)^2 + (-3)^2} = \sqrt{15{,}25}$.

$\|\overrightarrow{AC}\| = \sqrt{3^2 + (-8{,}5)^2 + 1^2} = \sqrt{82{,}25}$.

$\|\overrightarrow{BC}\| = \sqrt{1^2 + (-7)^2 + 4^2} = \sqrt{66}$.

c. On regarde si la relation de Pythagore est vérifiée :
$AC^2 = 82{,}25$
$AB^2 + BC^2 = 66 + 15{,}25 = 81{,}25$.
Le triangle ABC n'est pas rectangle.

d. $ABCD$ est un parallélogramme si $\overrightarrow{AB} = \overrightarrow{DC}$.

D'où $\begin{cases} x_C - x_D = 2 \\ y_C - y_D = -1{,}5 \\ z_C - z_D = -3 \end{cases}$. On en déduit $D\,(0\,;\,-3{,}5\,;\,5)$.

11. a. $\vec{p} + \vec{p}\,'(2{,}1\,;\,-1{,}4\,;\,3{,}5)$.

b. $2\vec{p}(10{,}2\,;\,-6{,}8\,;\,17)$.

$-3\vec{p}\,'(9\,;\,-6\,;\,15)$.

c. $\vec{p} = -1{,}7\vec{p}\,'$ donc $k = -1{,}7$.

14. a. $A'B'C'D'$ est un carré.

b. $A'B' = \frac{1}{3} \times 21 = 7$ cm.

$SH' = \frac{1}{3} \times 31{,}2 = 10{,}4$ cm.

c. $\mathcal{A} = 21^2 = 441$ cm².
$\mathcal{A}' = 7^2 = 49$ cm².
On a $\mathcal{A}' = \frac{1}{9}\mathcal{A}$.

d. $\mathcal{V} = \frac{1}{3} \times 441 \times 31,2 = 4\,586,4$ cm³.
$\mathcal{V}' = \frac{1}{3} \times 49 \times 10,4 \approx 169,87$ cm³.
On a $\mathcal{V}' = \frac{1}{27}\mathcal{V}$.

Chapitre 5 (pages 61 à 74)

7. $\ln 7 \approx 1,95$; $\log 3,2 \approx 0,51$; $\log\left(\frac{1}{5}\right) \approx -0,70$;
$\ln 0,187 \approx -1,68$; $\ln\left(\frac{17}{3}\right) \approx 1,73$; $\log\left(6 \times 10^3\right) \approx 3,78$

9. Nombres positifs : $\log(10^3)$; $\log 8,2$; $\log(-5)^2$; $\log 1,05$.
Nombres négatifs : $\log\frac{2}{3}$; $\log(10^{-2})$; $\log 0,9$.

13. $\ln 27 = 3\ln 3$; $4\ln 3 - \ln 9 + 2\ln\left(\frac{1}{3}\right) =$
$4\ln 3 - 2\ln 3 - 2\ln 3 = 0$; $\ln\left(\frac{e}{3}\right) = 1 - \ln 3$;
$5\ln 9 + \ln e^3 = 10\ln 3 + 3$.

16. $5^n < 100$; $n < 2,86$ et n entier ; $n = 2$.
$2,8^n \geq 42,3$; $n \geq 3,03$ et n entier ; $n = 4$.
$0,4^n \leq 0,17$; $n \geq 1,93$ et n entier ; $n = 2$.
$10^{-3n} > 10^{-5}$; $n < \frac{5}{3}$ et n entier ; $n = 1$.

18. a. $V_2 = 65\,049,60$ €.
b. $n > 2,63$. La valeur de la machine est inférieure à 60 000 € au bout de la troisième année.
c. $n \approx 5,4$. La machine a perdu la moitié de sa valeur au bout de la sixième année.

Chapitre 6 (pages 75 à 88)

2. a. Méthode 2.
b. Méthode 1.
c. Méthode 2.
d. Méthode 1.

8. a.

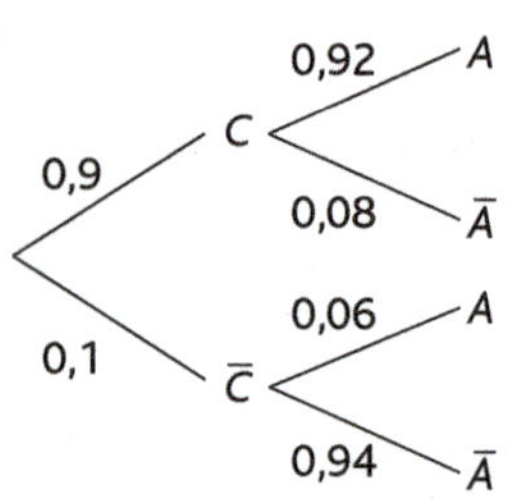

b. La probabilité pour que la pièce tirée soit :
– conforme et acceptée par le contrôle est $P(C \cap A) = 0,9 \times 0,92 = 0,828$;
– conforme et rejetée par le contrôle est $P(C \cap \bar{A}) = 0,9 \times 0,08 = 0,072$;
– défectueuse et acceptée par le contrôle est $P(\bar{C} \cap A) = 0,1 \times 0,06 = 0,006$;
– défectueuse et rejetée par le contrôle est $P(\bar{C} \cap \bar{A}) = 0,21 \times 0,94 = 0,094$.

Chapitre 7 (pages 89 à 102)

6. $f(-2) \approx 2,44$; $f(-1) \approx 2,21$; $f(0) = 2$; $f(1) \approx 1,81$; $f(2) \approx 1,64$.

7. $e^3 \times e^{2,5} = e^{5,5}$; $\frac{e^{1,3}}{e^{-2}} = e^{3,3}$; $e^{-4} \times e = e^{-3}$;
$\left(e^{-5}\right)^2 = e^{-10}$.

12. $\ln x > 2$; $x > e^2$
$\ln x \leq 8$; $x \leq e^8$
$2\ln x + 3 < 13$; $\ln x < 5$; $x < e^5$
$4 - \ln x \geq 12$; $\ln x \leq -8$; $x \leq e^{-8}$.

16. $f(x) = e^{0,3x-2}$.
a. $f(x) = e^{-2}e^{0,3x}$. On a donc $k = e^{-2}$.
b. $f'(x) = 0,3e^{-2}e^{0,3x}$.
c. $f'(x) > 0$ car c'est le produit de trois nombres positifs.
d. La fonction f est donc croissante.

Chapitre 8 (pages 103 à 122)

6. a. $\cos\frac{\pi}{6} = \frac{\sqrt{3}}{2}$; $\cos\frac{5\pi}{6} = -\frac{\sqrt{3}}{2}$; $\cos\frac{7\pi}{6} = -\frac{\sqrt{3}}{2}$;
$\cos\frac{9\pi}{6} = 0$;
$\sin\frac{\pi}{6} = 0,5$; $\sin\frac{5\pi}{6} = 0,5$; $\sin\frac{7\pi}{6} = -0,5$; $\sin\frac{9\pi}{6} = -1$.

b. $\cos\frac{\pi}{3} = 0,5$; $\cos\frac{4\pi}{3} = -0,5$; $\cos\left(-\frac{2\pi}{3}\right) = -0,5$;
$\cos\left(-\frac{\pi}{3}\right) = 0,5$;
$\sin\frac{\pi}{3} = \frac{\sqrt{3}}{2}$; $\sin\frac{4\pi}{3} = -\frac{\sqrt{3}}{2}$; $\sin\left(-\frac{2\pi}{3}\right) = -\frac{\sqrt{3}}{2}$;
$\sin\left(-\frac{\pi}{3}\right) = -\frac{\sqrt{3}}{2}$.

c. $\cos\frac{\pi}{4} = \frac{\sqrt{2}}{2}$; $\cos\frac{3\pi}{4} = -\frac{\sqrt{2}}{2}$; $\cos\left(-\frac{3\pi}{4}\right) = -\frac{\sqrt{2}}{2}$;
$\cos\left(-\frac{5\pi}{4}\right) = -\frac{\sqrt{2}}{2}$;
$\sin\frac{\pi}{4} = \frac{\sqrt{2}}{2}$; $\sin\frac{3\pi}{4} = \frac{\sqrt{2}}{2}$; $\sin\left(-\frac{3\pi}{4}\right) = -\frac{\sqrt{2}}{2}$;

$\sin\left(-\frac{5\pi}{4}\right) = \frac{\sqrt{2}}{2}$.

8. a. Une sinusoïde.

b. Il y a deux périodes.

9.

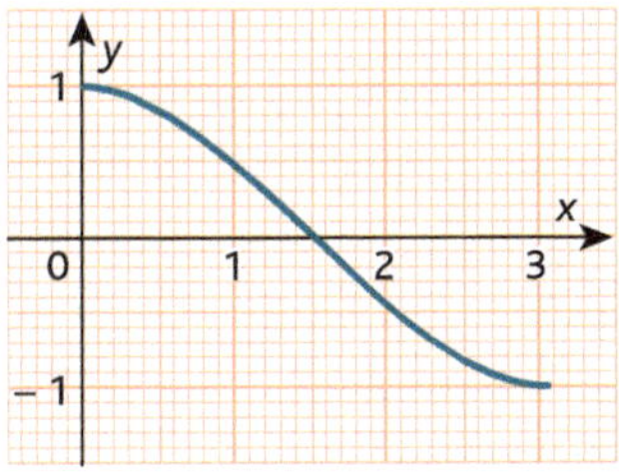

13. $\cos\frac{7\pi}{12} = \cos\frac{\pi}{4}\cos\frac{\pi}{3} - \sin\frac{\pi}{4}\sin\frac{\pi}{3} = \frac{\sqrt{6}-\sqrt{2}}{4}$.

$\sin\frac{7\pi}{12} = \sin\frac{\pi}{4}\cos\frac{\pi}{3} + \sin\frac{\pi}{3}\cos\frac{\pi}{4} = \frac{\sqrt{6}+\sqrt{2}}{4}$.

17. a. i_1 : $A = 4\sqrt{2}$; $\omega = 120\pi$; $f = 60$ Hz ; $\varphi = \frac{2\pi}{3}$. i_2 : $A = 15$; $\omega = 2$; $f = \frac{1}{\pi} \approx 0{,}32$ Hz ; $\varphi = -2{,}8$.

b.

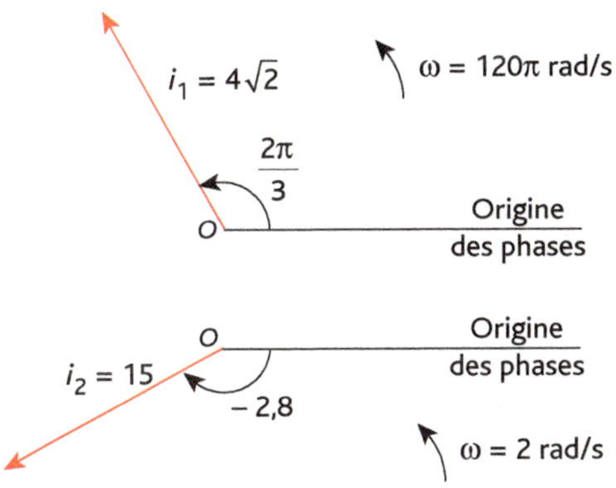

18. a. et **b.**

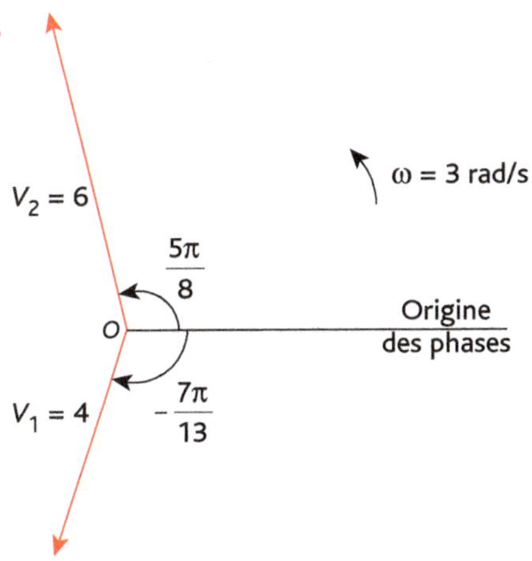

23. a. $\sin x = \cos\left(\frac{\pi}{2} - x\right)$ et $\frac{\pi}{2} - \omega t - \frac{2\pi}{3} = -\omega t - \frac{\pi}{6}$

et $\sin(\pi - x) = \sin x$. Soit $\pi - \left(-\omega t - \frac{\pi}{6}\right) = \omega t + \frac{7\pi}{6}$;

et $\omega t - \frac{5\pi}{6}$.

b.

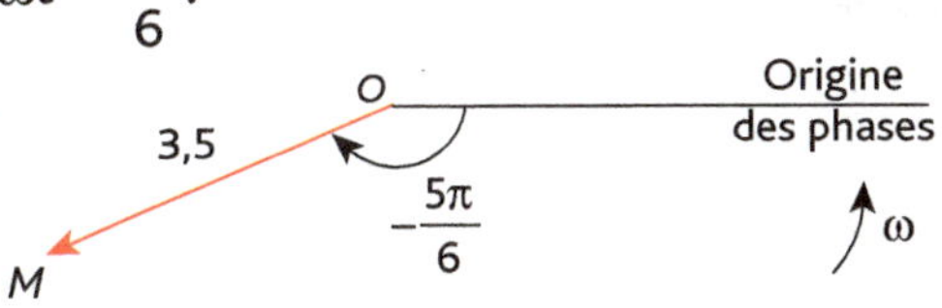

25. $s(t) = 3\sin(\omega t)$.

28. a. – 5,925 ; – 3,499 ; 0,358 ; 2,784.

b. – 6,792 ; – 2,633 ; – 0,509 ; 3,650.

30. a. $-2{,}106 + k \times 2\pi$; $2{,}106 + k \times 2\pi$.

b. $-1{,}000 + k \times 2\pi$; $1{,}000 + k \times 2\pi$.

32. a. $-\frac{5\pi}{3}$; $-\frac{4\pi}{3}$; $\frac{\pi}{3}$; $\frac{2\pi}{3}$.

b. $-\frac{5\pi}{6}$; $-\frac{\pi}{6}$; $\frac{7\pi}{6}$.

c. $-\frac{7\pi}{4}$; $-\frac{5\pi}{4}$; $\frac{\pi}{4}$; $\frac{3\pi}{4}$.

35. a. $-\frac{13\pi}{18}$; $-\frac{\pi}{18}$; $\frac{5\pi}{6}$; $\frac{\pi}{6}$; $-\frac{\pi}{2}$; $\frac{11\pi}{18}$.

b. $-\frac{27\pi}{32}$; $-\frac{11\pi}{32}$; $\frac{5\pi}{32}$; $\frac{21\pi}{32}$.

c. $-\frac{9\pi}{12}$; $-\frac{5\pi}{12}$; $-\frac{\pi}{12}$; $\frac{\pi}{4}$; $\frac{7\pi}{12}$; $\frac{11\pi}{12}$.

Chapitre 9 (pages 123 à 130)

7. a. $\widehat{BAC} = 45°$.

b. $AC = 3\sqrt{2}$ (en cm).

c. $\overrightarrow{AD} \cdot \overrightarrow{AB} = 3 \times 3 \times \cos 90° = 0$;
$\overrightarrow{AB} \cdot \overrightarrow{AC} = 3 \times 3\sqrt{2} \times \cos 45° = 9$;
$\overrightarrow{AC} \cdot \overrightarrow{BD} = 3\sqrt{2} \times 3\sqrt{2} \times \cos 90° = 0$.

9. a. Le triangle DEF est rectangle en D car $EF^2 = DE^2 + DF^2$.

b. $\cos\widehat{DFE} = 0{,}8$; $\cos\widehat{DEF} = 0{,}6$.

c. $\overrightarrow{DE} \cdot \overrightarrow{DF} = 3 \times 4 \times \cos 90° = 0$;
$\overrightarrow{FE} \cdot \overrightarrow{FD} = 4 \times 5 \times \cos\widehat{DFE} = 16$; $\overrightarrow{ED} \cdot \overrightarrow{EF} = 9$.

12. $\vec{u} \cdot \vec{v} = 18$; $\vec{u}^2 = 53$; $\|\vec{v}\|^2 = 41$.

14. a. $\vec{u} \cdot \vec{v} = -29$.

b. $\|\vec{u}\| = 5$; $\|\vec{v}\| = \sqrt{34}$.

c. $\cos\widehat{AOB} \approx -0{,}994\,69$; $\widehat{AOB} \approx 3{,}04$ rad.

19. $\vec{u} \cdot \vec{v} = 5 \times (-1) + 2 \times 2{,}5 = 0$.
Donc les vecteurs $\vec{u}$ et $\vec{v}$ sont orthogonaux.

Chapitre 10 (pages 135 à 144)

4.

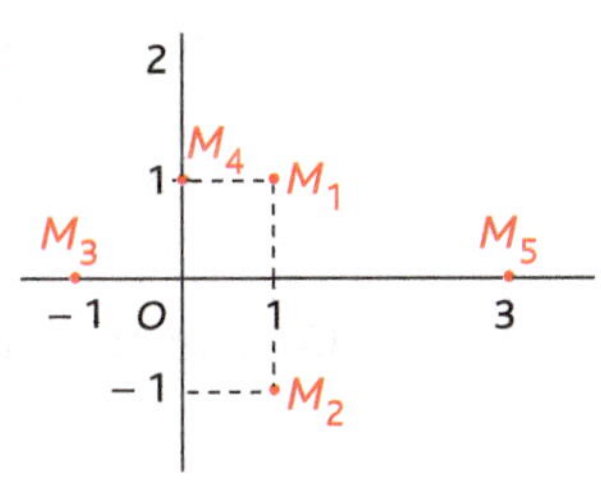

11. a. $\frac{1}{2} - \frac{1}{2}$j.

b. $-\frac{1}{5}-\frac{2}{5}j$.

c. $\frac{1}{5}-\frac{3}{5}j$.

d. $\frac{1}{4}+\frac{3}{4}j$.

15. a. $T=\frac{12}{25}-\frac{16}{25}j$.

b. $|T| = \frac{\sqrt{400}}{25}=\frac{20}{25}=0{,}8$.

17. a. $(z-j)(z+j)=z^2-j^2=z^2+1$.

b. Les solutions sont j et – j.

20. $z_1=\left[\sqrt{2},\frac{\pi}{4}\right]$; $z_2=\left[5,-\frac{\pi}{2}\right]$; $z_3=\left[\sqrt{2},\frac{3\pi}{4}\right]$;
$z_4=\left[2,-\frac{\pi}{3}\right]$; $z_5=\left[1,-\frac{\pi}{4}\right]$.

Chapitre 11 (pages 147 à 158)

6. a. $F(x)=-\frac{1}{7}x^2-15x+k$.

b. $G(x)=x-5{,}5x^2+k$.

8. a. $F(x)=-\frac{0{,}01}{3}x^3+3x+k$.

b. $G(x)=-\frac{\sqrt{11}}{3}x^3-2x+k$.

11. a. $F(x)=x^2-\ln x+k$.

b. $G(x)=\frac{1}{12}x^3+4x+k$.

14. a. $F(x)=-0{,}5x^6+0{,}75x^4-2x^2+k$.

b. $G(x)=x^5-\frac{7}{3}x^3-2x+k$.

17. $F(x)=\frac{1}{9}x^3-2{,}5x^2+7x+\frac{46}{9}$.

20. $F(x)=-4\ln x-\frac{2}{9}x^3+\frac{2}{9}$.

22. $F(x)=-x^5+4x^3+7x$.

25. $I=-3$; $J=18$.

28. $I=\frac{4}{3}$; $J=1{,}5+8\ln 0{,}5$.

31.

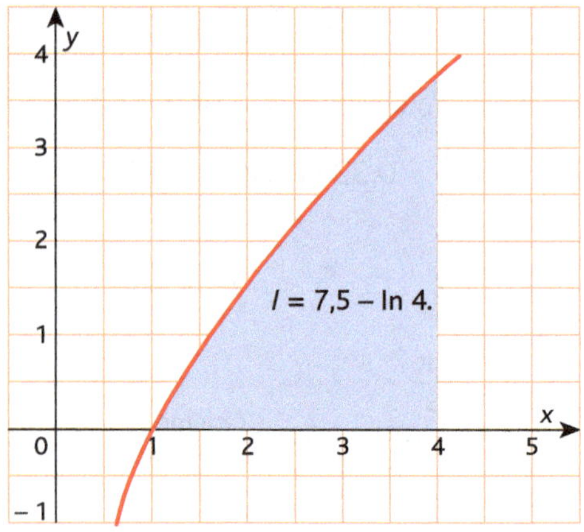

Recherche iconographique
Sophie Suberbere
Conception graphique
Primo&Primo
Composition, schémas et infographies
STDI
Correction
Joëlle Declercq

Mémento

Dérivées

Fonction f	Dérivée de f
$f(x)$	$f'(x)$
$ax + b$	a
x^2	$2x$
$\frac{1}{x}$; $x \neq 0$	$-\frac{1}{x^2}$; $x \neq 0$
$\sqrt{x}$; $x \geq 0$	$\frac{1}{2\sqrt{x}}$; $x > 0$
x^3	$3x^2$
$u(x) + v(x)$	$u'(x) + v'(x)$
$a.u(x)$	$a.u'(x)$

Courbes représentatives

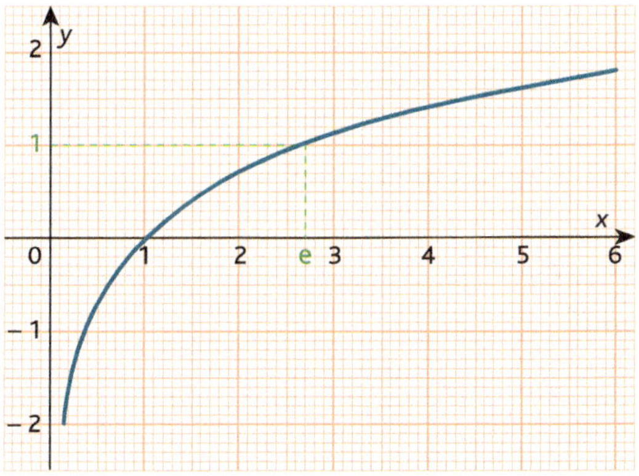

Fonction logarithme népérien

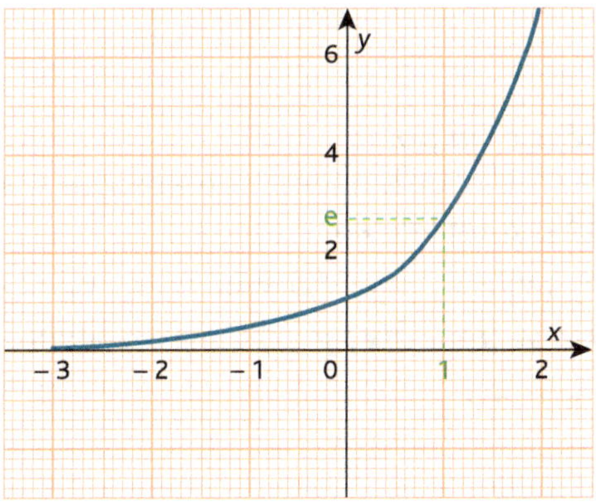

Fonction exponentielle de base e

Probabilités

$P(\bar{A}) = 1 - P(A)$ où $\bar{A}$ est l'événement contraire de l'événement A.

$P(A \cup B) = P(A) + P(B) - P(A \cap B)$ où $A \cup B$ est la réunion des événements A et B, et $A \cap B$ l'intersection de ces événements.

Suite arithmétique

Raison : r

$u_{n+1} = u_n + r$

Lorsque le premier terme est noté u_0, alors $u_n = u_0 + nr$.

Lorsque le premier terme est noté u_1, alors $u_n = u_1 + (n-1)r$.

Suite géométrique

Raison : q

$u_{n+1} = q \times u_n$

Lorsque le premier terme est noté u_0, alors $u_n = u_0 \times q^n$.

Lorsque le premier terme est noté u_1, alors $u_n = u_1 \times q^{n-1}$.

Mémento

Formules trigonométriques

Angles opposés

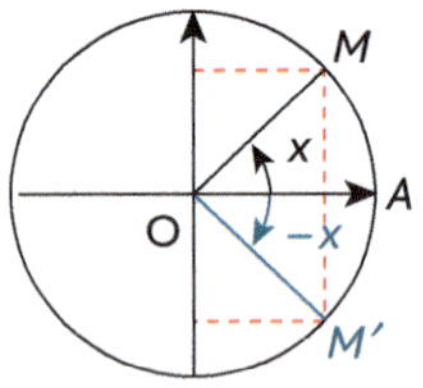

$\cos(-x) = \cos x$
$\sin(-x) = -\sin x$

Angles supplémentaires

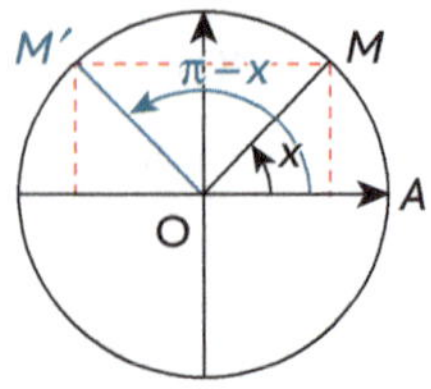

$\cos(\pi - x) = -\cos x$
$\sin(\pi - x) = \sin x$

Angles dont la différence des mesures est π

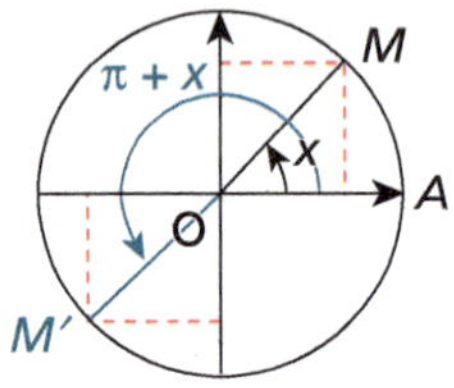

$\cos(x + \pi) = -\cos x$

$\sin(x + \pi) = -\sin x$

Angles complémentaires

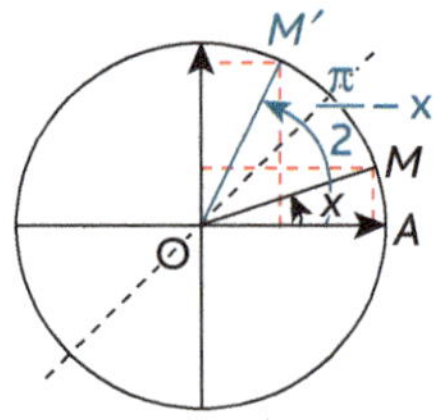

$\cos\left(\frac{\pi}{2} - x\right) = \sin x$
$\sin\left(\frac{\pi}{2} - x\right) = \cos x$

Formules d'addition

$\cos(a + b) = \cos a \cos b - \sin a \sin b$
$\sin(a + b) = \sin a \cos b + \sin b \cos a$

Dans l'espace

Coordonnées d'un point

Un point a trois coordonnées : son abscisse x, son ordonnée y et sa cote z.

Coordonnées d'un vecteur

$\overrightarrow{AB}\,(x_B - x_A\,;\, y_B - y_A\,;\, z_B - z_A)$ avec $A(x_A\,;\, y_A\,;\, z_A)$ et $B(x_B\,;\, y_B\,;\, z_B)$.

Norme d'un vecteur $\vec{u}(x\,;\,y\,;\,z)$ dans un repère orthonormal

$\|\vec{u}\| = \sqrt{x^2 + y^2 + z^2}$

Crédits photographiques

p. 5 ph© Phovoir-Images
p. 9 ph© Phovoir-Images
p. 14 ph© Phovoir-Images
p. 18 ph© Phovoir-Images
p. 29 ph© Phovoir-Images
p. 30 haut ph© Phovoir-Images
p. 30 bas ph© Phovoir-Images
p. 33 ph© Phovoir-Images
p. 34 ph© Phovoir-Images
p. 35 Collection Clément Cartier. ph© Gusman/leemage
p. 36 ph© Denis Bringard/Sunset
p. 43 ph© Phovoir-Images
p. 45 ph© Phovoir-Images
p. 55 ph© Phovoir-Images
p. 57 ph© Phovoir-Images
p. 70 ph© Pasquale Sorrentino/ LookatSciences
p. 71 ph© Paul Steege/Age fotostock
p. 80 ph© Phovoir-Images
p. 86 ph© Phovoir-Images
p. 87 ph© Phovoir-Images
p. 91 ph© Frances Westall/ LookatSciences
p. 98 ph© Morel/Colorise
p. 119 ph© Phovoir-Images
p. 120 ph© Phovoir-Images
p. 132 ph© Fotolia
p. 133 ph© David Frazier/Corbis
p. 135 ph© Phovoir-Images
p. 139 ph© Phovoir-Images
p. 144 ph© Phovoir-Images
p. 145 ph© Phovoir-Images
p. 147 ph© Jeremiah Scott/Transtock/ Corbis

Dépôt légal n° 11611-9/08- Mai 2018 – JH-DL – N° d'impression : 2018033193

Imprimé en France par Dupli-Print à Domont (95)